華 章 圖 書

一本打开的书,一扇开启的门,
通向科学殿堂的阶梯,托起一流人才的基石。

云计算与虚拟化技术丛书

Spring Cloud Microservice Development

Spring Cloud微服务
入门、实战与进阶

尹吉欢 著

机械工业出版社
China Machine Press

图书在版编目（CIP）数据

Spring Cloud 微服务：入门、实战与进阶 / 尹吉欢著 . —北京：机械工业出版社，2019.5
（2019.9 重印）
（云计算与虚拟化技术丛书）

ISBN 978-7-111-62731-9

I.S… II.尹… III. 互联网络 - 网络服务器 IV. TP368.5

中国版本图书馆 CIP 数据核字（2019）第 091644 号

Spring Cloud 微服务：入门、实战与进阶

出版发行：机械工业出版社（北京市西城区百万庄大街22号 邮政编码：100037）	
责任编辑：张锡鹏	责任校对：殷　虹
印　　刷：北京市荣盛彩色印刷有限公司	版　　次：2019年9月第1版第2次印刷
开　　本：186mm×240mm 1/16	印　　张：26
书　　号：ISBN 978-7-111-62731-9	定　　价：89.00元

凡购本书，如有缺页、倒页、脱页，由本社发行部调换
客服热线：（010）88379426　88361066　　　投稿热线：（010）88379604
购书热线：（010）68326294　　　　　　　　读者信箱：hzit@hzbook.com

版权所有・侵权必究
封底无防伪标均为盗版
本书法律顾问：北京大成律师事务所　韩光 / 邹晓东

赞誉

Spring Cloud 是开发分布式系统的"全家桶",它实现了很多分布式应用中的"套路"。目前 Spring Cloud 正被越来越多的企业用于生产。本书知识体系非常全面,涵盖了微服务、Spring Cloud、分布式事务、缓存、存储等话题,让读者能够快速上手构建自己的分布式系统,值得一读。

——《Spring Cloud 与 Docker 微服务架构实战》作者　周立

Spring Cloud 对于中小型互联网公司来说是一种福音,因为这类公司往往没有实力或者足够的资金投入去开发自己的分布式系统基础设施,使用 Spring Cloud 一站式解决方案能在企业从容应对业务发展的同时大大减少开发成本。本书详细介绍了 Spring Cloud 各模块的使用,并且对 Spring Cloud 没有涉及的安全认证、服务限流、一致性事务等解决方案进行了详细讲解,我相信开发者在读完本书后会快速掌握 Spring Cloud 的相关知识。

——海科融通研发中心副总监　张强(纯洁的微笑)

架构的演进永无止境。2000 年 WebService 出现后,SOA 被誉为下一代 Web 服务的基础架构,已经成为计算机信息领域的一个新的发展方向。SOA 经过十几年的发展,逐渐趋于成熟。微服务架构这一术语在 2012 年横空出世,用于描述一种特定的软件设计方法,即以若干组可独立部署的服务的方式进行软件应用系统的设计。每个小型服务都运行在自己的进程中。这些服务围绕业务、功能进行构建,并通过全自动的部署机制来进行独立部署。这些微服务可以使用不同的语言来编写,并且可以使用不同的数据存储技术。

容器及其相关技术的快速发展加速了微服务架构的成熟和普及,同时也涌现出一批新的微服务落地实施的解决方案,Spring Cloud 便是其中的佼佼者。本书内容全面详尽,文字浅显易懂。如果你想快速学习和实战 Spring Cloud,本书是一个不错的选择。

——红瓦科技 CTO　刘夕波

本书行文流畅，由浅入深。不仅介绍了分布式开发的市场布局，更是对 Spring Cloud 进行了一次全方位的实践与对话。本书结合作者多年的开发和项目管理经验，为读者徐徐展开了一幅优雅的技术画卷。

——中科韬睿技术总监、《轻松搞定 Extjs》《Android 自定义组件开发详解》作者　李赞红

本书很好地将微服务中的重要话题 Spring Cloud 与其他开源组件融合起来，这其中也包括了 Elastic-Job 和 Sharding-JDBC。作为这两款开源产品的作者之一，我很高兴地看到它们已逐渐走进技术人员的视野中。希望读者阅读本书后，可以快速熟悉当今微服务技术栈的整体结构，并提升技术选型的能力。

——京东金融数据研发负责人　张亮

微服务日趋流行，随着部署数量的不断增长，如何管理如此众多的微服务就成为一个亟待解决的问题。本书根植于项目中的实践经验，很多代码都是作者在实际项目中的提炼，并且以通俗易懂的方式描述了 Spring Cloud 管理微服务的方法。读者阅读本书后亲自实践，定能获得累累的收获。

——房价网 CTO　虞继恩

本书以作者真正的线上实战示例为基础，详细介绍了其对 Spring Cloud 的理解和应用。Spring Cloud 虽然被称为微服务的"全家桶"方案，但在实际使用时，我们依然会面临各种问题需要去解决。本书的可贵之处在于，作者在讲解 Spring Cloud 自身内容的同时也深入分享了一些实战中的问题、解决思路以及扩展内容，这些都是非常珍贵的实战经验，所以我推荐正在使用 Spring Cloud 的朋友们阅读本书。

——spring4all 社区发起人、《Spring Cloud 微服务实战》作者　翟永超

前言

为什么要写这本书

在互联网时代，互联网产品的最大特点就是需要快速发布新功能，支持高并发和大数据。传统的架构已经慢慢不能支撑互联网业务的发展，这时微服务架构便顺势而出。

最开始，国内很多公司都是基于阿里开源的 Dubbo 框架来构建微服务的，由于阿里内部的原因，Dubbo 已经几年没进行维护了，不过在 2018 年，阿里宣布重新开始维护。反观 Spring Cloud，其在国外发展得很好，但在国内，由于 Dubbo 的存在导致 Spring Cloud 鲜为人知。不过从 2017 年开始，Spring Cloud 在国内的普及度逐渐变高，很多中小型互联网公司都开始拥抱 Spring Cloud。

Spring Cloud 提供一整套微服务的解决方案，基于 Spring Boot 可实现快速集成，且开发效率很高，堪称中小型互联网公司微服务开发的福音。而且 Spring Cloud 发布新功能的频率非常高，目前仅大版本就有很多个，同时还有庞大的社区支持，照这样的发展势头，我相信未来几年国内互联网公司的公布式系统开发一定是 Spring Cloud 的天下。

我一直在使用 Spring Boot、Spring Data 等一系列框架来进行开发，作为一名 Spring Cloud 的忠实粉丝，自然希望能够有更多开发者参与进来，于是自己坚持写 Spring Cloud 相关的文章，并且将文章涉及的代码整理好放在 GitHub 上面进行分享。在这个过程中我得到了很多开发者的关注，他们向我咨询一些微服务方面的问题，我也会在研究和解决了一些问题后，通过文章分享给各位开发者。在有幸结识了华章的杨老师后，我决定将这些文章整理成书，目的是想推广 Spring Cloud 在国内的使用和发展，并分享自己在微服务领域的一些小经验。

读者对象

- Java 开发工程师
- Spring Cloud 用户和爱好者
- 微服务爱好者

本书的读者对象主要是 Java 开发人员，特别是工作 1～3 年的开发人员，这个阶段的开发人员资历尚浅，需要一些实用的技术和经验来提升自己，Spring Cloud 正是一门符合提升要求的技术。因为它现在正处于快速发展的阶段，越来越多的企业也开始使用 Spring Cloud。相信在不久的将来，熟练掌握 Spring Cloud 将会成为 Java 开发人员面试的门槛。

本书内容

本书主打的是与微服务相关的实战体系。第一部分是准备篇，可以帮助各位读者了解微服务以及 Spring Cloud 的概念。第二部分是基础篇，会对 Spring Cloud 中常用的模块进行详细讲解。第三部分是实战篇，开始实战性质的内容讲解，包括选择配置中心、自研发配置中心、分布式跟踪、微服务安全认证、Spring Boot Admin 管理微服务、快速生成 API 文档等实用内容。

最后一部分是高级篇，也是难度比较大的一部分，主要内容如下：

- 对 Zuul 进行扩展，即对认证、限流、降级、灰度发布等内容进行讲解。
- 讲解缓存框架的使用，解决缓存穿透、缓存雪崩等问题。
- 数据存储的选型，比如对 MySQL、MongoDB、ElasticSearch 的使用进行讲解。
- 分布式事务的解决方案，重点是利用消息队列开发可靠性消息服务来实现数据的最终一致性。
- 讲解分布式任务调度框架 Elastic-Job。
- 讲解分库分表的解决方案 Sharding-JDBC。

勘误和支持

由于水平有限，书中难免会出现一些不准确的地方，恳请读者批评指正。为此，特贴出本书源码地址 https://github.com/yinjihuan/spring-cloud。如果你遇到任何问题或者有其他宝贵意见，欢迎发送邮件至邮箱 jihuan900@126.com，期待能够得到你们的真挚反馈。

致谢

首先要感谢 Spring Cloud 的各位开发人员，感谢你们开发出这样一个好用的框架。

感谢机械工业出版社华章公司的杨福川老师，是你在这半年多的时间中始终支持我的写作，正因为有你的鼓励和帮助，我才能顺利完成全部书稿。

感谢机械工业出版社华章公司的张锡鹏老师，是你在本书的审稿过程中给了我很多实用的建议，让我学习到了很多写作方面的技巧。

最后感谢家人的支持和理解，让我能够把全部精力投入到本书的写作中。谨以此书献给我最亲爱的家人，以及众多热爱 Spring Cloud 的朋友们！

目录 Contents

赞誉
前言

第一部分　准备篇

第1章　Spring Cloud 与微服务概述 … 2
1.1　传统的单体应用 …………… 2
　　1.1.1　改进单体应用的架构 ………… 2
　　1.1.2　向微服务靠拢 ……………… 3
1.2　什么是微服务 ……………… 4
　　1.2.1　使用微服务架构的优势和劣势 ……………………… 4
　　1.2.2　重构前的准备工作 …………… 5
1.3　什么是 Spring Cloud ……… 5
　　1.3.1　Spring Cloud 模块介绍 ……… 6
　　1.3.2　Spring Cloud 版本介绍 ……… 6
1.4　本章小结 …………………… 7

第2章　实战前的准备工作 …… 8
2.1　开发环境的准备 …………… 8
2.2　Spring Boot 入门 …………… 9

　　2.2.1　Spring Boot 简介 …………… 9
　　2.2.2　搭建 Spring Boot 项目 ……… 9
　　2.2.3　编写第一个 REST 接口 …… 11
　　2.2.4　读取配置文件 ……………… 11
　　2.2.5　profiles 多环境配置 ………… 13
　　2.2.6　热部署 ……………………… 13
　　2.2.7　actuator 监控 ……………… 15
　　2.2.8　自定义 actuator 端点 ……… 17
　　2.2.9　统一异常处理 ……………… 18
　　2.2.10　异步执行 ………………… 20
　　2.2.11　随机端口 ………………… 22
　　2.2.12　编译打包 ………………… 24
2.3　Spring Boot Starter 自定义 … 25
　　2.3.1　Spring Boot Starter 项目创建 ……………………… 25
　　2.3.2　自动创建客户端 …………… 26
　　2.3.3　使用 Starter ………………… 27
　　2.3.4　使用注解开启 Starter 自动构建 ……………………… 27
　　2.3.5　使用配置开启 Starter 自动构建 ……………………… 28
　　2.3.6　配置 Starter 内容提示 ……… 29
2.4　本章小结 …………………… 29

第二部分 基础篇

第3章 Eureka 注册中心 32
- 3.1 Eureka 32
- 3.2 使用 Eureka 编写注册中心服务 33
- 3.3 编写服务提供者 35
  - 3.3.1 创建项目注册到 Eureka 35
  - 3.3.2 编写提供接口 36
- 3.4 编写服务消费者 37
  - 3.4.1 直接调用接口 37
  - 3.4.2 通过 Eureka 来消费接口 38
- 3.5 开启 Eureka 认证 38
- 3.6 Eureka 高可用搭建 39
  - 3.6.1 高可用原理 39
  - 3.6.2 搭建步骤 40
- 3.7 常用配置讲解 41
  - 3.7.1 关闭自我保护 41
  - 3.7.2 自定义 Eureka 的 InstanceID 41
  - 3.7.3 自定义实例跳转链接 42
  - 3.7.4 快速移除已经失效的服务信息 43
- 3.8 扩展使用 44
  - 3.8.1 Eureka REST API 44
  - 3.8.2 元数据使用 46
  - 3.8.3 EurekaClient 使用 47
  - 3.8.4 健康检查 49
  - 3.8.5 服务上下线监控 50
- 3.9 本章小结 51

第4章 客户端负载均衡 Ribbon 52
- 4.1 Ribbon 52
  - 4.1.1 Ribbon 模块 52
  - 4.1.2 Ribbon 使用 53
- 4.2 RestTemplate 结合 Ribbon 使用 54
  - 4.2.1 使用 RestTemplate 与整合 Ribbon 54
  - 4.2.2 RestTemplate 负载均衡示例 57
  - 4.2.3 @LoadBalanced 注解原理 ... 58
  - 4.2.4 Ribbon API 使用 62
  - 4.2.5 Ribbon 饥饿加载 63
- 4.3 负载均衡策略介绍 64
- 4.4 自定义负载策略 65
- 4.5 配置详解 66
  - 4.5.1 常用配置 66
  - 4.5.2 代码配置 Ribbon 67
  - 4.5.3 配置文件方式配置 Ribbon ... 67
- 4.6 重试机制 68
- 4.7 本章小结 69

第5章 声明式REST客户端Feign 70
- 5.1 使用 Feign 调用服务接口 70
  - 5.1.1 在 Spring Cloud 中集成 Feign 71
  - 5.1.2 使用 Feign 调用接口 71
- 5.2 自定义 Feign 的配置 72
  - 5.2.1 日志配置 72
  - 5.2.2 契约配置 73
  - 5.2.3 Basic 认证配置 74

第6章 Hystrix 服务容错处理

- 5.2.4 超时时间配置 …… 75
- 5.2.5 客户端组件配置 …… 75
- 5.2.6 GZIP 压缩配置 …… 76
- 5.2.7 编码器解码器配置 …… 77
- 5.2.8 使用配置自定义 Feign 的配置 …… 78
- 5.2.9 继承特性 …… 78
- 5.2.10 多参数请求构造 …… 80
- 5.3 脱离 Spring Cloud 使用 Feign …… 80
  - 5.3.1 原生注解方式 …… 81
  - 5.3.2 构建 Feign 对象 …… 82
  - 5.3.3 其他配置 …… 83
- 5.4 本章小结 …… 83

第6章 Hystrix 服务容错处理 …… 84

- 6.1 Hystrix …… 84
  - 6.1.1 Hystrix 的简单使用 …… 84
  - 6.1.2 回退支持 …… 85
  - 6.1.3 信号量策略配置 …… 86
  - 6.1.4 线程隔离策略配置 …… 86
  - 6.1.5 结果缓存 …… 87
  - 6.1.6 缓存清除 …… 88
  - 6.1.7 合并请求 …… 89
- 6.2 在 Spring Cloud 中使用 Hystrix …… 91
  - 6.2.1 简单使用 …… 91
  - 6.2.2 配置详解 …… 92
  - 6.2.3 Feign 整合 Hystrix 服务容错 …… 95
  - 6.2.4 Feign 中禁用 Hystrix …… 97
- 6.3 Hystrix 监控 …… 97
- 6.4 整合 Dashboard 查看监控数据 …… 98
- 6.5 Turbine 聚合集群数据 …… 100
  - 6.5.1 Turbine 使用 …… 100
  - 6.5.2 context-path 导致监控失败 …… 101
- 6.6 本章小结 …… 102

第7章 API网关 …… 103

- 7.1 Zuul 简介 …… 103
- 7.2 使用 Zuul 构建微服务网关 …… 104
  - 7.2.1 简单使用 …… 104
  - 7.2.2 集成 Eureka …… 105
- 7.3 Zuul 路由配置 …… 105
- 7.4 Zuul 过滤器讲解 …… 106
  - 7.4.1 过滤器类型 …… 106
  - 7.4.2 请求生命周期 …… 107
  - 7.4.3 使用过滤器 …… 108
  - 7.4.4 过滤器禁用 …… 109
  - 7.4.5 过滤器中传递数据 …… 110
  - 7.4.6 过滤器拦截请求 …… 111
  - 7.4.7 过滤器中异常处理 …… 113
- 7.5 Zuul 容错和回退 …… 115
  - 7.5.1 容错机制 …… 115
  - 7.5.2 回退机制 …… 116
- 7.6 Zuul 使用小经验 …… 118
  - 7.6.1 /routes 端点 …… 118
  - 7.6.2 /filters 端点 …… 118
  - 7.6.3 文件上传 …… 119
  - 7.6.4 请求响应信息输出 …… 121
  - 7.6.5 Zuul 自带的 Debug 功能 …… 124
- 7.7 Zuul 高可用 …… 126
- 7.8 本章小结 …… 127

第三部分 实战篇

第8章 API 网关之Spring Cloud Gateway ……130

- 8.1 Spring Cloud Gateway 介绍 …… 130
- 8.2 Spring Cloud Gateway 工作原理 …… 131
- 8.3 Spring Cloud Gateway 快速上手 …… 131
  - 8.3.1 创建 Gateway 项目 …… 131
  - 8.3.2 路由转发示例 …… 132
  - 8.3.3 整合 Eureka 路由 …… 133
  - 8.3.4 整合 Eureka 的默认路由 …… 133
- 8.4 Spring Cloud Gateway 路由断言工厂 …… 134
  - 8.4.1 路由断言工厂使用 …… 134
  - 8.4.2 自定义路由断言工厂 …… 136
- 8.5 Spring Cloud Gateway 过滤器工厂 …… 137
  - 8.5.1 Spring Cloud Gateway 过滤器工厂使用 …… 137
  - 8.5.2 自定义 Spring Cloud Gateway 过滤器工厂 …… 138
- 8.6 全局过滤器 …… 140
- 8.7 实战案例 …… 143
  - 8.7.1 限流实战 …… 143
  - 8.7.2 熔断回退实战 …… 145
  - 8.7.3 跨域实战 …… 145
  - 8.7.4 统一异常处理 …… 147
  - 8.7.5 重试机制 …… 150
- 8.8 本章小结 …… 151

第9章 自研分布式配置管理 ……152

- 9.1 自研配置管理框架 Smconf 简介 …… 152
- 9.2 Smconf 工作原理 …… 153
- 9.3 Smconf 部署 …… 154
  - 9.3.1 Mongodb 安装 …… 154
  - 9.3.2 Zookeeper 安装 …… 155
  - 9.3.3 Smconf Server 部署 …… 156
- 9.4 项目中集成 Smconf …… 157
  - 9.4.1 集成 Smconf …… 157
  - 9.4.2 使用 Smconf …… 158
  - 9.4.3 配置更新回调 …… 159
- 9.5 Smconf 详细使用 …… 160
  - 9.5.1 源码编译问题 …… 160
  - 9.5.2 后台账号管理 …… 160
  - 9.5.3 REST API …… 161
- 9.6 Smconf 源码解析 …… 163
  - 9.6.1 Client 启动 …… 163
  - 9.6.2 启动加载配置 …… 165
  - 9.6.3 配置修改推送原理 …… 166
- 9.7 本章小结 …… 167

第10章 分布式配置中心Apollo …… 168

- 10.1 Apollo 简介 …… 168
- 10.2 Apollo 的核心功能点 …… 168
- 10.3 Apollo 核心概念 …… 170
- 10.4 Apollo 本地部署 …… 171
- 10.5 Apollo Portal 管理后台使用 …… 172
- 10.6 Java 中使用 Apollo …… 174
  - 10.6.1 普通 Java 项目中使用 …… 174
  - 10.6.2 Spring Boot 中使用 …… 177

10.7 Apollo 的架构设计 ················ 179
 10.7.1 Apollo 架构设计介绍 ······ 179
 10.7.2 Apollo 服务端设计 ········· 181
 10.7.3 Apollo 客户端设计 ········· 188
 10.7.4 Apollo 高可用设计 ········· 195
10.8 本章小结 ····························· 196

第11章 Sleuth 服务跟踪 ············ 197

11.1 Spring Cloud 集成 Sleuth ······ 197
11.2 整合 Logstash ····················· 198
 11.2.1 ELK 简介 ······················ 198
 11.2.2 输出 JSON 格式日志 ······ 198
11.3 整合 Zipkin ························ 200
 11.3.1 Zipkin 数据收集服务 ······ 200
 11.3.2 项目集成 Zipkin 发送调用链数据 ··························· 201
 11.3.3 抽样采集数据 ················ 203
 11.3.4 异步任务线程池定义 ······ 203
 11.3.5 TracingFilter ·················· 204
 11.3.6 监控本地方法 ················ 205
 11.3.7 过滤不想跟踪的请求 ······ 206
 11.3.8 用 RabbitMq 代替 Http 发送调用链数据 ··························· 206
 11.3.9 用 Elasticsearch 存储调用链数据 ··························· 207
11.4 本章小结 ····························· 208

第12章 微服务之间调用的安全认证 ······························· 209

12.1 什么是 JWT ························ 209
12.2 创建统一的认证服务 ············ 210

12.2.1 表结构 ·························· 210
12.2.2 JWT 工具类封装 ············ 210
12.2.3 认证接口 ······················ 212
12.3 服务提供方进行调用认证 ······ 212
12.4 服务消费方申请 Token ········· 214
12.5 Feign 调用前统一申请 Token 传递到调用的服务中 ············ 216
12.6 RestTemplate 调用前统一申请 Token 传递到调用的服务中 ··································· 217
12.7 Zuul 中传递 Token 到路由的服务中 ······························ 218
12.8 本章小结 ····························· 219

第13章 Spring Boot Admin ········ 220

13.1 Spring Boot Admin 的使用方法 ································· 220
 13.1.1 创建 Spring Boot Admin 项目 ······························· 220
 13.1.2 将服务注册到 Spring Boot Admin ····························· 221
 13.1.3 监控内容介绍 ················ 223
 13.1.4 如何在 Admin 中查看各个服务的日志 ···················· 225
13.2 开启认证 ····························· 226
13.3 集成 Eureka ························ 227
13.4 监控服务 ····························· 228
 13.4.1 邮件警报 ······················ 228
 13.4.2 自定义钉钉警报 ············ 229
13.5 本章小结 ····························· 232

第14章　服务的API文档管理 ……… 233

14.1　Swagger 简介 …………………… 233

14.2　集成 Swagger 管理 API 文档 ………………………………… 234

　　14.2.1　项目中集成 Swagger …… 234

　　14.2.2　使用 Swagger 生成文档 … 234

　　14.2.3　在线测试接口 …………… 235

14.3　Swagger 注解 ………………… 236

14.4　Eureka 控制台快速查看 Swagger 文档 …………………… 240

14.5　请求认证 ……………………… 240

14.6　Zuul 中聚合多个服务 Swagger …………………………… 241

14.7　本章小结 ……………………… 242

第四部分　高级篇

第15章　API 网关扩展 ……………… 244

15.1　用户认证 ……………………… 244

　　15.1.1　动态管理不需要拦截的 API 请求 ………………… 244

　　15.1.2　创建认证的用户服务 …… 246

　　15.1.3　路由之前的认证 ………… 247

　　15.1.4　向下游微服务中传递认证之后的用户信息 ………… 248

　　15.1.5　内部服务间的用户信息传递 ……………………… 248

15.2　服务限流 ……………………… 250

　　15.2.1　限流算法 ………………… 250

　　15.2.2　单节点限流 ……………… 251

　　15.2.3　集群限流 ………………… 255

　　15.2.4　具体服务限流 …………… 258

　　15.2.5　具体接口限流 …………… 258

15.3　服务降级 ……………………… 262

15.4　灰度发布 ……………………… 264

　　15.4.1　原理讲解 ………………… 264

　　15.4.2　根据用户做灰度发布 …… 265

　　15.4.3　根据 IP 做灰度发布 ……… 268

15.5　本章小结 ……………………… 268

第16章　微服务之缓存 ……………… 269

16.1　Guava Cache 本地缓存 ………… 269

　　16.1.1　Guava Cache 简介 ……… 269

　　16.1.2　代码示例 ………………… 270

　　16.1.3　回收策略 ………………… 270

16.2　Redis 缓存 …………………… 271

　　16.2.1　用 Redistemplate 操作 Redis ……………………… 271

　　16.2.2　用 Repository 操作 Redis ……………………… 272

　　16.2.3　Spring Cache 缓存数据 … 274

　　16.2.4　缓存异常处理 …………… 278

　　16.2.5　自定义缓存工具类 ……… 279

16.3　防止缓存穿透方案 …………… 282

　　16.3.1　什么是缓存穿透 ………… 282

　　16.3.2　缓存穿透的危害 ………… 282

　　16.3.3　解决方案 ………………… 282

　　16.3.4　布隆过滤器介绍 ………… 283

　　16.3.5　代码示例 ………………… 283

16.4　防止缓存雪崩方案 …………… 284

　　16.4.1　什么是缓存雪崩 ………… 284

16.4.2 缓存雪崩的危害……284
16.4.3 解决方案……284
16.4.4 代码示例……285
16.4.5 分布式锁方式……285
16.5 本章小结……286

第17章 微服务之存储……287

17.1 存储选型……287
17.2 Mongodb……288
 17.2.1 集成 Spring Data Mongodb……288
 17.2.2 添加数据操作……288
 17.2.3 索引使用……290
 17.2.4 修改数据操作……291
 17.2.5 删除数据操作……293
 17.2.6 查询数据操作……294
 17.2.7 GridFS 操作……295
 17.2.8 用 Repository 方式操作数据……296
 17.2.9 自增 ID 实现……300
 17.2.10 批量更新扩展……303
17.3 Mysql……304
 17.3.1 集成 Spring JdbcTemplate……304
 17.3.2 JdbcTemplate 代码示例……305
 17.3.3 封装 JdbcTemplate 操作 Mysql 更简单……305
 17.3.4 扩展 JdbcTemplate 使用方式……306
 17.3.5 常见问题……310
17.4 Elasticsearch……312
 17.4.1 集成 Spring Data Elasticsearch……312
 17.4.2 Repository 示例……312
 17.4.3 ElasticsearchTemplate 示例……315
 17.4.4 索引构建方式……318
17.5 本章小结……319

第18章 微服务之分布式事务解决方案……320

18.1 两阶段型……320
18.2 TCC 补偿型……321
18.3 最终一致性……321
 18.3.1 原理讲解……321
 18.3.2 创建可靠性消息服务……323
 18.3.3 消息存储表设计……324
 18.3.4 提供服务接口……325
 18.3.5 创建消息发送系统……329
 18.3.6 消费消息逻辑……332
 18.3.7 消息管理系统……335
18.4 最大努力通知型事务……335
18.5 本章小结……335

第19章 分布式任务调度……336

19.1 Elastic-Job……336
 19.1.1 Elastic-Job 介绍……336
 19.1.2 任务调度目前存在的问题……336
 19.1.3 为什么选择 Elastic-Job……337
19.2 快速集成……338
19.3 任务使用……339

	19.3.1	简单任务 ………………………… 339
	19.3.2	数据流任务 ……………………… 340
	19.3.3	脚本任务 ………………………… 340
19.4	配置参数讲解 ……………………………… 341
	19.4.1	注册中心配置 …………………… 341
	19.4.2	作业配置 ………………………… 342
	19.4.3	dataflow 独有配置 ……………… 343
	19.4.4	script 独有配置 ………………… 343
19.5	多节点并行调度 …………………………… 344
	19.5.1	分片概念 ………………………… 344
	19.5.2	任务节点分片策略 ………………… 344
	19.5.3	业务数据分片处理 ………………… 345
19.6	事件追踪 ………………………………… 347
19.7	扩展功能 ………………………………… 349
	19.7.1	自定义监听器 …………………… 349
	19.7.2	定义异常处理 …………………… 349
19.8	运维平台 ………………………………… 350
	19.8.1	功能列表 ………………………… 350
	19.8.2	部署运维平台 …………………… 351
	19.8.3	运维平台使用 …………………… 351
19.9	使用经验分享 ……………………………… 355
	19.9.1	任务的划分和监控 ………………… 355
	19.9.2	任务的扩展性和节点数量 …………………………… 355
	19.9.3	任务的重复执行 ………………… 355
	19.9.4	overwrite 覆盖问题 ……………… 356
	19.9.5	流水式任务 ……………………… 356
19.10	本章小结 ………………………………… 357

第20章 分库分表解决方案 ………… 358

20.1	Sharding-JDBC ……………………………… 358
	20.1.1	介绍 …………………………… 358
	20.1.2	功能列表 ………………………… 359
	20.1.3	相关概念 ………………………… 359
20.2	快速集成 ………………………………… 360
20.3	读写分离实战 ……………………………… 362
	20.3.1	准备数据 ………………………… 362
	20.3.2	配置读写分离 …………………… 363
	20.3.3	验证读从库 …………………… 363
	20.3.4	验证写主库 …………………… 365
	20.3.5	Hint 强制路由主库 …………… 366
20.4	分库分表实战 ……………………………… 367
	20.4.1	常用分片算法 …………………… 367
	20.4.2	使用分片算法 …………………… 368
	20.4.3	不分库只分表实战 ……………… 368
	20.4.4	既分库又分表实战 ……………… 372
20.5	分布式主键 ………………………………… 375
20.6	本章小结 ………………………………… 377

第21章 最佳生产实践经验 ………… 378

21.1	开发环境和测试环境共用 Eureka …………………………………… 378
21.2	Swagger 和 Actuator 访问进行权限控制 ……………………………… 379
21.3	Spring Boot Admin 监控被保护的服务 ……………………………… 380
21.4	Apollo 配置中心简化版搭建分享 ……………………………………… 380
21.5	Apollo 使用小经验 ……………………… 382
	21.5.1	公共配置 ………………………… 382
	21.5.2	账号权限 ………………………… 383
	21.5.3	环境配置和项目配置 …………… 385
21.6	Apollo 动态调整日志级别 …… 385

21.7	Apollo 存储加密 …………… 387	21.11	Elastic-Job 的 Spring-Boot-Starter 封装 ………………… 394
21.8	扩展 Apollo 支持存储加解密 ……………………… 390	21.12	Spring Boot 中 Mongodb 多数据源封装 ……………… 396
21.9	Apollo 结合 Zuul 实现动态路由 ……………………… 391	21.13	Zuul 中对 API 进行加解密 … 398
21.10	Apollo 整合 Archaius ……… 393	21.14	本章小结 ………………… 400

第一部分 *Part 1*

准 备 篇

- 第1章　Spring Cloud 与微服务概述
- 第2章　实战前的准备工作

Chapter 1 第 1 章

Spring Cloud 与微服务概述

微服务架构是一种架构风格，而 Spring Cloud 是实现微服务架构的一系列框架的有序集合。本章将带你进入神秘的微服务世界，去探索微服务存在的价值及意义，并为阅读后面的章节打下扎实的理论基础。

本书涉及的源码均可在 https://github.com/yinjihuan/spring-cloud 中下载。如果下载失败，也可以发邮件给笔者 jihuan900@126.com，或者关注微信公众号"猿天地"，直接与笔者交流。

1.1 传统的单体应用

所谓单体应用程序，通俗来说就是把所有功能全部堆积在一起。这个应用大部分都是一个 WAR 包或者 JAR 包。以笔者自己搭建的技术网站"猿天地"为例，用户、文章、源码、课程都是在一个项目中的。随着业务的发展，功能的增加，多年以后这个单体项目将变得越来越臃肿。

这样的单体应用在公司创建初期是一种比较好的方案，要快速增加新功能或部署发布都比较简单。不过，随着时间的推移，危机也会慢慢显露出来。任何一个 BUG 都可能导致整个应用瘫痪，正所谓牵一发而动全身。

1.1.1 改进单体应用的架构

架构总是通过演变而来的，既然传统的单体应用架构不能满足业务的发展，那么架构的改变必然会提上日程。在系统不能支撑当前的用户量后，我们将项目按照不同的业务来做拆分，分成多个子系统，系统之间通过 Webservice 或者 HTTP 接口来进行交互，这样做的好处是系统不再那么臃肿了。

随着用户量越来越多，系统的压力也随之增长。可能其中某一个模块使用的频率比较高，这个时候就需要对这个模块进行扩展，其实就是多部署几个节点。前面再加一个 Nginx 用于负载均衡，刚开始还没什么大问题，当子系统越来越多的时候，每个子系统前面都要加一层负载，对运维人员来说工作量就增加了，因为要维护的也增多了。

1.1.2 向微服务靠拢

前面讲了这么多，还是不能满足互联网公司快速发展的需求，比如高并发、高可用、高扩展。于是基于之前的架构又改进了一番，引入了阿里巴巴开源的 Dubbo 框架，解决了服务之间的调用问题，服务调用方不再需要关注服务提供方的地址，只要从注册中心获取服务提供方的地址即可。

目前国内很多公司的微服务架构都是基于 Dubbo 构建的，为什么我们要转向 Spring Cloud？可以从下面几个方面进行分析：

- 社区的支持：
  - 首先 Spring Cloud 有强大的社区支持，在 Java 生态圈必定离不开 Spring，且 Spring Cloud 的更新频率也越来越高。
  - Dubbo 虽然出自阿里巴巴，但是有很长一段时间没维护了，原因是内部有另一个 RPC 的框架 HSF，所以 Dubbo 被抛弃了，不过去年 Dubbo 又重回大众视野，对使用开源框架的用户来说，社区对框架的持续维护非常重要，所以笔者认为 Spring 家族的产品更适合中小型公司。
- 关注内容：
  - Spring Cloud 关注的是整个服务架构会涉及的方方面面，在 Spring Cloud 中各种组件应有尽有，从而使其具有可快速集成、方便、成本低等优势。
  - Dubbo 关注的更细一些，只针对服务治理，相当于 Spring Cloud 中的一个子集。能和 Dubbo 相互比较的应该是 gRPC、Thrift 之类的框架。
- 性能问题：
  - 对于性能这块，Dubbo 确实要比 Spring Cloud 好，原因大家也都清楚，Dubbo 基于 Netty 的 TCP 及二进制的数据传输，Spring Cloud 基于 HTTP，HTTP 每次都要创建连接，传输的也是文本内容，自然在性能上有些损耗。
  - Spring Cloud 带来的性能损耗对于大部分应用来说是可以接受的，而它具有的 HTTP 风格的 API 交互，在不同的语言中是通用的，且对每个微服务的测试来说是非常方便的，也就是说 Spring Cloud 用小的性能损耗换来了更多好处。当当网在 Dubbo 的基础上加上 REST 的支持扩展出目前的 Dubbox 也是这个道理。

1.2 什么是微服务

"微服务"一词来源于 Martin Fowler 的《Microservices》一文。微服务是一种架构风格,即将单体应用划分为小型的服务单元,微服务之间使用 HTTP 的 API 进行资源访问与操作。

在笔者看来,微服务架构的演变更像是一个公司的发展过程,从最开始的小公司,到后来的大集团。大集团可拆分出多个子公司,每个子公司的都有自己独立的业务、员工,各自发展,互不影响,合起来则是威力无穷。

1.2.1 使用微服务架构的优势和劣势

臃肿的系统、重复的代码、超长的启动时间带给开发人员的只有无限的埋怨,丝毫没有那种很舒服的、很流畅的写代码的感觉。他们把大部分时间都花在解决问题和项目启动上面了。

1. 优势

使用微服务架构能够为我们带来如下好处:

- 服务的独立部署:每个服务都是一个独立的项目,可以独立部署,不依赖于其他服务,耦合性低。
- 服务的快速启动:拆分之后服务启动的速度必然要比拆分之前快很多,因为依赖的库少了,代码量也少了。
- 更加适合敏捷开发:敏捷开发以用户的需求进化为核心,采用迭代、循序渐进的方法进行。服务拆分可以快速发布新版本,修改哪个服务只需要发布对应的服务即可,不用整体重新发布。
- 职责专一,由专门的团队负责专门的服务:业务发展迅速时,研发人员也会越来越多,每个团队可以负责对应的业务线,服务的拆分有利于团队之间的分工。
- 服务可以动态按需扩容:当某个服务的访问量较大时,我们只需要将这个服务扩容即可。
- 代码的复用:每个服务都提供 REST API,所有的基础服务都必须抽出来,很多的底层实现都可以以接口方式提供。

2. 劣势

微服务其实是一把双刃剑,既然有利必然也会有弊。下面我们来谈谈微服务有哪些弊端,以及能采取什么办法避免。

- 分布式部署,调用的复杂性高:单体应用的时候,所有模块之前的调用都是在本地进行的,在微服务中,每个模块都是独立部署的,通过 HTTP 来进行通信,这当中会产生很多问题,比如网络问题、容错问题、调用关系等。

- 独立的数据库，分布式事务的挑战：每个微服务都有自己的数据库，这就是所谓的去中心化的数据管理。这种模式的优点在于不同的服务，可以选择适合自身业务的数据，比如订单服务可以用 MySQL、评论服务可以用 Mongodb、商品搜索服务可以用 Elasticsearch。缺点就是事务的问题了，目前最理想的解决方案就是柔性事务中的最终一致性，后面的章节会给大家做具体介绍。
- 测试的难度提升：服务和服务之间通过接口来交互，当接口有改变的时候，对所有的调用方都是有影响的，这时自动化测试就显得非常重要了，如果要靠人工一个个接口去测试，那工作量就太大了。这里要强调一点，就是 API 文档的管理尤为重要。
- 运维难度的提升：在采用传统的单体应用时，我们可能只需要关注一个 Tomcat 的集群、一个 MySQL 的集群就可以了，但这在微服务架构下是行不通的。当业务增加时，服务也将越来越多，服务的部署、监控将变得非常复杂，这个时候对于运维的要求就高了。

1.2.2 重构前的准备工作

对于上不上微服务，关键在于公司的发展程度。系统是否真的到了必须做分解的地步？在上微服务之前一定要做好技术选型。用什么框架来构建微服务？公司是否支持重构？这些问题都很重要，没有公司的支持一切都是空谈。你要告诉你的上级为什么要重构，为什么要上微服务，上了之后能解决哪些问题，比如能否提高系统稳定性、能否节约机器资源等。有了明确的目标及计划，我相信这件事必成。

在重构之前，架构师一定要对公司所有的产品做一遍梳理，出一个重构方案，画一个架构图。还要对团队成员进行一次培训，讲讲重构的过程中会遇到哪些技术问题，可采用什么方式解决，在这个过程中大家能学到什么。我相信，对于有成长、有意义的事情，就算加班，大家也会开心的。这些你都不准备好，别人会觉得你没事找事，天天让他加班。

重构时最好采用循序渐进的模式，首先对一个产品进行重构规划，抽出业务服务，再抽出这个产品所依赖的基础服务，基础服务是最为重要的。等一个产品稳定之后，再重构其他产品，把核心业务放到最后面。不要想着一步登天，重构就像堆积木，堆着堆着就高了，一周抽一个微服务，慢慢就都变成微服务了。

1.3 什么是 Spring Cloud

Spring Cloud 是一系列框架的有序集合。它利用 Spring Boot 的开发便利性，巧妙地简化了分布式系统基础设施的开发，如服务注册、服务发现、配置中心、消息总线、负载均衡、断路器、数据监控等，这些都可以用 Spring Boot 的开发风格做到一键启动和部署。通俗地讲，Spring Cloud 就是用于构建微服务开发和治理的框架集合（并不是具体的一个框架），主要贡献来自 Netflix OSS。

1.3.1 Spring Cloud 模块介绍

Spring Cloud 模块的相关介绍如下：
- Eureka：服务注册中心，用于服务管理。
- Ribbon：基于客户端的负载均衡组件。
- Hystrix：容错框架，能够防止服务的雪崩效应。
- Feign：Web 服务客户端，能够简化 HTTP 接口的调用。
- Zuul：API 网关，提供路由转发、请求过滤等功能。
- Config：分布式配置管理。
- Sleuth：服务跟踪。
- Stream：构建消息驱动的微服务应用程序的框架。
- Bus：消息代理的集群消息总线。

除了上述模块，还有 Cli、Task……。本书只介绍一些常用的模块。

Spring Cloud 是一个非常好的框架集合，它包含的功能模块非常多，这里不可能一一讲解到，凡是在本书中出现的模块都是真实开发中用得到的。对于那些没有在本书中进行讲解的模块，大家也可以自行学习，当然有任何问题也可以咨询笔者。⊖

1.3.2 Spring Cloud 版本介绍

相信大家跟笔者一样，在第一次访问 Spring Cloud 官网时一定会有一个疑惑那就是版本太多了，到底哪个是稳定版本？哪个才是自己需要的版本？接下来就给大家简单介绍一下版本的问题。

访问官网 https://projects.spring.io/spring-cloud/#learn 可以看到网页右侧的版本列表，如图 1-1 所示。

截至本书完稿时，最新的稳定版本是 Finchley SR2。为什么其中还有 Dalston、Edgware 等这些版本？而不是像别的项目那样，版本号采用 1.1、1.2、1.3 这种的格式？因为 Spring Cloud 是一个拥有诸多子项目的大型综合项目，可以说是对微服务架构解决方案的综合套件组件，其中包含的各个子项目都独立进行着内容的迭代与更新，各自维护着自己的发布版本号。

至于怎么选择适合自己的版本，笔者认为，大家可以在接触的时候直接选最新的稳定版本。新版本中的 Bug 肯定要少，并且更稳定。写作本书的时候，官方发布的 Spring Cloud 最新稳定版本是 Finchley SR2，所以本书的案例都是基于 Finchley SR2 进行讲解的。不同的版本有不同的功能，对应的每个子模块的版本也不一样，那么如何知道每个大版本下面具体的子模块是什么版本呢？答案就在官网的首页上面，在页面的最下方有一个表格（见表 1-1），通过这个表格我们可以清楚地知道 Finchley SR2 对应的 Spring Boot 版本是 2.0.6.RELEASE，Spring-Cloud- Bus 是 2.0.0.RELEASE。

⊖ 联系邮箱：jihuan900@126.com。

第 1 章　Spring Cloud 与微服务概述　❖　7

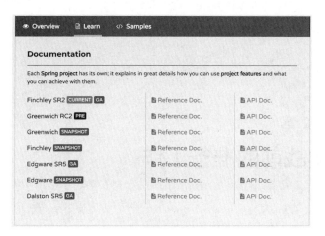

图 1-1　Spring Cloud 版本

表 1-1　Spring Cloud 版本列表

Component	Edgware.SR5	Finchley.SR2	Finchley.BUILD-SNAPSHOT
spring-cloud-aws	1.2.3.RELEASE	2.0.1.RELEASE	2.0.1.BUILD-SNAPSHOT
spring-cloud-bus	1.3.3.RELEASE	2.0.0.RELEASE	2.0.1.BUILD-SNAPSHOT
spring-cloud-cli	1.4.1.RELEASE	2.0.0.RELEASE	2.0.1.BUILD-SNAPSHOT
spring-cloud-commons	1.3.5.RELEASE	2.0.2.RELEASE	2.0.2.BUILD-SNAPSHOT
spring-cloud-contract	1.2.6.RELEASE	2.0.2.RELEASE	2.0.2.BUILD-SNAPSHOT
spring-cloud-config	1.4.5.RELEASE	2.0.2.RELEASE	2.0.2.BUILD-SNAPSHOT
spring-cloud-netflix	1.4.6.RELEASE	2.0.2.RELEASE	2.0.2.BUILD-SNAPSHOT
spring-cloud-security	1.2.3.RELEASE	2.0.1.RELEASE	2.0.1.BUILD-SNAPSHOT
spring-cloud-cloudfoundry	1.1.2.RELEASE	2.0.1.RELEASE	2.0.1.BUILD-SNAPSHOT
spring-cloud-consul	1.3.5.RELEASE	2.0.1.RELEASE	2.0.2.BUILD-SNAPSHOT
spring-cloud-sleuth	1.3.5.RELEASE	2.0.2.RELEASE	2.0.2.BUILD-SNAPSHOT
spring-cloud-stream	Ditmars.SR4	Elmhurst.SR1	Elmhurst.BUILD-SNAPSHOT
spring-cloud-zookeeper	1.2.2.RELEASE	2.0.0.RELEASE	2.0.1.BUILD-SNAPSHOT
spring-boot	1.5.16.RELEASE	2.0.6.RELEASE	2.0.7.BUILD-SNAPSHOT
spring-cloud-task	1.2.3.RELEASE	2.0.0.RELEASE	2.0.1.BUILD-SNAPSHOT
spring-cloud-vault	1.1.2.RELEASE	2.0.2.RELEASE	2.0.2.BUILD-SNAPSHOT
spring-cloud-gateway	1.0.2.RELEASE	2.0.2.RELEASE	2.0.2.BUILD-SNAPSHOT

1.4　本章小结

Spring Cloud 的诞生对于微服务架构来说简直是如鱼得水，本章主要是对微服务及 Spring Cloud 做了一些理论性的讲解，同时介绍了我们为什么要选择 Spring Cloud、Spring Cloud 有哪些内容、使用 Spring Cloud 能够为我们带来什么好处等。下一章我们将学习 Spring Boot 框架的使用方法。

Chapter 2 第 2 章

实战前的准备工作

工欲善其事，必先利其器。在开始学习之前，最重要的事情就是准备开发环境了，各位读者需要准备 JDK1.8、Maven3.3.3、Spring Tools 4 for Eclipse。为了保证读者在实践的时候所用及所见跟本书介绍的一样，建议大家的环境跟本书所用的一致。本书适合有一定开发经验的朋友，故在环境配置这块不会讲得太细，都是一些非常基础的东西。当然，每个人的开发环境在某些方面肯定是不一样的，比如有的人用 Windows，有的人用 Mac，有什么问题大家可以直接联系笔者，或者上网查资料。

2.1 开发环境的准备

开发环境的准备主要涉及三个方面：JDK、Maven、Spring Tools 4 for Eclipse。

1. JDK

JDK 的版本用 1.8 即可，环境变量大家自行去配置。配置好环境变量，在命令行中输入"java –version"能够显示出版本信息即可。笔者这边用的是 Mac 的命令行，Windows 上面用 cmd。

```
yinjihuandeMacBook-Pro:~ yinjihuan$ java -version
java version "1.8.0_40" Java(TM) SE Runtime Environment (build 1.8.0_40-b27)
Java HotSpot(TM) 64-Bit Server VM (build 25.40-b25, mixed mode)
```

2. Maven

Maven 是用于项目构建的，本书所用的版本是 3.3.3。安装完之后也需要配置环境变量，配置好后同样需要在命令行中输入"mvn –version"进行检测。

```
yinjihuandeMacBook-Pro:~ yinjihuan$ mvn -version
Apache Maven 3.3.3 (7994120775791599e205a5524ec3e0dfe41d4a06; 2015-04-
22T19:57:37+08:00) Maven home: /Users/yinjihuan/Documents/java/apache-maven-3.3.3
```

3. Spring Tools 4 for Eclipse

大家可以选择自己熟悉的开发工具，不一定要用 Spring Tools 4 for Eclipse，Spring Tools 4 for Eclipse 下载的地址：http://spring.io/tools。

下载完成后，还需要安装 Lombok 插件，本书的示例代码会采用 Lombok 来简化 get,set 方法。安装方式可参考 http://cxytiandi.com/blog/detail/6813。

2.2 Spring Boot 入门

Spring Cloud 基于 Spring Boot 搭建，本节会简单介绍一下 Spring Boot 的使用方法，如需学习更多 Spring Boot 相关的内容，可以关注笔者的微信公众号"猿天地"，获取更多信息。

2.2.1 Spring Boot 简介

Spring Boot 是由 Pivotal 团队提供的全新框架，其设计目的是简化新 Spring 应用的初始搭建以及开发过程。该框架使用了特定的方式进行配置，从而使开发人员不再需要定义样板化的配置。Spring Boot 致力于在蓬勃发展的快速应用开发领域（rapid application development）成为领导者。

在使用 Spring Boot 之前，我们需要搭建一个项目框架并配置各种第三方库的依赖，还需要在 XML 中配置很多内容。Spring Boot 完全打破了我们之前的使用习惯，一分钟就可以创建一个 Web 开发的项目；通过 Starter 的方式轻松集成第三方的框架；去掉了 XML 的配置，全部用注解代替。

Spring Boot Starter 是用来简化 jar 包依赖的，集成一个框架只需要引入一个 Starter，然后在属性文件中配置一些值，整个集成的过程就结束了。不得不说，Spring Boot 在内部做了很多的处理，让开发人员使用起来更加简单了。

下面笔者总结了一些使用 Spring Boot 开发的优点：
- ❏ 基于 Spring 开发 Web 应用更加容易。
- ❏ 采用基于注解方式的配置，避免了编写大量重复的 XML 配置。
- ❏ 可以轻松集成 Spring 家族的其他框架，比如 Spring JDBC、Spring Data 等。
- ❏ 提供嵌入式服务器，令开发和部署都变得非常方便。

2.2.2 搭建 Spring Boot 项目

在 Spring Tools 4 for Eclipse 中依次选择 File -> New -> Maven Project，然后在出现的

界面中按图 2-1 所示增加相关信息。

完了上述操作之后，在 pom.xml 中添加 Spring Boot 的依赖，如代码清单 2-1 所示。编写启动类，如代码清单 2-2 所示。

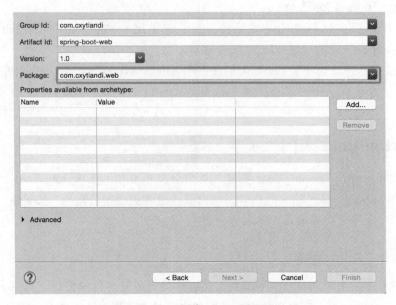

图 2-1　创建 maven 项目

代码清单 2-1　Spring Boot 依赖配置

```xml
<parent>
    <groupId>org.springframework.boot</groupId>
    <artifactId>spring-boot-starter-parent</artifactId>
    <version>2.0.6.RELEASE</version>
</parent>

<dependencies>
    <dependency>
        <groupId>org.springframework.boot</groupId>
        <artifactId>spring-boot-starter-web</artifactId>
    </dependency>
</dependencies>
```

代码清单 2-2　Spring Boot 启动类

```java
@SpringBootApplication
public class App {

    public static void main(String[] args) {
        SpringApplication.run(App.class,
        args);
    }

}
```

启动类使用了 @SpringBootApplication 注解，这个注解表示该类是一个 Spring Boot 应用。直接运行 App 类即可启动，启动成功后在控制台输出信息，默认端口是 8080。

```
Tomcat started on port(s): 8080 (http)
```

可以看到，我们只在 pom.xml 中引入了一个 Web 的 Starter，然后创建一个普通的 Java 类，一个 Main 方法就可以启动一个 Web 项目。与之前的使用方式相比，这种方式简单很多。以前需要配置各种 Spring 相关的包，还需要配置 web.xml 文件，还需要将项目放入 Tomcat 中去执行，搭建项目的过程还特别容易出错，会出现各种 jar 包冲突。有了 Spring Boot 后这些问题都解决了。

我们之所以能够通过一个 Main 方法启动一个 Web 服务，是因为 Sprig Boot 中内嵌了 Tomcat，然后通过内嵌的 Tomcat 来提供服务。当然，我们也可以使用别的容器来替换 Tomcat，比如 Undertow 或 Jetty。

Spring Tools 4 for Eclipse 还为我们提供了更加便捷的项目创建方式，在 File -> New 选项中有 Spring Starter Project，可以直接选择 Spring Boot 的版本以及需要依赖的第三方包，直接生成 Spring Boot 项目，不用再去手动配置 Maven 依赖。这个功能和 https://start.spring.io/ 提供的是同一个功能，方便快速搭建 Spring Boot 项目脚手架。

2.2.3　编写第一个 REST 接口

本节将创建一个控制器，编写第一个 REST 接口，访问地址使用 /hello，如代码清单 2-3 所示。

代码清单 2-3　REST 接口

```java
@RestController
public class HelloController {

    @GetMapping("/hello")
    public String hello() {
        return "hello";
    }

}
```

@RestController 是 @Controller 和 @ResponseBody 的组合注解，可以直接返回 Json 格式数据。@GetMapping 其实就是 @RequestMapping（method = RequestMethod.GET），通过访问 http://localhost:8080/hello 可以看到输出的结果 "hello"。

2.2.4　读取配置文件

在以前的项目中我们主要在 XML 文件中进行框架配置，业务的相关配置会放在属性文件中，然后通过一个属性读取的工具类来读取配置信息。在 Spring Boot 中我们不再需要使用这种方式去读取数据了。Spring Boot 中的配置通常放在 application.properties 中，读取配置信息非常方便，总共分为 3 种方式。

（1）Environment：可以通过 Environment 的 getProperty 方法来获取想要的配置信息，如代码清单 2-4 所示。

代码清单 2-4　Environment 读取配置

```
@RestController
public class HelloController {

    // 注入对象
    @Autowired
    private Environment env;

    @GetMapping("/hello")
    public String hello() {
        // 读取配置
        String port = env.getProperty("server.port");
        return port;
    }

}
```

（2）@Value：可以注入具体的配置信息，如代码清单 2-5 所示。

代码清单 2-5　@Value 读取配置

```
@RestController
public class HelloController {

    // 注入配置
    @Value("${server.port}")
    private String port;

    @GetMapping("/hello")
    public String hello() {
        return port;
    }

}
```

（3）自定义配置类：prefix 定义配置的前缀，如代码清单 2-6 所示。

代码清单 2-6　prefix 定义配置前缀

```
@ConfigurationProperties(prefix="com.cxytiandi")
@Component
public class MyConfig {

    private String name;

    public String getName() {
        return name;
    }
```

```
    public void setName(String name) {
        this.name = name;
    }
}
```

读取配置的方法如代码清单 2-7 所示。

代码清单 2-7　配置读取

```
@RestController
public class HelloController {

    @Autowired
    private MyConfig myConfig;

    @GetMapping("/hello")
    public String hello() {
        return myConfig.getName();
    }
}
```

定义配置 application.properties 的方法如下：

com.cxytiandi.name=yinjihuan

2.2.5　profiles 多环境配置

在平时的开发中，项目会被部署到测试环境、生产环境，但是每个环境的数据库地址等配置信息都是不一样的。通过 profile 来激活不同环境下的配置文件就能解决配置信息不一样的问题。在 Spring Boot 中可以通过 spring.profiles.active=dev 来激活不同环境下的配置。

可以定义多个配置文件，每个配置文件对应一个环境，格式为 application- 环境 .properties，如表 2-1 所示。

表 2-1　profile 多环境配置

application.properties	通用配置，不区分环境
application-dev.properties	开发环境
application-test.properties	测试环境
application-prod.properties	生产环境

在开发环境中，可以通过修改 application.properties 中的 spring.profiles.active 的值来激活对应环境的配置，在部署的时候可以通过 java –jar xxx.jar --spring.profiles.active=dev 来指定使用对应的配置。

2.2.6　热部署

开发过程中经常会改动代码，此时若想看下效果，就不得不停掉项目然后重启。对于

Spring Boot 项目来说，启动时间是非常快的，在微服务的架构下，每个服务只关注自己的业务，代码量也非常小，这个启动时间是可以容忍的。对于那些臃肿的单体老项目，启动时间简直是浪费生命。虽然 Spring Boot 启动很快，但是我们还是要自己去重启。能不能做到有改动，它就会悄无声息地自己把改动的地方重新加载一遍？答案是肯定的，通过 spring-boot-devtools 就可以实现。

只需要添加 spring-boot-devtools 的依赖即可实现热部署功能，如代码清单 2-8 所示。

代码清单 2-8　热部署配置

```xml
<dependency>
    <groupId>org.springframework.boot</groupId>
    <artifactId>spring-boot-devtools</artifactId>
</dependency>
```

> **注意** 在 IDEA 中就算加了插件也是没有效果的，需要开启自动编译功能，开启方法如下：首先，如图 2-2 所示进行操作。

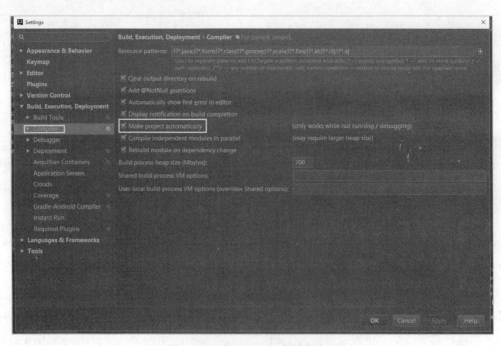

图 2-2　开启 IDEA 自动编译（一）

然后，同时按下 Shift+Ctrl+Alt+/，选择 Registry，如图 2-3 所示。

最后，重启 IDEA 就可以了。

配置完热部署后，只要我们有保存操作，Spring Boot 就会自动重新加载被修改的 Class，我们再也不用手动停止、启动项目了。

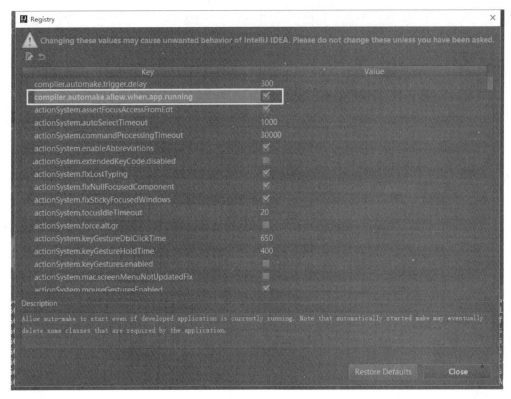

图 2-3　开启 IDEA 自动编译（二）

2.2.7　actuator 监控

Spring Boot 提供了一个用于监控和管理自身应用信息的模块，它就是 spring-boot-starter-actuator。该模块使用起来非常简单，只需要加入依赖即可，如代码清单 2-9 所示。

代码清单 2-9　Actuator 配置

```
<dependency>
    <groupId>org.springframework.boot</groupId>
    <artifactId>spring-boot-starter-actuator</artifactId>
</dependency>
```

启动项目我们会发现在控制台输出的内容中增加了图 2-4 所示的信息。

图 2-4 所示的这些信息是 Actuator 模块提供的端点信息，具体如表 2-2 所示，通过访问这些端点我们可以得到很多监控信息。

比如，我们访问 /actuator/health 可以得到下面的信息：

```
{
    "status": "UP"
}
```

```
s.b.a.e.w.s.WebMvcEndpointHandlerMapping : Mapped "{[/actuator/auditevents],methods=[GET],produces=[application/vnd.spring-boot.actuator.v2
s.b.a.e.w.s.WebMvcEndpointHandlerMapping : Mapped "{[/actuator/beans],methods=[GET],produces=[application/vnd.spring-boot.actuator.v2+json
s.b.a.e.w.s.WebMvcEndpointHandlerMapping : Mapped "{[/actuator/health],methods=[GET],produces=[application/vnd.spring-boot.actuator.v2+json
s.b.a.e.w.s.WebMvcEndpointHandlerMapping : Mapped "{[/actuator/conditions],methods=[GET],produces=[application/vnd.spring-boot.actuator.v2
s.b.a.e.w.s.WebMvcEndpointHandlerMapping : Mapped "{[/actuator/configprops],methods=[GET],produces=[application/vnd.spring-boot.actuator.v2
s.b.a.e.w.s.WebMvcEndpointHandlerMapping : Mapped "{[/actuator/env],methods=[GET],produces=[application/vnd.spring-boot.actuator.v2+json ||
s.b.a.e.w.s.WebMvcEndpointHandlerMapping : Mapped "{[/actuator/env/{toMatch}],methods=[GET],produces=[application/vnd.spring-boot.actuator.
s.b.a.e.w.s.WebMvcEndpointHandlerMapping : Mapped "{[/actuator/info],methods=[GET],produces=[application/vnd.spring-boot.actuator.v2+json |
s.b.a.e.w.s.WebMvcEndpointHandlerMapping : Mapped "{[/actuator/loggers/{name}],methods=[GET],produces=[application/vnd.spring-boot.actuator
s.b.a.e.w.s.WebMvcEndpointHandlerMapping : Mapped "{[/actuator/loggers/{name}],methods=[POST],consumes=[application/vnd.spring-boot.actuato
s.b.a.e.w.s.WebMvcEndpointHandlerMapping : Mapped "{[/actuator/loggers],methods=[GET],produces=[application/vnd.spring-boot.actuator.v2+jso
s.b.a.e.w.s.WebMvcEndpointHandlerMapping : Mapped "{[/actuator/heapdump],methods=[GET],produces=[application/octet-stream]}" onto public ja
s.b.a.e.w.s.WebMvcEndpointHandlerMapping : Mapped "{[/actuator/threaddump],methods=[GET],produces=[application/vnd.spring-boot.actuator.v2
s.b.a.e.w.s.WebMvcEndpointHandlerMapping : Mapped "{[/actuator/metrics/{requiredMetricName}],methods=[GET],produces=[application/vnd.spring
s.b.a.e.w.s.WebMvcEndpointHandlerMapping : Mapped "{[/actuator/metrics],methods=[GET],produces=[application/vnd.spring-boot.actuator.v2+jso
s.b.a.e.w.s.WebMvcEndpointHandlerMapping : Mapped "{[/actuator/scheduledtasks],methods=[GET],produces=[application/vnd.spring-boot.actuator
s.b.a.e.w.s.WebMvcEndpointHandlerMapping : Mapped "{[/actuator/httptrace],methods=[GET],produces=[application/vnd.spring-boot.actuator.v2+j
s.b.a.e.w.s.WebMvcEndpointHandlerMapping : Mapped "{[/actuator/mappings],methods=[GET],produces=[application/vnd.spring-boot.actuator.v2+js
s.b.a.e.w.s.WebMvcEndpointHandlerMapping : Mapped "{[/actuator],methods=[GET],produces=[application/vnd.spring-boot.actuator.v2+json || app
```

图 2-4　Spring Boot 启动控制台输出

表 2-2　Actuator 端点信息

Http 方法	路径	描述	Http 默认暴露
GET	/actuator/configprops	查看配置属性，包括默认配置	false
GET	/actuator/beans	查看 bean 及其关系列表	false
GET	/actuator/heapdump	打印线程栈	false
GET	/actuator/env	查看所有环境变量	false
GET	/actuator/env/{name}	查看具体变量值	false
GET	/actuator/health	查看应用健康指标	true
GET	/actuator/info	查看应用信息	true
GET	/actuator/mappings	查看所有 URL 映射	false
GET	/actuator/metrics	查看应用基本指标	false
GET	/actuator/metrics/{name}	查看具体指标	false
POST	/actuator/shutdown	关闭应用	false
GET	/actuator/httptrace	查看基本追踪信息	false
GET	/actuator/loggers	显示应用程序中的 loggers 配置	false
GET	/actuator/scheduledtasks	显示定时任务	false

UP 表示当前应用处于健康状态，如果是 DOWN 就表示当前应用不健康。增加下面的配置可以让一些健康信息的详情也显示出来：

```
management.endpoint.health.show-details=ALWAYS
```

再次访问 /actuator/health，就可以得到健康状态的详细信息：

```
{
    "status": "UP",
    "diskSpace": {
        "status": "UP",
        "total": 491270434816,
        "free": 383870214144,
        "threshold": 10485760
    }
}
```

大部分端点默认都不暴露出来，我们可以手动配置需要暴露的端点。如果需要暴露多个端点，可以用逗号分隔，如下所示：

```
management.endpoints.web.exposure.include=configprops,beans
```

如果想全部端点都暴露的话直接配置成下面的方式：

```
management.endpoints.web.exposure.include=*
```

关于这些监控的信息不再赘述，大家可以自行了解。后面我们会介绍如何使用 Spring Boot Admin 在页面上更加直观地展示这些信息，目前都是 Json 格式的数据，不方便查看。

2.2.8 自定义 actuator 端点

在很多场景下，我们需要自定义一些规则来判断应用的状态是否健康，可以采用自定义端点的方式来满足多样性的需求。如果我们只是需要对应用的健康状态增加一些其他维度的数据，可以通过继承 AbstractHealthIndicator 来实现自己的业务逻辑。如代码清单 2-10 所示。

代码清单 2-10　扩展健康端点

```java
@Component
public class UserHealthIndicator extends AbstractHealthIndicator {
    @Override
    protected void doHealthCheck(Builder builder) throws Exception {
        builder.up().withDetail("status", true);
        //builder.down().withDetail("status", false);
    }
}
```

通过 up 方法指定应用的状态为健康，down 方法指定应用的状态为不健康。withDetail 方法用于添加一些详细信息。

访问 /actuator/health，可以得到我们自定义的健康状态的详细信息：

```
{
    "status": "UP",
    "details": {
        "user": {
            "status": "UP",
            "details": {
                "status": true
            }
        },
        "diskSpace": {
            "status": "UP",
            "details": {
                "total": 249795969024,
                "free": 7575375872,
                "threshold": 10485760
            }
```

```
        }
    }
}
```

上面我们是在框架自带的 health 端点中进行扩展,还有一种需求是完全开发一个全新的端点,比如查看当前登录的用户信息的端点。自定义全新的端点很简单,通过 @Endpoint 注解就可以实现。如代码清单 2-11 所示。

代码清单 2-11　自定义端点

```java
@Component
@Endpoint(id = "user")
public class UserEndpoint {

    @ReadOperation
    public List<Map<String, Object>> health() {
        List<Map<String, Object>> list = new ArrayList<>();
        Map<String, Object> map = new HashMap<>();
        map.put("userId", 1001);
        map.put("userName", "yinjihuan");
        list.add(map);
        return list;
    }
}
```

访问 /actuator/user 可以看到返回的用户信息如下:

```
[
    {
        "userName": "yinjihuan",
        "userId": 1001
    }
]
```

2.2.9　统一异常处理

对于接口的定义,我们通常会有一个固定的格式,比如:

```
{
    "status": true,
    "code": 200,
    "message": null,
    "data": [
        {
            "id": "101",
            "name": "jack"
        },
        {
            "id": "102",
            "name": "jason"
        }
    ]
}
```

但是，如果调用方在请求我们的 API 时把接口地址写错了，就会得到一个 404 错误：

```
{
    "timestamp": 1492063521109,
    "status": 404,
    "error": "Not Found",
    "message": "No message available",
    "path": "/rest11/auth"
}
```

后端服务会告诉我们哪个地址没找到，其实也挺友好。但是因为我们上面自定义的数据格式跟下面的不一致，所以当用户拿到这个返回的时候是无法识别的，其中最明显的是 status 字段。我们自定义的是 boolean 类型，用来表示请求是否成功，这里返回的就是 Http 的状态码，所以我们需要在发生这种系统错误时也能返回我们自定义的那种格式，那就要定义一个异常处理类（见代码清单 2-12），通过这个类既可以返回统一的格式，也可以统一记录异常日志。

代码清单 2-12　统一异常处理

```java
@ControllerAdvice
public class GlobalExceptionHandler {
    private Logger logger =
            LoggerFactory.getLogger(GlobalExceptionHandler.class);
    @ExceptionHandler(value = Exception.class)
    @ResponseBody
    public ResponseData defaultErrorHandler(HttpServletRequest req,
            Exception e) throws Exception {
        logger.error("", e);
        ResponseData r = new ResponseData();
        r.setMessage(e.getMessage());
        if (e instanceof org.springframework.web.servlet
                .NoHandlerFoundException){
            r.setCode(404);
        } else {
            r.setCode(500);
        }
        r.setData(null);
        r.setStatus(false);
        return r;
    }
}
```

ResponseData 是我们返回格式的实体类，其发生错误时也会被捕获到，然后封装好返回格式并返回给调用方。最后关键的一步是，在 Spring Boot 的配置文件中加上代码清单 2-13 所示配置。

代码清单 2-13　异常处理配置

```
# 出现错误时，直接抛出异常
spring.mvc.throw-exception-if-no-handler-found=true
```

```
# 不要为我们工程中的资源文件建立映射
spring.resources.add-mappings=false
```

然后当我们调用一个不存在的接口时，返回的错误信息就是我们自定义的那种格式了：

```
{
    "status": false, "code": 404,
    "message": "No handler found for GET /rest11/auth", "data": null
}
```

最后贴上 ResponseData 的定义，如代码清单 2-14 所示。

代码清单 2-14　统一返回结果定义

```java
public class ResponseData {
private Boolean status = true;
private int code = 200;
private String message;
private Object data;
    // get set ...
}
```

2.2.10　异步执行

异步调用就是不用等待结果的返回就执行后面的逻辑；同步调用则需要等待结果再执行后面的逻辑。

通常我们使用异步操作时都会创建一个线程执行一段逻辑，然后把这个线程丢到线程池中去执行，代码如代码清单 2-15 所示。

代码清单 2-15　传统多线程使用方式

```java
ExecutorService executorService = Executors.newFixedThreadPool(10);
executorService.execute(() -> {
    try {
        // 业务逻辑

    } catch (Exception e) {
        e.printStackTrace();
    } finally {
    }
});
```

这种方式尽管使用了 Java 的 Lambda，但看起来没那么优雅。在 Spring 中有一种更简单的方式来执行异步操作，只需要一个 @Async 注解即可，如代码清单 2-16 所示。

代码清单 2-16　@Async 使用方式

```java
@Async
public void saveLog() {
    System.err.println(Thread.currentThread().getName());
}
```

我们可以直接在 Controller 中调用这个业务方法，它就是异步执行的，会在默认的线程池中去执行。需要注意的是，一定要在外部的类中去调用这个方法，如果在本类调用则不起作用，比如 this.saveLog()。最后在启动类上开启异步任务的执行，添加 @ EnableAsync 即可。

另外，关于执行异步任务的线程池我们也可以自定义，首先我们定义一个线程池的配置类，用来配置一些参数，具体代码如代码清单 2-17 所示。

代码清单 2-17　线程池参数配置类

```java
@Configuration
@ConfigurationProperties(prefix = "spring.task.pool")
public class TaskThreadPoolConfig {
    // 核心线程数
    private int corePoolSize = 5;

    // 最大线程数
    private int maxPoolSize = 50;

    // 线程池维护线程所允许的空闲时间
    private int keepAliveSeconds = 60;

    // 队列长度
    private int queueCapacity = 10000;

    // 线程名称前缀
    private String threadNamePrefix = "FSH-AsyncTask-";
    // get set ...
}
```

然后我们重新定义线程池的配置，如代码清单 2-18 所示。

代码清单 2-18　线程池配置类

```java
@Configuration
public class AsyncTaskExecutePool implements AsyncConfigurer {
    private Logger logger =
            LoggerFactory.getLogger(AsyncTaskExecutePool.class);
    @Autowired
    private TaskThreadPoolConfig config;

    @Override
    public Executor getAsyncExecutor() {
        ThreadPoolTaskExecutor executor = new ThreadPoolTaskExecutor();
        executor.setCorePoolSize(config.getCorePoolSize());
        executor.setMaxPoolSize(config.getMaxPoolSize());
        executor.setQueueCapacity(config.getQueueCapacity());
        executor.setKeepAliveSeconds(config.getKeepAliveSeconds());
        executor.setThreadNamePrefix(config.getThreadNamePrefix());
        executor.setRejectedExecutionHandler(new
                ThreadPoolExecutor.CallerRunsPolicy());
        executor.initia lize();
        return executor;
    }
```

```java
    @Override
    public AsyncUncaughtExceptionHandler
                        getAsyncUncaughtExceptionHandler() {
        // 异步任务中异常处理
        return new AsyncUncaughtExceptionHandler() {
            @Override
            public void handleUncaughtException(Throwable arg0,
                    Method arg1, Object... arg2) {

                logger.error("=========================="
                +arg0.getMessage()+"==========================", arg0);
                logger.error("exception method:" + arg1.getName());
            }
        };
    }
}
```

配置完之后我们的异步任务执行的线程池就是我们自定义的了，我们可以在属性文件里面配置线程池的大小等信息，也可以使用默认的配置：

```
spring.task.pool.maxPoolSize=100
```

最后讲一下线程池配置的拒绝策略。当我们的线程数量高于线程池的处理速度时，任务会被缓存到本地的队列中。队列也是有大小的，如果超过了这个大小，就需要有拒绝的策略，不然就会出现内存溢出。目前支持两种拒绝策略：

- AbortPolicy：直接抛出 java.util.concurrent.RejectedExecutionException 异常。
- CallerRunsPolicy：主线程直接执行该任务，执行完之后尝试添加下一个任务到线程池中，这样可以有效降低向线程池内添加任务的速度。

建议大家用 CallerRunsPolicy 策略，因为当队列中的任务满了之后，如果直接抛异常，那么这个任务就会被丢弃。如果是 CallerRunsPolicy 策略，则会用主线程去执行，也就是同步执行，这样操作最起码任务不会被丢弃。

2.2.11 随机端口

在实际的开发过程中，每个项目的端口都是定好的，通过 server.port 可以指定端口。当一个服务想要启动多个实例时，就需要改变端口，特别是在我们后面进行 Spring Cloud 学习的时候，服务都会注册到注册中心里去，为了能够让服务随时都可以扩容，在服务启动的时候能随机生成一个可以使用的端口是最好不过的。在 Spring Boot 中，可以通过 ${random} 来生成随机数字，我们可以这样使用：

```
server.port=${random.int[2000,8000]}
```

通过 random.int 方法，指定随机数的访问，生成一个在 2000 到 8000 之间的数字，这样每次启动的端口就都不一样了。

其实上面的方法虽然能够达到预期的效果，但是也会存在一些问题：如果这个端口已经在使用了，那么启动必然会报错。所以我们可以通过代码的方式来随机生成一个端口，然后检测是否被使用，这样就能生成一个没有被使用的端口。

编写一个启动参数设置类，如代码清单 2-19 所示。

代码清单 2-19　启动参数设置类

```java
public class StartCommand {
    private Logger logger = LoggerFactory.getLogger(StartCommand.class);
    public StartCommand(String[] args) {
        Boolean isServerPort = false;
        String serverPort = "";
        if (args != null) {
            for (String arg : args) {
                if (StringUtils.hasText(arg) &&
                        arg.startsWith("--server.port")) {
                    isServerPort = true;
                    serverPort = arg;
                    break;
                }
            }
        }
        // 没有指定端口，则随机生成一个可用的端口
        if (!isServerPort) {
            int port = ServerPortUtils.getAvailablePort();
            logger.info("current server.port=" + port);
            System.setProperty("server.port", String.valueOf(port));
        } else {
            logger.info("current server.port=" + serverPort.split("=")[1]);
            System.setProperty("server.port", serverPort.split("=")[1]);
        }
    }
}
```

通过对启动参数进行遍历判断，如果有指定启动端口，后续就不自动生成了；如果没有指定，就通过 ServerPortUtils 获取一个可以使用的端口，然后设置到环境变量中。在 application.properties 中通过下面的方式获取端口：

```
server.port=${server.port}
```

关于获取可用端口的代码如代码清单 2-20 所示。

代码清单 2-20　获取可用端口

```java
public static int getAvailablePort() {
    int max = 65535;
    int min = 2000;
    Random random = new Random();
    int port = random.nextInt(max)%(max-min+1) + min;
    boolean using = NetUtils.isLoclePortUsing(port);
    if (using) {
        return getAvailablePort();
    } else {
        return port;
    }
}
```

获取可用端口的主要逻辑是指定一个范围，然后生成随机数字，最后通过 NetUtils 来检查端口是否可用。如果获取到可用的端口则直接返回，没有获取到可用的端口则执行回调逻辑，重新获取。检测端口是否可用主要是用 Socket 来判断这个端口是否可以被链接。相关的代码就不贴了，大家可以参考笔者 GitHub 上的示例代码。

最后在启动类中调用端口即可使用，如代码清单 2-21 所示。

代码清单 2-21　启动类中使用

```
public class FshHouseServiceApplication {
    public static void main(String[] args) {
        // 启动参数设置，比如自动生成端口
        new StartCommand(args);
        SpringApplication.run(FshHouseServiceApplication.class, args);
    }
}
```

2.2.12　编译打包

传统的 Web 项目在部署的时候，是编译出一个 war 包放到 Tomcat 的 webapps 目录下。而在 Spring Boot 构建的 Web 项目中则打破了这一传统部署的方式，它采用更加简单的内置容器方式来部署应用程序，只需要将应用编译打包成一个 jar 包，直接可以通过 java –jar 命令启动应用。

在项目的 pom.xml 中增加打包的 Maven 插件，如代码清单 2-22 所示。

代码清单 2-22　Spring Boot 打包配置

```xml
<build>
    <plugins>
        <!-- 打包插件 -->
        <plugin>
            <groupId>org.springframework.boot</groupId>
            <artifactId>spring-boot-maven-plugin</artifactId>
            <configuration>
                <executable>true</executable>
                <mainClass>com.cxytiandi.spring_boot_example.App</mainClass>
            </configuration>
        </plugin>

        <!-- 编译插件，指定JDK版本 -->
        <plugin>
            <groupId>org.apache.maven.plugins</groupId>
            <artifactId>maven-compiler-plugin</artifactId>
            <configuration>
                <source>1.8</source>
                <target>1.8</target>
            </configuration>
        </plugin>
    </plugins>
</build>
```

mainClass 配置的是我们的启动入口类,配置完成后可以通过 Maven 的 mvn clean package 命令进行编译打包操作。编译完成后在 target 目录下会生成对应的 jar 包,部署的时候直接调用 java –jar xx.jar 即可启动应用。

2.3 Spring Boot Starter 自定义

Spring Boot 的便利性体现在,它简化了很多烦琐的配置,这对于开发人员来说是一个福音,通过引入各种 Spring Boot Starter 包可以快速搭建出一个项目的脚手架。

目前提供的 Spring Boot Starter 包有:

- spring-boot-starter-web:快速构建基于 Spring MVC 的 Web 项目,使用 Tomcat 做默认嵌入式容器。
- spring-boot-starter-data-redis:操作 Redis。
- spring-boot-starter-data-mongodb:操作 Mongodb。
- spring-boot-starter-data-jpa:操作 Mysql。
- spring-boot-starter-activemq:操作 Activemq。
- ……

自动配置非常方便,当我们要操作 Mongodb 的时候,只需要引入 spring-boot-starter-data-mongodb 的依赖,然后配置 Mongodb 的链接信息 spring.data.mongodb.uri = mongodb://localhost/test 就可以使用 MongoTemplate 来操作数据,MongoTemplate 的初始化工作全部交给 Starter 来完成。

自动配置麻烦的是当出现错误时,排查问题的难度上升了。自动配置的逻辑都在 Spring Boot Starter 中,要想快速定位问题,就必须得了解 Spring Boot Starter 的内部原理。接下来我们自己动手来实现一个 Spring Boot Starter。

2.3.1 Spring Boot Starter 项目创建

创建一个项目 spring-boot-starter-demo,pom.xml 配置如代码清单 2-23 所示。

代码清单 2-23　Spring Boot Starter Maven 依赖

```
<dependencies>
    <dependency>
        <groupId>org.springframework.boot</groupId>
        <artifactId>spring-boot-starter-web</artifactId>
    </dependency>
    <dependency>
        <groupId>org.projectlombok</groupId>
        <artifactId>lombok</artifactId>
        <optional>true</optional>
    </dependency>
</dependencies>
```

创建一个配置类，用于在属性文件中配置值，相当于 spring.data.mongo 这种形式，如代码清单 2-24 所示。

代码清单 2-24　Spring Boot Starter 配置类

```
import org.springframework.boot.context.properties.ConfigurationProperties;
import lombok.Data;
@Data
@ConfigurationProperties("spring.user")
public class UserPorperties {

    private String name;
}
```

@ConfigurationProperties 指定了配置的前缀，也就是 spring.user.name=XXX

再定义一个 Client，相当于 MongoTemplate，里面定一个方法，用于获取配置中的值，如代码清单 2-25 所示。

代码清单 2-25　Spring Boot Starter 客户端类

```
public class UserClient {
    private UserPorperties userPorperties;

    public UserClient() {
    }
    public UserClient(UserPorperties p) {
        this.userPorperties = p;
    }
    public String getName() {
        return userPorperties.getName();
    }
}
```

2.3.2　自动创建客户端

一个最基本的 Starter 包定义好了，但目前肯定是不能使用 UserClient，因为我们没有自动构建 UserClient 的实例。接下来开始构建 UserClient，如代码清单 2-26 所示。

代码清单 2-26　Spring Boot Starter 自动配置类

```
@Configuration
@EnableConfigurationProperties(UserPorperties.class)
public class UserAutoConfigure {

    @Bean
    @ConditionalOnProperty(prefix = "spring.user",value = "enabled",havingValue = "true")
    public UserClient userClient(UserPorperties userPorperties) {
        return new UserClient(userPorperties);
```

        }
    }
```

Spring Boot 会默认扫描跟启动类平级的包，假如我们的 Starter 跟启动类不在同一个主包下，如何能让 UserAutoConfigure 生效？

在 resources 下创建一个 META-INF 文件夹，然后在 META-INF 文件夹中创建一个 spring.factories 文件，文件中指定自动配置的类：

```
org.springframework.boot.autoconfigure.EnableAutoConfiguration=\
com.cxytiandi.demo.UserAutoConfigure
```

Spring Boot 启动时会去读取 spring.factories 文件，然后根据配置激活对应的配置类，至此一个简单的 Starter 包就实现了。

2.3.3 使用 Starter

现在可以在其他的项目中引入这个 Starter 包，如代码清单 2-27 所示。

代码清单 2-27　Spring Boot Starter 使用 Maven 配置

```xml
<dependency>
    <groupId>com.cxytiandi</groupId>
    <artifactId>spring-boot-starter-demo</artifactId>
    <version>0.0.1-SNAPSHOT</version>
</dependency>
```

引入之后就直接可以使用 UserClient，UserClient 在项目启动的时候已经自动初始化好，如代码清单 2-28 所示。

代码清单 2-28　Spring Boot Starter 客户端使用

```java
@RestController
public class UserController {

    @Autowired
    private UserClient userClient;

    @GetMapping("/user/name")
    public String getUserName() {
        return userClient.getName();
    }

}
```

属性文件中配置 name 的值和开启 UserClient：

```
spring.user.name=yinjihuan
spring.user.enabled=true
```

访问 /user/name 就可以返回我们配置的 yinjihuan。
```

2.3.4 使用注解开启 Starter 自动构建

很多时候我们不想在引入 Starter 包时就执行初始化的逻辑,而是想要由用户来指定是否要开启 Starter 包的自动配置功能,比如常用的 @EnableAsync 这个注解就是用于开启调用方法异步执行的功能。

同样地,我们也可以通过注解的方式来开启是否自动配置,如果用注解的方式,那么 spring.factories 就不需要编写了,下面就来看一下怎么定义启用自动配置的注解,如代码清单 2-29 所示。

代码清单 2-29　Spring Boot Starter 启动注解定义

```
@Target({ElementType.TYPE})
@Retention(RetentionPolicy.RUNTIME)
@Documented
@Inherited
@Import({UserAutoConfigure.class})
public @interface EnableUserClient {

}
```

这段代码的核心是 @Import({UserAutoConfigure.class}),通过导入的方式实现把 UserAutoConfigure 实例加入 SpringIOC 容器中,这样就能开启自动配置了。

使用方式就是在启动类上加上该注解,如代码清单 2-30 所示。

代码清单 2-30　@EnableUserClient 使用

```
@EnableUserClient
@SpringBootApplication
public class SpringBootDemoApplication {
    public static void main(String[] args) {
        SpringApplication.run(SpringBootDemoApplication.class, args);
    }
}
```

2.3.5 使用配置开启 Starter 自动构建

在某些场景下,UserAutoConfigure 中会配置多个对象,对于这些对象,如果不想全部配置,或是想让用户指定需要开启配置的时候再去构建对象,这个时候我们可以通过 @ConditionalOnProperty 来指定是否开启配置的功能,如代码清单 2-31 所示。

代码清单 2-31　@ConditionalOnProperty 使用

```
@Bean
@ConditionalOnProperty(prefix = "spring.user",value = "enabled",havingValue = "true")
public UserClient userClient(UserPorperties userPorperties) {
    return new UserClient(userPorperties);
}
```

通过上面的配置，只有当启动类加了 @EnableUserClient 并且配置文件中 spring.user.enabled=true 的时候才会自动配置 UserClient。

2.3.6 配置 Starter 内容提示

在自定义 Starter 包的过程中，还有一点比较重要，就是对配置的内容项进行提示，需要注意的是，Eclipse 中是不支持提示的，Spring Tools 4 for Eclipse 中可以提示，如图 2-5 所示：

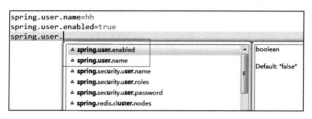

图 2-5　Spring Boot Starter 代码提示

定义提示内容需要在 META-INF 中创建一个 spring-configuration-metadata.json 文件，如代码清单 2-32 所示。

代码清单 2-32　Spring Boot Starter 代码提示配置

```
{
    "properties": [
        {
            "name": "spring.user.name",
            "defaultValue": "cxytinadi"
        },
        {
            "name": "spring.user.enabled",
            "type": "java.lang.Boolean",
            "defaultValue": false
        }
    ]
}
```

- name：配置名
- type：配置的数据类型
- defaultValue：默认值

2.4　本章小结

本章带领大家学习了 Spring Boot 框架。Spring Boot 是构建 Spring Cloud 的基础，无论你是否要使用 Spring Cloud 来构建微服务，Spring Boot 都是 Web 开发的首选框架。从下章开始我们将正式进入 Spring Cloud 的世界，大家首先会学习到 Spring Cloud Eureka 服务注册中心。

第二部分 Part 2

基 础 篇

- 第3章 Eureka 注册中心
- 第4章 客户端负载均衡 Ribbon
- 第5章 声明式 REST 客户端 Feign
- 第6章 Hystrix 服务容错处理
- 第7章 API 网关

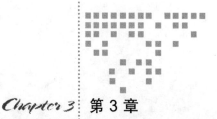

第 3 章
Eureka 注册中心

注册中心在微服务架构中是必不可少的一部分，主要用来实现服务治理功能，本章我们将学习如何用 Netflix 提供的 Eureka 作为注册中心，来实现服务治理的功能。

3.1 Eureka

Spring Cloud Eureka 是 Spring Cloud Netflix 微服务套件的一部分，基于 Netflix Eureka 做了二次封装，主要负责实现微服务架构中的服务治理功能。Spring Cloud Eureka 是一个基于 REST 的服务，并且提供了基于 Java 的客户端组件，能够非常方便地将服务注册到 Spring Cloud Eureka 中进行统一管理。

服务治理是微服务架构中必不可少的一部分，阿里开源的 Dubbo 框架就是针对服务治理的。服务治理必须要有一个注册中心，除了用 Eureka 作为注册中心外，我们还可以使用 Consul、Etcd、Zookeeper 等来作为服务的注册中心。

用过 Dubbo 的读者应该清楚，Dubbo 中也有几种注册中心，比如基于 Zookeeper、基于 Redis 等，不过用得最多的还是 Zookeeper 方式。至于使用哪种方式都是可以的，注册中心无非就是管理所有服务的信息和状态。若用我们生活中的例子来说明的话，笔者觉得 12306 网站比较合适。

首先，12306 网站就好比一个注册中心，顾客就好比调用的客户端，当他们需要坐火车时，就会登录 12306 网站上查询余票，有票就可以购买，然后获取火车的车次、时间等，最后出发。

程序也是一样，当你需要调用某一个服务的时候，你会先去 Eureka 中去拉取服务列表，查看你调用的服务在不在其中，在的话就拿到服务地址、端口等信息，然后调用。

注册中心带来的好处就是，不需要知道有多少提供方，你只需要关注注册中心即可，就像顾客不必关心有多少火车在开行，只需要去 12306 网站上看有没有票就可以了。

为什么 Eureka 比 Zookeeper 更适合作为注册中心呢？主要是因为 Eureka 是基于 AP 原则构建的，而 ZooKeeper 是基于 CP 原则构建的。在分布式系统领域有个著名的 CAP 定理，即 C 为数据一致性；A 为服务可用性；P 为服务对网络分区故障的容错性。这三个特性在任何分布式系统中都不能同时满足，最多同时满足两个。

Zookeeper 有一个 Leader，而且在这个 Leader 无法使用的时候通过 Paxos（ZAB）算法选举出一个新的 Leader。这个 Leader 的任务就是保证写数据的时候只向这个 Leader 写入，Leader 会同步信息到其他节点。通过这个操作就可以保证数据的一致性。

总而言之，想要保证 AP 就要用 Eureka，想要保证 CP 就要用 Zookeeper。Dubbo 中大部分都是基于 Zookeeper 作为注册中心的。Spring Cloud 中当然首选 Eureka。

3.2 使用 Eureka 编写注册中心服务

首先创建一个 Maven 项目，取名为 eureka-server，在 pom.xml 中配置 Eureka 的依赖信息，如代码清单 3-1 所示。

代码清单 3-1　BEureka Maven 配置

```xml
<!-- Spring Boot -->
<parent>
    <groupId>org.springframework.boot</groupId>
    <artifactId>spring-boot-starter-parent</artifactId>
    <version>2.0.6.RELEASE</version>
    <relativePath />
</parent>

<dependencies>
    <!-- eureka -->
    <dependency>
        <groupId>org.springframework.cloud</groupId>
        <artifactId>spring-cloud-starter-netflix-eureka-server</artifactId>
    </dependency>
</dependencies>

<!-- Spring Cloud -->
<dependencyManagement>
    <dependencies>
        <dependency>
            <groupId>org.springframework.cloud</groupId>
            <artifactId>spring-cloud-dependencies</artifactId>
            <version>Finchley.SR2</version>
            <type>pom</type>
            <scope>import</scope>
        </dependency>
```

```
        </dependencies>
    </dependencyManagement>
```

创建一个启动类 EurekaServerApplication，如代码清单 3-2 所示。

代码清单 3-2　Eureka 服务启动类

```java
@EnableEurekaServer
@SpringBootApplication
public class EurekaServerApplication {

    public static void main(String[] args) {
        SpringApplication.run(EurekaServerApplication.class, args);
    }
}
```

这里所说的启动类，跟我们之前讲的 Spring Boot 几乎完全一样，只是多了一个 @EnableEurekaServer 注解，表示开启 Eureka Server。

接下来在 src/main/resources 下面创建一个 application.properties 属性文件，增加下面的配置：

```
spring.application.name=eureka-server
server.port=8761
# 由于该应用为注册中心，所以设置为 false，代表不向注册中心注册自己
eureka.client.register-with-eureka=false
# 由于注册中心的职责就是维护服务实例，它并不需要去检索服务，所以也设置为 false
eureka.client.fetch-registry=false
```

eureka.client.register-with- eureka 一定要配置为 false，不然启动时会把自己当作客户端向自己注册，会报错。

接下来直接运行 EurekaServerApplication 就可以启动我们的注册中心服务了。我们在 application.properties 配置的端口是 8761，则可以直接通过 http://localhost:8761/ 去浏览器中访问，然后便会看到 Eureka 提供的 Web 控制台，如图 3-1 所示。

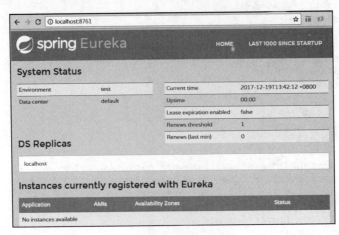

图 3-1　Eureka Web 控制台

3.3 编写服务提供者

3.3.1 创建项目注册到 Eureka

注册中心已经创建并且启动好了,接下来我们实现将一个服务提供者 eureka-client-user-service 注册到 Eureka 中,并提供一个接口给其他服务调用。

首先还是创建一个 Maven 项目,然后在 pom.xml 中增加相关依赖,如代码清单 3-3 所示。

代码清单 3-3　服务提供者 Maven 配置

```xml
<!-- Spring Boot -->
<parent>
    <groupId>org.springframework.boot</groupId>
    <artifactId>spring-boot-starter-parent</artifactId>
    <version>2.0.6.RELEASE</version>
    <relativePath />
</parent>

<dependencies>
    <dependency>
        <groupId>org.springframework.boot</groupId>
        <artifactId>spring-boot-starter-web</artifactId>
    </dependency>

    <!-- eureka -->
    <dependency>
        <groupId>org.springframework.cloud</groupId>
        <artifactId>spring-cloud-starter-netflix-eureka-client</artifactId>
    </dependency>
</dependencies>

<!-- Spring Cloud -->
<dependencyManagement>
    <dependencies>
        <dependency>
            <groupId>org.springframework.cloud</groupId>
            <artifactId>spring-cloud-dependencies</artifactId>
            <version>Finchley.SR2</version>
            <type>pom</type>
            <scope>import</scope>
        </dependency>
    </dependencies>
</dependencyManagement>
```

创建一个启动类 App,代码如代码清单 3-4 所示。

代码清单 3-4　服务提供者启动类

```
@SpringBootApplication
@EnableDiscoveryClient
public class App {

    public static void main(String[] args) {
        SpringApplication.run(App.class, args);
    }
}
```

启动类的方法与之前没有多大区别，只是注解换成 @EnableDiscoveryClient，表示当前服务是一个 Eureka 的客户端。

接下来在 src/main/resources 下面创建一个 application.properties 属性文件，增加下面的配置：

```
spring.application.name= eureka-client-user-service
server.port=8081
eureka.client.serviceUrl.defaultZone=http://localhost:8761/eureka/
# 采用 IP 注册
eureka.instance.preferIpAddress=true
# 定义实例 ID 格式
eureka.instance.instance-id=${spring.application.name}:${spring.cloud.client.ip-address}:${server.port}
```

eureka.client.serviceUrl.defaultZone 的地址就是我们之前启动的 Eureka 服务的地址，在启动的时候需要将自身的信息注册到 Eureka 中去。

执行 App 启动服务，我们可以看到控制台中有输出注册信息的日志：

```
DiscoveryClient_EUREKA-CLIENT-USER-SERVICE/eureka-client-user-service:192.168.31.245:8081 - registration status: 204
```

我们可以进一步检查服务是否注册成功。回到之前打开的 Eureka 的 Web 控制台，刷新页面，就可以看到新注册的服务信息了，如图 3-2 所示。

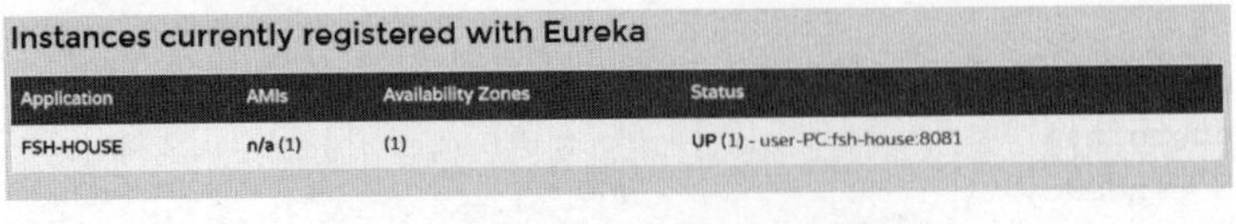

图 3-2　Eureka 中注册的实例信息

3.3.2　编写提供接口

创建一个 Controller，提供一个接口给其他服务查询，如代码清单 3-5 所示。

代码清单 3-5　服务提供者接口

```
@RestController
public class UserController {

    @GetMapping("/user/hello")
```

```
    public String hello() {
        return "hello";
    }
}
```

重启服务，访问 http://localhost:8081/user/hello，如果能看到我们返回的 Hello 字符串，就证明接口提供成功了。

3.4 编写服务消费者

3.4.1 直接调用接口

创建服务消费者，消费我们刚刚编写的 user/hello 接口，同样需要先创建一个 Maven 项目 eureka-client-article-service，然后添加依赖，依赖和服务提供者的一样，这里就不贴代码了。

创建启动类 App，启动代码与前面所讲也是一样的。唯一不同的就是 application.properties 文件中的配置信息：

```
spring.application.name=eureka-client-article-service

server.port=8082
```

RestTemplate 是 Spring 提供的用于访问 Rest 服务的客户端，RestTemplate 提供了多种便捷访问远程 Http 服务的方法，能够大大提高客户端的编写效率。我们通过配置 RestTemplate 来调用接口，如代码清单 3-6 所示。

代码清单 3-6　RestTemplate 配置

```
@Configuration
public class BeanConfiguration {

    @Bean
    public RestTemplate getRestTemplate() {
        return new RestTemplate();
    }

}
```

创建接口，在接口中调用 user/hello 接口，代码如代码清单 3-7 所示。

代码清单 3-7　RestTemplate 调用接口

```
@RestController
public class ArticleController {
    @Autowired
    private RestTemplate restTemplate;

    @GetMapping("/article /callHello")
```

```
    public String callHello() {
        return 
        restTemplate.getForObject( "http://localhost:8081/user/hello", String.
class);
    }
}
```

执行 App 启动消费者服务，访问 /article/callHello 接口来看看有没有返回 Hello 字符串，如果返回了就证明调用成功。访问地址为 http://localhost:8082/article/callHello。

3.4.2 通过 Eureka 来消费接口

上面提到的方法是直接通过服务接口的地址来调用的，和我们之前的做法一样，完全没有用到 Eureka 带给我们的便利。既然用了注册中心，那么客户端调用的时候肯定是不需要关心有多少个服务提供接口，下面我们来改造之前的调用代码。

首先改造 RestTemplate 的配置，添加一个 @LoadBalanced 注解，这个注解会自动构造 LoadBalancerClient 接口的实现类并注册到 Spring 容器中，如代码清单 3-8 所示。

代码清单 3-8　RestTemplate 负载均衡配置

```
@Configuration
public class BeanConfiguration {

    @Bean
    @LoadBalanced
    public RestTemplate getRestTemplate() {
        return new RestTemplate();
    }

}
```

接下来就是改造调用代码，我们不再直接写固定地址，而是写成服务的名称，这个名称就是我们注册到 Eureka 中的名称，是属性文件中的 spring.application.name，相关代码如代码清单 3-9 所示。

代码清单 3-9　RestTemplate 通过 Eureka 来调用接口

```
@GetMapping("/article/callHello2")
public String callHello2() {
    return restTemplate.getForObject(
            "http://eureka-client-user-service/user/hello", String.class);
}
```

3.5　开启 Eureka 认证

Eureka 自带了一个 Web 的管理页面，方便我们查询注册到上面的实例信息，但是有一个问题：如果在实际使用中，注册中心地址有公网 IP 的话，必然能直接访问到，这样是不安全的。所以我们需要对 Eureka 进行改造，加上权限认证来保证安全性。

改造我们的 eureka-server，通过集成 Spring-Security 来进行安全认证。

在 pom.xml 中添加 Spring-Security 的依赖包，如代码清单 3-10 所示。

代码清单 3-10　spring-Security 配置

```xml
<dependency>
    <groupId>org.springframework.boot</groupId>
    <artifactId>spring-boot-starter-security</artifactId>
</dependency>
```

然后在 application.properties 中加上认证的配置信息：

```
spring.security.user.name=yinjihuan  # 用户名
spring.security.user.password=123456  # 密码
```

增加 Security 配置类：

代码清单 3-11　Security 配置

```java
@Configuration
@EnableWebSecurity
public class WebSecurityConfig extends WebSecurityConfigurerAdapter {
    @Override
    protected void configure(HttpSecurity http) throws Exception {
        // 关闭 csrf
        http.csrf().disable();
        // 支持 httpBasic
        http.authorizeRequests()
            .anyRequest()
            .authenticated()
            .and()
            .httpBasic();
    }
}
```

重新启动注册中心，访问 http://localhost:8761/，此时浏览器会提示你输入用户名和密码，输入正确后才能继续访问 Eureka 提供的管理页面。

在 Eureka 开启认证后，客户端注册的配置也要加上认证的用户名和密码信息：

```
eureka.client.serviceUrl.defaultZone=
        http://yinjihuan:123456@localhost:8761/eureka/
```

3.6　Eureka 高可用搭建

3.6.1　高可用原理

前面我们搭建的注册中心只适合本地开发使用，在生产环境中必须搭建一个集群来保证高可用。Eureka 的集群搭建方法很简单：每一台 Eureka 只需要在配置中指定另外多个

Eureka 的地址就可以实现一个集群的搭建了。

下面我们以 2 个节点为例来说明搭建方式。假设我们有 master 和 slaveone 两台机器，需要做的就是：

- 将 master 注册到 slaveone 上面。
- 将 slaveone 注册到 master 上面。

如果是 3 台机器，以此类推：

- 将 master 注册到 slaveone 和 slavetwo 上面。
- 将 slaveone 注册到 master 和 slavetwo 上面。
- 将 slavetwo 注册到 master 和 slaveone 上面。

3.6.2 搭建步骤

创建一个新的项目 eureka-server-cluster，配置跟 eureka-server 一样。

首先，我们需要增加 2 个属性文件，在不同的环境下启动不同的实例。增加 application-master.properties：

```
server.port=8761
# 指向你的从节点的 Eureka
eureka.client.serviceUrl.defaultZone=
          http://用户名:密码@localhost:8762/eureka/
```

增加 application-slaveone.properties：

```
server.port=8762
# 指向你的主节点的 Eureka
eureka.client.serviceUrl.defaultZone=
          http://用户名:密码@localhost:8761/eureka/
```

在 application.properties 中添加下面的内容：

```
spring.application.name=eureka-server-cluster
# 由于该应用为注册中心，所以设置为 false，代表不向注册中心注册自己
eureka.client.register-with-eureka=false
# 由于注册中心的职责就是维护服务实例，并不需要检索服务，所以也设置为 false
eureka.client.fetch-registry=false

spring.security.user.name=yinjihuan
spring.security.user.password=123456

# 指定不同的环境
spring.profiles.active=master
```

在 A 机器上默认用 master 启动，然后在 B 机器上加上 --spring.profiles.active= slaveone 启动即可。

这样就将 master 注册到了 slaveone 中，将 slaveone 注册到了 master 中，无论谁出现问题，应用都能继续使用存活的注册中心。

之前在客户端中我们通过配置 eureka.client.serviceUrl.defaultZone 来指定对应的注册中

心，当我们的注册中心有多个节点后，就需要修改 eureka.client.serviceUrl.defaultZone 的配置为多个节点的地址，多个地址用英文逗号隔开即可：

```
eureka.client.serviceUrl.defaultZone=http://yinjihuan:123456@localhost:8761
                /eureka/,http://yinjihuan:123456@localhost:8762/eureka/
```

3.7 常用配置讲解

3.7.1 关闭自我保护

保护模式主要在一组客户端和 Eureka Server 之间存在网络分区场景时使用。一旦进入保护模式，Eureka Server 将会尝试保护其服务的注册表中的信息，不再删除服务注册表中的数据。当网络故障恢复后，该 Eureka Server 节点会自动退出保护模式。

如果在 Eureka 的 Web 控制台看到图 3-3 所示的内容，就证明 Eureka Server 进入保护模式了。

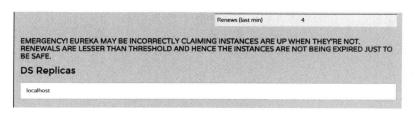

图 3-3 Eureka 自我保护

可以通过下面的配置将自我保护模式关闭，这个配置是在 eureka-server 中：

```
eureka.server.enableSelfPreservation=false
```

3.7.2 自定义 Eureka 的 InstanceID

客户端在注册时，服务的 Instance ID 的默认值的格式如下：

```
${spring.cloud.client.hostname}:${spring.application.name}:${spring.application.instance_id:${server.port}}
```

翻译过来就是"主机名：服务名称：服务端口"。当我们在 Eureka 的 Web 控制台查看服务注册信息的时候，就是这样的一个格式：user-PC:eureka-client-user-service:8081。

很多时候我们想把 IP 显示在上述格式中，此时，只要把主机名替换成 IP 就可以了，或者调整顺序也可以。可以改成下面的样子，用"服务名称：服务所在 IP：服务端口"的格式来定义：

```
eureka.instance.instance-id=${spring.application.name}:${spring.cloud.client.ip-address}:${server.port}
```

定义之后我们看到的就是 eureka-client-user-service:192.168.31.245:8081，一看就知道是哪个服务，在哪台机器上，端口是多少。

我们还可以点击服务的 Instance ID 进行跳转，这个时候显示的名称虽然变成了 IP，但是跳转的链接却还是主机名，请看图 3-4 所示界面的左下角。

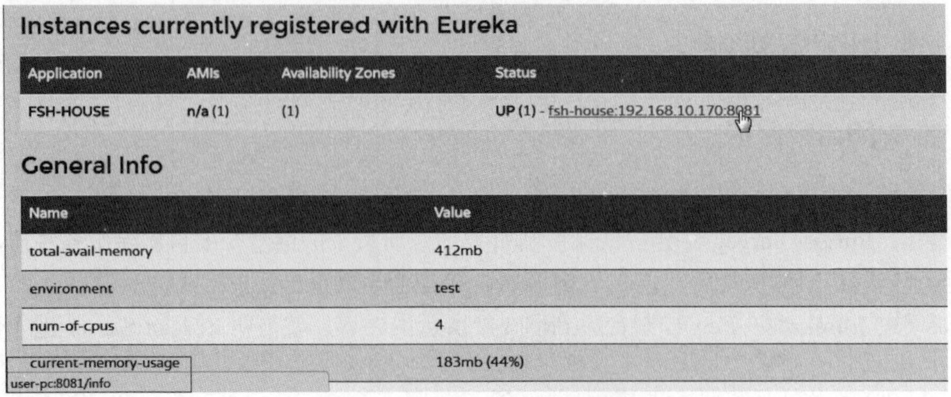

图 3-4　Eureka 实例信息默认链接

所以还需要加一个配置才能让跳转的链接变成我们想要的样子，使用 IP 进行注册，如图 3-5 所示：

```
eureka.instance.preferIpAddress=true
```

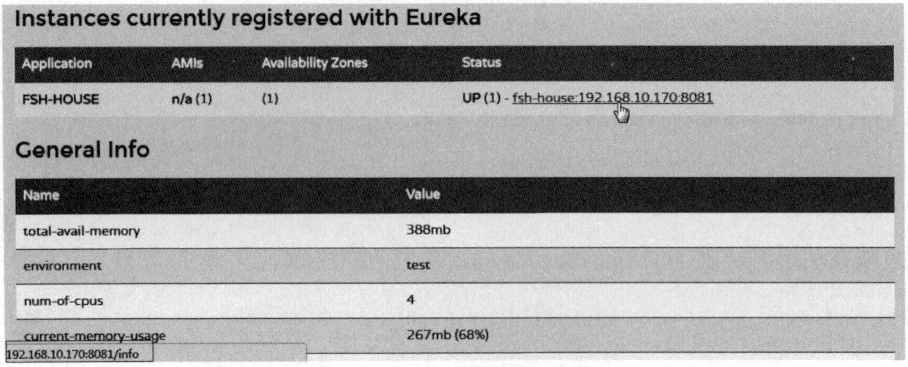

图 3-5　Eureka 实例信息 IP 链接

3.7.3　自定义实例跳转链接

在 3.7.2 中，我们通过配置实现了用 IP 进行注册，当点击 Instance ID 进行跳转的时候，就可以用 IP 跳转了，跳转的地址默认是 IP+Port/info。我们可以自定义这个跳转的地址：

```
eureka.instance.status-page-url=http://cxytiandi.com
```

效果如图 3-6 所示。

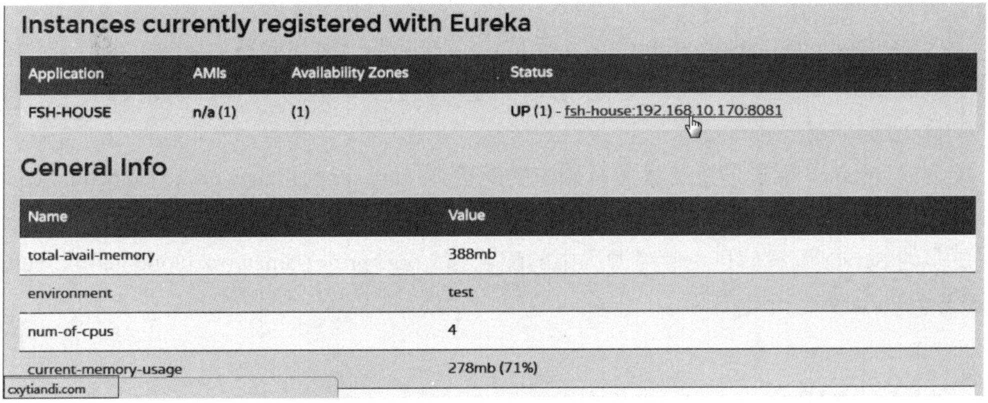

图 3-6　Eureka 实例信息自定义链接

3.7.4　快速移除已经失效的服务信息

在实际开发过程中，我们可能会不停地重启服务，由于 Eureka 有自己的保护机制，故节点下线后，服务信息还会一直存在于 Eureka 中。我们可以通过增加一些配置让移除的速度更快一点，当然只在开发环境下使用，生产环境下不推荐使用。

首先在我们的 eureka-server 中增加两个配置，分别是关闭自我保护和清理间隔：

```
eureka.server.enable-self-preservation=false
# 默认 60000 毫秒
eureka.server.eviction-interval-timer-in-ms=5000
```

然后在具体的客户端服务中配置下面的内容：

```
eureka.client.healthcheck.enabled=true
# 默认 30 秒
eureka.instance.lease-renewal-interval-in-seconds=5
# 默认 90 秒
eureka.instance.lease-expiration-duration-in-seconds=5
```

eureka.client.healthcheck.enabled 用于开启健康检查，需要在 pom.xml 中引入 actuator 的依赖，如代码清单 3-12 所示。

代码清单 3-12　Actuator 配置

```xml
<dependency>
    <groupId>org.springframework.boot</groupId>
    <artifactId>spring-boot-starter-actuator</artifactId>
</dependency>
```

其中：

❏ eureka.instance.lease-renewal-interval-in-seconds 表示 Eureka Client 发送心跳给 server 端的频率。

❏ eureka.instance.lease-expiration-duration-in-seconds 表示 Eureka Server 至上一次收到 client 的心跳之后，等待下一次心跳的超时时间，在这个时间内若没收到下一次心跳，则移除该 Instance。

更多的 Instance 配置信息可参考源码中的配置类：org.springframework.cloud.netflix. eureka. EurekaInstanceConfigBean。

更多的 Server 配置信息可参考源码中的配置类：org.springframework.cloud.netflix. eureka. server.EurekaServerConfigBean。

3.8 扩展使用

3.8.1 Eureka REST API

Eureka 作为注册中心，其本质是存储了每个客户端的注册信息，Ribbon 在转发的时候会获取注册中心的服务列表，然后根据对应的路由规则来选择一个服务给 Feign 来进行调用。如果我们不是 Spring Cloud 技术选型，也想用 Eureka，可以吗？完全可以。

如果不是 Spring Cloud 技术栈，笔者推荐用 Zookeeper，这样会方便些，当然用 Eureka 也是可以的，这样的话就会涉及如何注册信息、如何获取注册信息等操作。其实 Eureka 也考虑到了这点，提供了很多 REST 接口来给我们调用。

我们举一个比较有用的案例来说明，比如对 Nginx 动态进行 upstream 的配置。

在架构变成微服务之后，微服务是没有依赖的，可以独立部署，端口也可以随机分配，反正会注册到注册中心里面，调用方也无须关心提供方的 IP 和 Port，这些都可以从注册中心拿到。但是有一个问题：API 网关的部署能这样吗？API 网关大部分会用 Nginx 作为负载，那么 Nginx 就必须知道 API 网关有哪几个节点，这样网关服务就不能随便启动了，需要固定。

当然网关是不会经常变动的，也不会经常发布，这样其实也没什么大问题，唯一不好的就是不能自动扩容了。

其实利用 Eureka 提供的 API 我们可以获取某个服务的实例信息，也就是说我们可以根据 Eureka 中的数据来动态配置 Nginx 的 upstream。

这样就可以做到网关的自动部署和扩容了。网上也有很多的方案，结合 Lua 脚本来做，或者自己写 Sheel 脚本都可以。

下面举例说明如何获取 Eureka 中注册的信息。具体的接口信息请查看官方文档：https://github.com/Netflix/eureka/wiki/Eureka-REST-operations。

获取某个服务的注册信息，可以直接 GET 请求：http://localhost:8761/eureka/apps/

eureka-client-user-service。其中，eureka-client-user-service 是应用名称，也就是 spring.application.name。

在浏览器中，数据的显示格式默认是 XML 格式的，如图 3-7 所示。

```xml
<application>
  <name>EUREKA-CLIENT-USER-SERVICE</name>
  <instance>
    <instanceId>eureka-client-user-service:192.168.31.245:8081</instanceId>
    <hostName>192.168.31.245</hostName>
    <app>EUREKA-CLIENT-USER-SERVICE</app>
    <ipAddr>192.168.31.245</ipAddr>
    <status>UP</status>
    <overriddenstatus>UNKNOWN</overriddenstatus>
    <port enabled="true">8081</port>
    <securePort enabled="false">443</securePort>
    <countryId>1</countryId>
    <dataCenterInfo class="com.netflix.appinfo.InstanceInfo$DefaultDataCenterInfo">
      <name>MyOwn</name>
    </dataCenterInfo>
    <leaseInfo>
      <renewalIntervalInSecs>30</renewalIntervalInSecs>
      <durationInSecs>90</durationInSecs>
      <registrationTimestamp>1546262177283</registrationTimestamp>
      <lastRenewalTimestamp>1546265027891</lastRenewalTimestamp>
      <evictionTimestamp>0</evictionTimestamp>
      <serviceUpTimestamp>1546262177283</serviceUpTimestamp>
    </leaseInfo>
    <metadata>
      <management.port>8081</management.port>
      <jmx.port>58331</jmx.port>
    </metadata>
    <homePageUrl>http://192.168.31.245:8081/</homePageUrl>
    <statusPageUrl>http://192.168.31.245:8081/actuator/info</statusPageUrl>
    <healthCheckUrl>http://192.168.31.245:8081/actuator/health</healthCheckUrl>
    <vipAddress>eureka-client-user-service</vipAddress>
    <secureVipAddress>eureka-client-user-service</secureVipAddress>
    <isCoordinatingDiscoveryServer>false</isCoordinatingDiscoveryServer>
    <lastUpdatedTimestamp>1546262177283</lastUpdatedTimestamp>
    <lastDirtyTimestamp>1546262177219</lastDirtyTimestamp>
    <actionType>ADDED</actionType>
  </instance>
</application>
```

图 3-7　Eureka 中的服务信息数据

如果想返回 Json 数据的格式，可以用一些接口测试工具来请求，比如 Postman，在请求头中添加下面两行代码即可，具体如图 3-8 所示。

```
Content-Type:application/json Accept:application/json
```

如果 Eureka 开启了认证，记得添加认证信息，用户名和密码必须是 Base64 编码过的 Authorization:Basic 用户名：密码，其余的接口就不做过多讲解了，大家可以自己去尝试。Postman 直接支持了 Basic 认证，将选项从 Headers 切换到 Authorization，选择认证方式为 Basic Auth 就可以填写用户信息了，如图 3-9 所示。

填写完之后，直接发起请求就可以了。我们切换到 Headers 选项中，就可以看到请求头中已经多了一个 Authorization 头。

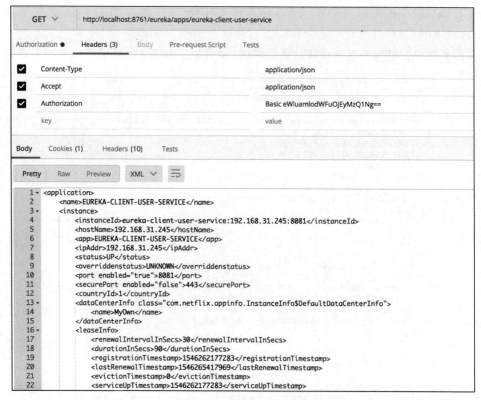

图 3-8　Postman 中添加请求头

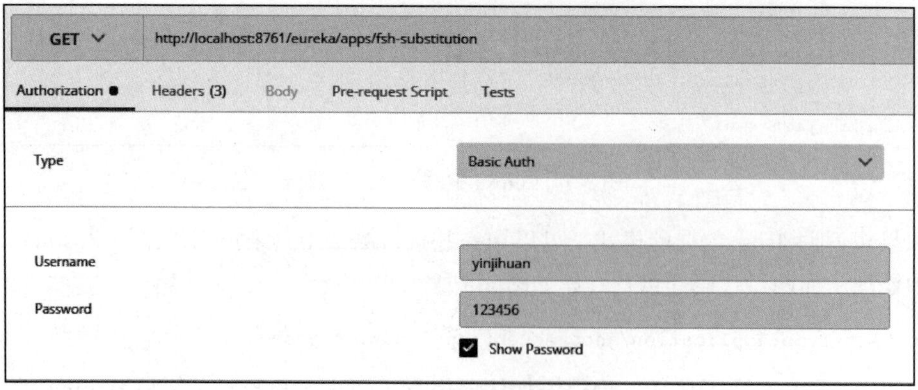

图 3-9　Postman 中添加 Basic 认证

3.8.2　元数据使用

Eureka 的元数据有两种类型，分别是框架定好了的标准元数据和用户自定义元数据。标准元数据指的是主机名、IP 地址、端口号、状态页和健康检查等信息，这些信息都会被发布在服务注册表中,用于服务之间的调用。自定义元数据可以使用 eureka.instance.metadataMap 进行配置。

自定义元数据说得通俗点就是自定义配置,我们可以为每个 Eureka Client 定义一些属于自己的配置,这个配置不会影响 Eureka 的功能。自定义元数据可以用来做一些扩展信息,比如灰度发布之类的功能,可以用元数据来存储灰度发布的状态数据,Ribbon 转发的时候就可以根据服务的元数据来做一些处理。当不需要灰度发布的时候可以调用 Eureka 提供的 REST API 将元数据清除掉。

下面我们来自定义一个简单的元数据,在属性文件中配置如下:

```
eureka.instance.metadataMap.yuantiandi=yinjihuan
```

上述代码定义了一个 key 为 yuantiandi 的配置,value 是 yinjihuan。重启服务,然后通过 Eureka 提供的 REST API 来查看刚刚配置的元数据是否已经存在于 Eureka 中,如图 3-10 所示。

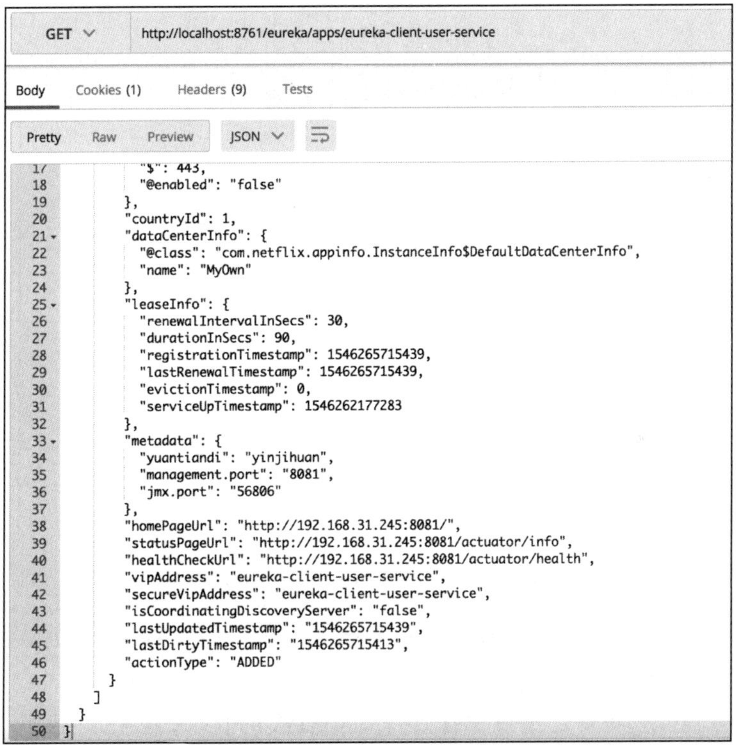

图 3-10 自定义元数据查看

3.8.3 EurekaClient 使用

当我们的项目中集成了 Eureka 之后,可以通过 EurekaClient 来获取一些我们想要的数据，比如上节讲的元数据。我们就可以直接通过 EurekaClient 来获取（见代码清单 3-13），不用再去调用 Eureka 提供的 REST API。

代码清单 3-13　EurekaClient 使用

```
@Autowired
private EurekaClient eurekaClient;
@GetMapping("/article/infos")
public Object serviceUrl() {
    return eurekaClient.getInstancesByVipAddress( "eureka-client-user-service ", false);
}
```

通过 PostMan 来调用接口看看有没有返回我们想要的数据，如图 3-11 所示。

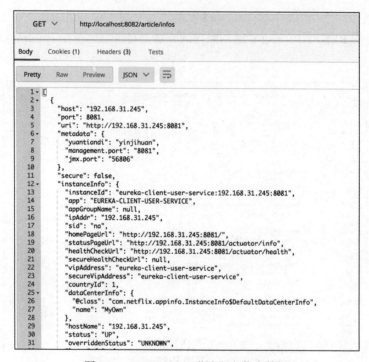

图 3-11　EurekaClient 获取服务信息数据

可以看到，通过 EurekaClient 获取的数据跟我们自己去掉 API 获取的数据是一样的，从使用角度来说前者比较方便。

除了使用 EurekaClient，还可以使用 DiscoveryClient（见代码清单 3-14），这个不是 Feign 自带的，是 Spring Cloud 重新封装的，类的路径为 org.springframework.cloud.client.discovery.DiscoveryClient。

代码清单 3-14　DiscoveryClient 使用

```
@Autowired
private DiscoveryClient discoveryClient;
```

```
@GetMapping("/article/infos")
public Object serviceUrl() {
    return discoveryClient.getInstances("eureka-client-user-service");
}
```

3.8.4 健康检查

默认情况下，Eureka 客户端是使用心跳和服务端通信来判断客户端是否存活，在某些场景下，比如 MongoDB 出现了异常，但你的应用进程还是存在的，这就意味着应用可以继续通过心跳上报，保持应用自己的信息在 Eureka 中不被剔除掉。

Spring Boot Actuator 提供了 /actuator/health 端点，该端点可展示应用程序的健康信息，当 MongoDB 异常时，/actuator/health 端点的状态会变成 DOWN，由于应用本身确实处于存活状态，但是 MongoDB 的异常会影响某些功能，当请求到达应用之后会发生操作失败的情况。

在这种情况下，我们希望可以将健康信息传递给 Eureka 服务端。这样 Eureka 中就能及时将应用的实例信息下线，隔离正常请求，防止出错。通过配置如下内容开启健康检查：

eureka.client.healthcheck.enabled=true

我们可以通过扩展健康检查的端点来模拟异常情况，定义一个扩展端点，将状态设置为 DOWN，如代码清单 3-15 所示。

代码清单 3-15　扩展健康端点

```
@Component
public class CustomHealthIndicator extends AbstractHealthIndicator {

    @Override
    protected void doHealthCheck(Builder builder) throws Exception {
        builder.down().withDetail("status", false);
    }
}
```

扩展好后我们访问 /actuator/health 可以看到当前的状态是 DOWN，如图 3-12 所示。

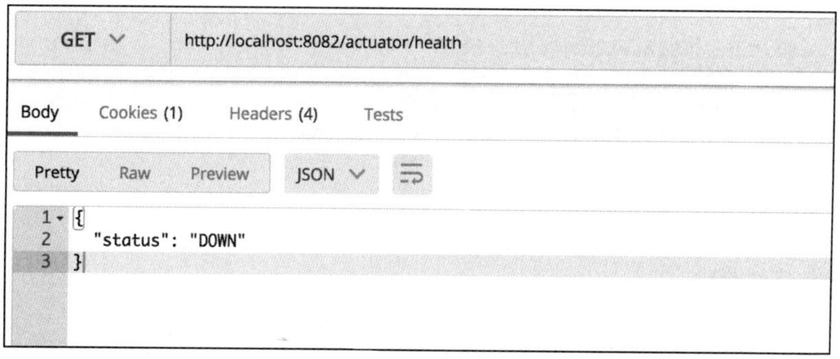

图 3-12　查看应用健康状态

Eureka 中的状态是 UP，如图 3-13 所示。

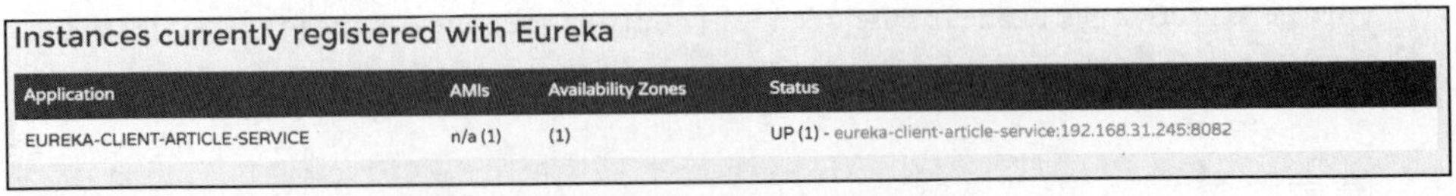

图 3-13　查看应用在 Eureka 中的状态（UP）

这种情况下请求还是能转发到这个服务中，下面我们开启监控检查，再次查看 Eureka 中的状态，如图 3-14 所示。

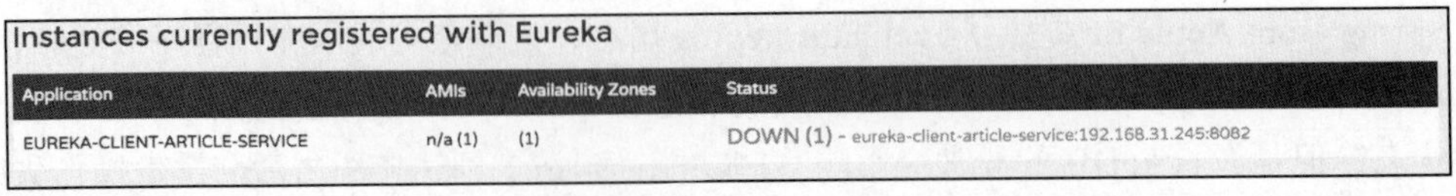

图 3-14　查看应用在 Eureka 中的状态 (DOWN)

3.8.5　服务上下线监控

在某些特定的需求下，我们需要对服务的上下线进行监控，上线或下线都进行邮件通知，Eureka 中提供了事件监听的方式来扩展。

目前支持的事件如下：

- EurekaInstanceCanceledEvent 服务下线事件。
- EurekaInstanceRegisteredEvent 服务注册事件。
- EurekaInstanceRenewedEvent 服务续约事件。
- EurekaRegistryAvailableEvent Eureka 注册中心启动事件。
- EurekaServerStartedEvent Eureka Server 启动事件。

基于 Eureka 提供的事件机制，可以监控服务的上下线过程，在过程发生中可以发送邮件来进行通知。代码清单 3-16 只是演示了监控的过程，并未发送邮件。

代码清单 3-16　Eureka 监听器使用

```
@Component
public class EurekaStateChangeListener {

    @EventListener
    public void listen(EurekaInstanceCanceledEvent event) {
        System.err.println(event.getServerId() + "\t" +
            event.getAppName() + " 服务下线 ");
    }

    @EventListener
    public void listen(EurekaInstanceRegisteredEvent event) {
        InstanceInfo instanceInfo = event.getInstanceInfo();
        System.err.println(instanceInfo.getAppName() + " 进行注册 ");
    }
```

```java
    @EventListener
    public void listen(EurekaInstanceRenewedEvent event) {
        System.err.println(event.getServerId() + "\t" +
                event.getAppName() + " 服务进行续约 ");
    }

    @EventListener
    public void listen(EurekaRegistryAvailableEvent event) {
        System.err.println(" 注册中心启动 ");
    }
    @Even tListener
    public void listen(EurekaServerStartedEvent event) {
        System.err.println("Eureka Server 启动 ");
    }

}
```

> **注意** 在 Eureka 集群环境下，每个节点都会触发事件，这个时候需要控制下发送通知的行为，不控制的话每个节点都会发送通知。

3.9 本章小结

通过本章的学习，我们已经能够独立搭建一个高可用的 Eureka 注册中心，通过服务提供者和服务消费者的案例我们也对 Eureka 进行了实际的运用。本章最后讲解了一些经常用到的配置信息及 Eureka 的 REST API，通过 API 可以做一些扩展。

第 4 章
客户端负载均衡 Ribbon

4.1 Ribbon

目前主流的负载方案分为两种：一种是集中式负载均衡，在消费者和服务提供方中间使用独立的代理方式进行负载，有硬件的（比如 F5），也有软件的（比如 Nginx）。另一种则是客户端自己做负载均衡，根据自己的请求情况做负载，Ribbon 就属于客户端自己做负载。

如果用一句话介绍，那就是：Ribbon 是 Netflix 开源的一款用于客户端负载均衡的工具软件。

GitHub 地址：https://github.com/Netflix/ribbon。

4.1.1 Ribbon 模块

Ribbon 模块如下：

- ribbon-loadbalancer 负载均衡模块，可独立使用，也可以和别的模块一起使用。Ribbon 内置的负载均衡算法都实现在其中。
- ribbon-eureka：基于 Eureka 封装的模块，能够快速、方便地集成 Eureka。
- ribbon-transport：基于 Netty 实现多协议的支持，比如 HTTP、Tcp、Udp 等。
- ribbon-httpclient：基于 Apache HttpClient 封装的 REST 客户端，集成了负载均衡模块，可以直接在项目中使用来调用接口。
- ribbon-example：Ribbon 使用代码示例，通过这些示例能够让你的学习事半功倍。

❑ ribbon-core:一些比较核心且具有通用性的代码,客户端 API 的一些配置和其他 API 的定义。

4.1.2 Ribbon 使用

接下来我们使用 Ribbon 来实现一个最简单的负载均衡调用功能,接口就用我们 3.3.2 节中提供的 /user/hello 接口,需要启动两个服务,一个是 8081 的端口,一个是 8083 的端口。然后创建一个新的 Maven 项目 ribbon-native-demo,在项目中集成 Ribbon,在 pom.xml 中添加代码清单 4-1 所示的依赖。

代码清单 4-1　Ribbon Maven 配置

```xml
<dependency>
    <groupId>com.netflix.ribbon</groupId>
    <artifactId>ribbon</artifactId>
    <version>2.2.2</version>
</dependency>
<dependency>
    <groupId>com.netflix.ribbon</groupId>
    <artifactId>ribbon-core</artifactId>
    <version>2.2.2</version>
</dependency>
<dependency>
    <groupId>com.netflix.ribbon</groupId>
    <artifactId>ribbon-loadbalancer</artifactId>
    <version>2.2.2</version>
</dependency>
<dependency>
    <groupId>io.reactivex</groupId>
    <artifactId>rxjava</artifactId>
    <version>1.0.10</version>
</dependency>
```

接下来我们编写一个客户端来调用接口,如代码清单 4-2 所示。

代码清单 4-2　Ribbon 调用接口

```java
// 服务列表
List<Server> serverList = Lists.newArrayList(
                    new Server("localhost", 8081),
                    new Server("localhost", 8083));
// 构建负载实例
ILoadBalancer loadBalancer = LoadBalancerBuilder.newBuilder()
                    .buildFixedServerListLoadBalancer(serverList);
// 调用 5 次来测试效果
for (int i = 0; i < 5; i++) {
    String result = LoadBalancerCommand.<String>builder()
            .withLoadBalancer(loadBalancer)
            .build()
            .submit(new ServerOperation<String>() {
                public Observable<String> call(Server server) {
                    try {
```

```java
                    String addr = "http://" + server.getHost() + ":" +
                            server.getPort() + "/user/hello";
                    System.out.println("调用地址: " + addr);
                    URL url = new URL(addr);
                    HttpURLConnection conn = (HttpURLConnection)
                            url.openConnection();
                    conn.setRequestMethod("GET");
                    conn.connect();
                    InputStream in = conn.getInputStream();
                    byte[] data = new byte[in.available()];
                    in.read(data);
                    return Observable.just(new String(data));
                } catch (Exception e) {
                    return Observable.error(e);
                }
            }
        }).toBlocking().first(); System.out.println("调用结果: " + result);
}
```

上述这个例子主要演示了 Ribbon 如何去做负载操作，调用接口用的最底层的 HttpURLConnection。当然你也可以用别的客户端，或者直接用 Ribbon Client 执行程序，可以看到控制台输出的结果如下：

```
调用地址: http://localhost:8083/user/hello
调用结果: Hello
调用地址: http://localhost:8081/user/hello
调用结果: Hello
调用地址: http://localhost:8083/user/hello
调用结果: Hello
调用地址: http://localhost:8081/user/hello
调用结果: Hello
调用地址: http://localhost:8083/user/hello
调用结果: Hello
```

从输出的结果中可以看到，负载起作用了，8083 调用了 3 次，8081 调用了 2 次。

4.2 RestTemplate 结合 Ribbon 使用

在上节中我们简单地使用 Ribbon 进行了负载的一个调用，这意味着 Ribbon 是可以单独使用的。在 Spring Cloud 中使用 Ribbon 会更简单，因为 Spring Cloud 在 Ribbon 的基础上进行了一层封装，将很多配置都集成好了。本节将在 Spring Cloud 项目中使用 Ribbon。

4.2.1 使用 RestTemplate 与整合 Ribbon

Spring 提供了一种简单便捷的模板类来进行 API 的调用，那就是 RestTemplate。

1. 使用 RestTemplate

在前面介绍 Eureka 的章节中，我们已经使用过 RestTemplate 了，本节会更加详细地跟大家讲解 RestTemplate 的具体使用方法。

首先我们来看看 GET 请求的使用方式：创建一个新的项目 spring-rest-template，配置好 RestTemplate：

代码清单 4-3　RestTemplate 配置

```
@Configuration
public class BeanConfiguration {

    @Bean
    public RestTemplate getRestTemplate() {
        return new RestTemplate();
    }

}
```

新建一个 HouseController，并增加两个接口，一个通过 @RequestParam 来传递参数，返回一个对象信息；另一个通过 @PathVariable 来传递参数，返回一个字符串。请尽量通过两个接口组装不同的形式，具体如代码清单 4-4 所示。

代码清单 4-4　消费接口定义

```
@GetMapping("/house/data")
public HouseInfo getData(@RequestParam("name") String name) {
    return new HouseInfo(1L, "上海", "虹口", "东体小区");
}

@GetMapping("/house/data/{name}")
public String getData2(@PathVariable("name") String name) {
    return name;
}
```

新建一个 HouseClientController 用于测试，使用 RestTemplate 来调用我们刚刚定义的两个接口，如代码清单 4-5 所示。

代码清单 4-5　调用接口

```
@GetMapping("/call/data")
public HouseInfo getData(@RequestParam("name") String name) {
    return restTemplate.getForObject( "http://localhost:8081/house/data?name="+
    name, HouseInfo.class);
}

@GetMapping("/call/data/{name}")
public String getData2(@PathVariable("name") String name) {
    return restTemplate.getForObject( "http://localhost:8081/house/data/{name}",
    String.class, name);
}
```

获取数据结果可通过 RestTemplate 的 getForObject 方法（见代码清单 4-6）来实现，此方法有三个重载的实现：

❑ url：请求的 API 地址，有两种方式，其中一种是字符串，另一种是 URI 形式。

❏ responseType：返回值的类型。
❏ uriVariables：PathVariable 参数，有两种方式，其中一种是可变参数，另一种是 Map 形式。

代码清单 4-6　getForObject 方法定义

```java
public <T> T getForObject(String url, Class<T> responseType,
                    Object... uriVariables);

public <T> T getForObject(String url, Class<T> responseType,
                    Map<String, ?> uriVariables);

public <T> T getForObject(URI url, Class<T> responseType);
```

除了 getForObject，我们还可以使用 getForEntity 来获取数据，代码如代码清单 4-7 所示。

代码清单 4-7　getForEntity 使用

```java
@GetMapping("/call/dataEntity")
public HouseInfo getData(@RequestParam("name") String name) {
    ResponseEntity<HouseInfo> responseEntity = restTemplate.getForEntity(
        "http://localhost:8081/house/data?name="+name, HouseInfo.class);
    if(responseEntity.getStatusCodeValue() == 200) {
        return responseEntity.getBody();
    }
    return null;
}
```

getForEntity 中可以获取返回的状态码、请求头等信息，通过 getBody 获取响应的内容。其余的和 getForObject 一样，也是有 3 个重载的实现。

接下来看看怎么使用 POST 方式调用接口。在 HouseController 中增加一个 save 方法用来接收 HouseInfo 数据，如代码清单 4-8 所示。

代码清单 4-8　POST 接口定义

```java
@PostMapping("/house/save")
    public Long addData(@RequestBody HouseInfo houseInfo) {
        System.out.println (houseInfo.getName());
        return 1001L;
}
```

接着写调用代码，用 postForObject 来调用，如代码清单 4-9 所示。

代码清单 4-9　调用 POST 接口

```java
@GetMapping("/call/save")
public Long add() {
    HouseInfo houseInfo = new HouseInfo();
    houseInfo.setCity(" 上 海 ");
    houseInfo.setRegion(" 虹 口 ");
    houseInfo.setName("×××");
```

```
        Long id = 
            restTemplate.postForObject( "http://localhost:8081/house/save", 
                houseInfo, Long.class);
        return id;
}
```

postForObject 同样有 3 个重载的实现。除了 postForObject 还可以使用 postForEntity 方法，用法都一样，如代码清单 4-10 所示。

代码清单 4-10　postForObject 接口定义

```
public <T> T postForObject(String url, Object request, 
            Class<T> responseType, Object... uriVariables);
public <T> T postForObject(String url, Object request, 
            Class<T> responseType, Map<String, ?> uriVariables);
public <T> T postForObject(URI url, Object request, Class<T> responseType);
```

除了 get 和 post 对应的方法之外，RestTemplate 还提供了 put、delete 等操作方法，还有一个比较实用的就是 exchange 方法。exchange 可以执行 get、post、put、delete 这 4 种请求方式。更多地使用方式大家可以自行学习。

2. 整合 Ribbon

在 Spring Cloud 项目中集成 Ribbon 只需要在 pom.xml 中加入下面的依赖即可，其实也可以不用配置，因为 Eureka 中已经引用了 Ribbon，如代码清单 4-11 所示。

代码清单 4-11　Ribbon Maven 配置

```
<dependency>
    <groupId>org.springframework.cloud</groupId>
    <artifactId>spring-cloud-starter-netflix-ribbon</artifactId>
</dependency>
```

4.2.2　RestTemplate 负载均衡示例

前面我们调用接口都是通过具体的接口地址来进行调用，RestTemplate 可以结合 Eureka 来动态发现服务并进行负载均衡的调用。

修改 RestTemplate 的配置，增加能够让 RestTemplate 具备负载均衡能力的注解 @LoadBalanced。如代码清单 4-12 所示。

代码清单 4-12　RestTemplate 负载配置

```
@Configuration
public class BeanConfiguration {
    @Bean
    @LoadBalanced
    public RestTemplate getRestTemplate() {
        return new RestTemplate();
```

修改接口调用的代码，将 IP+PORT 改成服务名称，也就是注册到 Eureka 中的名称，如代码清单 4-13 所示。

代码清单 4-13　服务名称方式调用

```
@GetMapping("/call/data")
public HouseInfo getData(@RequestParam("name") String name) {
    return restTemplate.getForObject(
    "http://ribbon-eureka-demo/house/data?name="+name, HouseInfo.class);
}
```

接口调用的时候，框架内部会将服务名称替换成具体的服务 IP 信息，然后进行调用。

4.2.3　@LoadBalanced 注解原理

相信大家一定有一个疑问：为什么在 RestTemplate 上加了一个 @LoadBalanced 之后，RestTemplate 就能够跟 Eureka 结合了，不但可以使用服务名称去调用接口，还可以负载均衡？

应该归功于 Spring Cloud 给我们做了大量的底层工作，因为它将这些都封装好了，我们用起来才会那么简单。框架就是为了简化代码，提高效率而产生的。

这里主要的逻辑就是给 RestTemplate 增加拦截器，在请求之前对请求的地址进行替换，或者根据具体的负载策略选择服务地址，然后再去调用，这就是 @LoadBalanced 的原理。

下面我们来实现一个简单的拦截器，看看在调用接口之前会不会进入这个拦截器。我们不做任何操作，就输出一句话，证明能进来就行了。具体代码如代码清单 4-14 所示。

代码清单 4-14　RestTemplate 拦截器定义

```
public class MyLoadBalancerInterceptor implements ClientHttpRequestInterceptor {

    private LoadBalancerClient loadBalancer;
    private LoadBalancerRequestFactory requestFactory;

    public MyLoadBalancerInterceptor(LoadBalancerClient loadBalancer,
LoadBalancerRequestFactory requestFactory) {
        this.loadBalancer = loadBalancer;
        this.requestFactory = requestFactory;
    }

    public MyLoadBalancerInterceptor(LoadBalancerClient loadBalancer) {
        this(loadBalancer, new LoadBalancerRequestFactory(loadBalancer));
    }

    @Override
    public ClientHttpResponse intercept(final HttpRequest request, final byte[] body,
            final ClientHttpRequestExecution execution) throws IOException {
```

```
            final URI originalUri = request.getURI();
            String serviceName = originalUri.getHost();
            System.out.println("进入自定义的请求拦截器中 " + serviceName);
            Assert.state(serviceName != null, "Request URI does not contain a valid hostname: " + originalUri);
            return this.loadBalancer.execute(serviceName, requestFactory.createRequest(request, body, execution));
        }
    }
```

拦截器设置好了之后，我们再定义一个注解，并复制 @LoadBalanced 的代码，改个名称就可以了，如代码清单 4-15 所示。

代码清单 4-15　自定义拦截注解

```
@Target({ ElementType.FIELD, ElementType.PARAMETER, ElementType.METHOD })
@Retention(RetentionPolicy.RUNTIME)
@Documented
@Inherited
@Qualifier
public @interface MyLoadBalanced {
}
```

然后定义一个配置类，给 RestTemplate 注入拦截器，如代码清单 4-16 所示。

代码清单 4-16　RestTemplate 注入拦截器

```
@Configuration
public class MyLoadBalancerAutoConfiguration {
    @MyLoadBalanced
    @Autowired(required = false)
    private List<RestTemplate> restTemplates = Collections.emptyList();
    @Bean
    public MyLoadBalancerInterceptor myLoadBalancerInterceptor() {
        return new MyLoadBalancerInterceptor();
    }

    @Bean
    public SmartInitializingSingleton
                myLoadBalancedRestTemplateInitializer() {
        return new SmartInitializingSingleton() {
            @Override
            public void afterSingletonsInstantiated() {
                for (RestTemplate restTemplate :
                    MyLoadBalancerAutoConfiguration.this.restTemplates){
                    List<ClientHttpRequestInterceptor> list = new
                        ArrayList<>(restTemplate.getInterceptors());
                    list.add(myLoad BalancerInterceptor());
                    restTemplate.setInterceptors(list);
                }
            }
        };
    }
}
```

维护一个 @MyLoadBalanced 的 RestTemplate 列表，在 SmartInitializingSingleton 中对 RestTemplate 进行拦截器设置。

然后改造我们之前的 RestTemplate 配置，将 @LoadBalanced 改成我们自定义的 @MyLoadBalanced，如代码清单 4-17 所示。

代码清单 4-17　使用自定义拦截注解

```
@Bean
//@LoadBalanced
@MyLoadBalanced
public RestTemplate getRestTemplate() {
    return new RestTemplate();
}
```

重启服务，访问服务中的接口就可以看到控制台的输出了，这证明在接口调用的时候会进入该拦截器，输出如下：

进入自定义的请求拦截器中 ribbon-eureka-demo

通过这个小案例我们就能够清楚地知道 @LoadBalanced 的工作原理。接下来我们来看看源码中是怎样的一个逻辑。

首先看配置类，如何为 RestTemplate 设置拦截器，代码在 spring-cloud-commons.jar 中的 org.springframework.cloud.client.loadbalancer.LoadBalancerAutoConfiguration 类里面通过查看 LoadBalancerAutoConfiguration 的源码，可以看到这里也是维护了一个 @LoadBalanced 的 RestTemplate 列表，如代码清单 4-18 所示。

代码清单 4-18　LoadBalanced 拦截注入源码（一）

```
@LoadBalanced
@Autowired(required = false)
private List<RestTemplate> restTemplates = Collections.emptyList();

@Bean
public SmartInitializingSingleton loadBalancedRestTemplateInitializer(
        final List<RestTemplateCustomizer> customizers) {
    return new SmartInitializingSingleton() {
        @Override
        public void afterSingletonsInstantiated() {
            for (RestTemplate restTemplate :
                LoadBalancerAutoConfiguration.this.restTemplates) {
                for (RestTemplateCustomizer customizer : customizers) {
                    customizer .customize(restTemplate);
                }
            }
        }
    };
}
```

通过查看拦截器的配置可以知道，拦截器用的是 LoadBalancerInterceptor，RestTemplate Customizer 用来添加拦截器，如代码清单 4-19 所示。

代码清单 4-19　LoadBalanced 拦截注入源码（二）

```
@Configuration
@ConditionalOnMissingClass("org.springframework.retry.support.RetryTemplate")
static class LoadBalancerInterceptorConfig {

    @Bean
    public LoadBalancerInterceptor ribbonInterceptor(
                LoadBalancerClient loadBalancerClient,
                LoadBalancerRequestFactory requestFactory) {
        return new LoadBalancerInterceptor(loadBalancerClient,
                requestFactory);
    }

    @Bean
    @ConditionalOnMissingBean
    public RestTemplateCustomizer restTemplateCustomizer(
                final LoadBalancerInterceptor loadBalancerInterceptor) {
        return new RestTemplateCustomizer() {
            @Override
            public void customize(RestTemplate restTemplate) {
                List<ClientHttpRequestInterceptor> list = new ArrayList<>(
                        restTemplate.getInterceptors());

                list.add(loadBalancerInterceptor);
                restTemplate.set Interceptors (list);
            }
        };
    }
}
```

拦截器的代码在 org.springframework.cloud.client.loadbalancer.LoadBalancerInterceptor 中，如代码清单 4-20 所示。

代码清单 4-20　LoadBalanced 拦截注入源码（三）

```
public class LoadBalancerInterceptor implements
                                    ClientHttpRequestInterceptor {
    private LoadBalancerClient loadBalancer;
    private LoadBalancerRequestFactory requestFactory;

    public LoadBalancerInterceptor(LoadBalancerClient loadBalancer,
                    LoadBalancerRequestFactory requestFactory) {
        this.loadBalancer = loadBalancer;
        this.requestFactory = requestFactory;
    }

    public LoadBalancerInterceptor(LoadBalancerClient loadBalancer) {
        this(loadBalancer, new LoadBalancerRequestFactory(loadBalancer));
    }

    @Override
    public ClientHttpResponse intercept(final HttpRequest request,
```

```
                final byte[] body, final ClientHttpRequestExecution
                        execution) throws IOException {
        final URI originalUri = request.getURI();
        String serviceName = originalUri .getHost();
        Assert.state(serviceName != null, "Request URI does not contain a valid
                hostname: " + originalUri);
        return this.loadBalancer.execute(serviceName, requestFactory.
                createRequest (request, body, execution));
    }
}
```

主要的逻辑在 intercept 中，执行交给了 LoadBalancerClient 来处理，通过 LoadBalancer RequestFactory 来构建一个 LoadBalancerRequest 对象，如代码清单 4-21 所示。

代码清单 4-21　LoadBalanced 拦截注入源码

```
public LoadBalancerRequest<ClientHttpResponse> createRequest(final
                        HttpRequest request, final byte[] body,
                        final ClientHttpRequestExecution execution) {
    return new LoadBalancerRequest<ClientHttpResponse>() {
        @Override
        public ClientHttpResponse apply(final ServiceInstance instance)
                        throws Exception {
            HttpRequest serviceRequest = new
                ServiceRequestWrapper(request, instance, loadBalancer);
            if (transformers != null) {
                for (LoadBalancerRequestTransformer transformer : transformers) {
                    serviceRequest =
                        transformer.transformRequest(serviceRequest,instance);
                }
            }
            return execution.execute(serviceRequest, body);
        }
    };
}
```

createRequest 中通过 ServiceRequestWrapper 来执行替换 URI 的逻辑，ServiceRequest Wrapper 中将 URI 的获取交给了 org.springframework.cloud.client.loadbalancer.LoadBalancer Client#reconstructURI 方法。

以上就是整个 RestTemplate 结合 @LoadBalanced 的执行流程，至于具体的实现大家可以自己去研究，这里只介绍原理及整个流程。

4.2.4　Ribbon API 使用

当你有一些特殊的需求，想通过 Ribbon 获取对应的服务信息时，可以使用 LoadBalancer Client 来获取，比如你想获取一个 ribbon-eureka-demo 服务的服务地址，可以通过 LoadBalancerClient 的 choose 方法来选择一个：

代码清单 4-22　Ribbon Client 使用

```
@Autowired
```

```
private LoadBalancerClient loadBalancer;

@GetMapping("/choose")
public Object chooseUrl() {
    ServiceInstance instance = loadBalancer.choose("ribbon-eureka-demo");
    return instance;
}
```

访问接口，可以看到返回的信息如下：

```
{
    serviceId: "ribbon-eureka-demo",
    server: {
        host: "localhost",
        port: 8081,
        id: "localhost:8081",
        zone: "UNKNOWN",
        readyToServe: true,
        alive: true,
        hostPort: "localhost:8081",
        metaInfo: {
            serverGroup: null,
            serviceIdForDiscovery: null, instanceId: "localhost:8081",
            appName: null
        }
    },
    secure: false, metadata: { }, host: "localhost", port: 8081,
    uri: "http://localhost:8081"
}
```

4.2.5　Ribbon 饥饿加载

笔者从网上看到很多博客中都提到过的一种情况：在进行服务调用的时候，如果网络情况不好，第一次调用会超时。有很多大神对此提出了解决方案，比如把超时时间改长一点、禁用超时等。Spring Cloud 目前正在高速发展中，版本更新很快，我们能发现的问题基本上在版本更新的时候就修复了，或者提供最优的解决方案。

超时的问题也是一样，Ribbon 的客户端是在第一次请求的时候初始化的，如果超时时间比较短的话，初始化 Client 的时间再加上请求接口的时间，就会导致第一次请求超时。

本书是基于 Finchley.SR2 撰写的，这个版本已经提供了一种针对上述问题的解决方法，那就是 eager-load 方式。通过配置 eager-load 来提前初始化客户端就可以解决这个问题。

```
ribbon.eager-load.enabled=true
ribbon.eager-load.clients=ribbon-eureka-demo
```

❑ ribbon.eager-load.enabled：开启 Ribbon 的饥饿加载模式。
❑ ribbon.eager-load.clients：指定需要饥饿加载的服务名，也就是你需要调用的服务，若有多个则用逗号隔开。

怎么进行验证呢？网络情况确实不太好模拟，不过通过调试源码的方式即可验证，在 org.springframework.cloud.netflix.ribbon.RibbonAutoConfiguration 中找到对应的代码，如代码清单 4-23 所示。

代码清单 4-23　Ribbon 饥饿加载配置源码

```
@Bean
@ConditionalOnProperty(value = "ribbon.eager-load.enabled")
public RibbonApplicationContextInitializer ribbonApplicationContextInitializer() {
    return new RibbonApplicationContextInitializer(springClientFactory(),
        ribbonEagerLoadProperties.getClients());
}
```

在 return 这行设置一个断点，然后以调试的模式启动服务，如果能进入到这个断点的代码这里，就证明配置生效了。

4.3　负载均衡策略介绍

Ribbon 作为一款客户端负载均衡框架，默认的负载策略是轮询，同时也提供了很多其他的策略，能够让用户根据自身的业务需求进行选择。

整体策略代码实现类如图 4-1 所示。

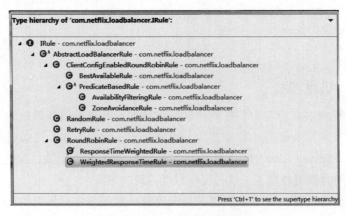

图 4-1　Ribbon 自带负载策略

图中：

- BestAvailabl：选择一个最小的并发请求的 Server，逐个考察 Server，如果 Server 被标记为错误，则跳过，然后再选择 ActiveRequestCount 中最小的 Server。
- AvailabilityFilteringRule：过滤掉那些一直连接失败的且被标记为 circuit tripped 的后端 Server，并过滤掉那些高并发的后端 Server 或者使用一个 AvailabilityPredicate 来包含过滤 Server 的逻辑。其实就是检查 Status 里记录的各个 Server 的运行状态。
- ZoneAvoidanceRule：使用 ZoneAvoidancePredicate 和 AvailabilityPredicate 来判断是

否选择某个 Server，前一个判断判定一个 Zone 的运行性能是否可用，剔除不可用的 Zone（的所有 Server），AvailabilityPredicate 用于过滤掉连接数过多的 Server。
- RandomRule：随机选择一个 Server。
- RoundRobinRule：轮询选择，轮询 index，选择 index 对应位置的 Server。
- RetryRule：对选定的负载均衡策略机上重试机制，也就是说当选定了某个策略进行请求负载时在一个配置时间段内若选择 Server 不成功，则一直尝试使用 subRule 的方式选择一个可用的 Server。
- ResponseTimeWeightedRule：作用同 WeightedResponseTimeRule，ResponseTimeWeightedRule 后来改名为 WeightedResponseTimeRule。
- WeightedResponseTimeRule：根据响应时间分配一个 Weight（权重），响应时间越长，Weight 越小，被选中的可能性越低。

4.4 自定义负载策略

通过实现 IRule 接口可以自定义负载策略，主要的选择服务逻辑在 choose 方法中。我们这边只是演示怎么自定义负载策略，所以没写选择的逻辑，直接返回服务列表中第一个服务。具体如代码清单 4-24 所示。

代码清单 4-24 自定义负载策略

```
public class MyRule implements IRule {

    private ILoadBalancer lb;

    @Override
    public Server choose(Object key) {
        List<Server> servers = lb.getAllServers();
        for (Server server : servers) {
            System.out.println(server.getHostPort());
        }
        return servers.get(0);
    }

    @Override
    public void setLoadBalancer(ILoadBalancer lb){
        this.lb = lb;
    }

    @Override
    public ILoadBalancer getLoadBalancer(){
        return lb;
    }

}
```

在 Spring Cloud 中，可通过配置的方式使用自定义的负载策略，ribbon-config-demo 是调用的服务名称。

```
ribbon-config-demo.ribbon.NFLoadBalancerRuleClassName=com.cxytiandi.ribbon_eureka_demo.rule.MyRule
```

重启服务，访问调用了其他服务的接口，可以看到控制台的输出信息中已经有了我们自定义策略中输出的服务信息，并且每次都是调用第一个服务。这跟我们的逻辑是相匹配的。

4.5 配置详解

4.5.1 常用配置

1. 禁用 Eureka

当我们在 RestTemplate 上添加 @LoadBalanced 注解后，就可以用服务名称来调用接口了，当有多个服务的时候，还能做负载均衡。这是因为 Eureka 中的服务信息已经被拉取到了客户端本地，如果我们不想和 Eureka 集成，可以通过下面的配置方法将其禁用。

```
# 禁用 Eureka
ribbon.eureka.enabled=false
```

当我们禁用了 Eureka 之后，就不能使用服务名称去调用接口了，必须指定服务地址。

2. 配置接口地址列表

上面我们讲了可以禁用 Eureka，禁用之后就需要手动配置调用的服务地址了，配置如下：

```
# 禁用 Eureka 后手动配置服务地址
ribbon-config-demo.ribbon.listOfServers=localhost:8081,localhost:8083
```

这个配置是针对具体服务的，前缀就是服务名称，配置完之后就可以和之前一样使用服务名称来调用接口了。

3. 配置负载均衡策略

Ribbon 默认的策略是轮询，从我们前面讲解的例子输出的结果就可以看出来，Ribbon 中提供了很多的策略，这个在后面会进行讲解。我们通过配置可以指定服务使用哪种策略来进行负载操作。

```
# 配置负载均衡策略
ribbon-config-demo.ribbon.NFLoadBalancerRuleClassName=com.netflix.loadbalancer.RandomRule
```

4. 超时时间

Ribbon 中有两种和时间相关的设置，分别是请求连接的超时时间和请求处理的超时时间，设置规则如下：

```
# 请求连接的超时时间
ribbon.ConnectTimeout=2000
# 请求处理的超时时间
ribbon.ReadTimeout=5000
```

也可以为每个 Ribbon 客户端设置不同的超时时间，通过服务名称进行指定：

```
ribbon-config-demo.ribbon.ConnectTimeout=2000
ribbon-config-demo.ribbon.ReadTimeout=5000
```

5. 并发参数

```
# 最大连接数
ribbon.MaxTotalConnections=500
# 每个 host 最大连接数
ribbon.MaxConnectionsPerHost=500
```

4.5.2 代码配置 Ribbon

配置 Ribbon 最简单的方式就是通过配置文件实现。当然我们也可以通过代码的方式来配置。

通过代码方式来配置之前自定义的负载策略，首先需要创建一个配置类，初始化自定义的策略，如代码清单 4-25 所示。

代码清单 4-25　自定义负载策略配置

```
@Configuration
public class BeanConfiguration {
    @Bean
    public MyRule rule() {
        return new MyRule();
    }
}
```

创建一个 Ribbon 客户端的配置类，关联 BeanConfiguration，用 name 来指定调用的服务名称，如代码清单 4-26 所示。

代码清单 4-26　Ribbon 配置使用

```
@RibbonClient(name = "ribbon-config-demo", configuration = BeanConfiguration.class)
public class RibbonClientConfig {

}
```

可以去掉之前配置文件中的策略配置，然后重启服务，访问接口即可看到和之前一样的效果。

4.5.3 配置文件方式配置 Ribbon

除了使用代码进行 Ribbon 的配置，我们还可以通过配置文件的方式来为 Ribbon 指定对应的配置：

`<clientName>.ribbon.NFLoadBalancerClassName: Should implement ILoadBalancer`（负载均衡器操作接口）

`<clientName>.ribbon.NFLoadBalancerRuleClassName: Should implement IRule`（负载均衡算法）

`<clientName>.ribbon.NFLoadBalancerPingClassName: Should implement IPing`（服务可用性检查）

`<clientName>.ribbon.NIWSServerListClassName: Should implement ServerList`（服务列表获取）

`<clientName>.ribbon.NIWSServerListFilterClassName: Should implement ServerListFilter`（服务列表的过滤）

4.6 重试机制

在集群环境中，用多个节点来提供服务，难免会有某个节点出现故障。用 Nginx 做负载均衡的时候，如果你的应用是无状态的、可以滚动发布的，也就是需要一台台去重启应用，这样对用户的影响其实是比较小的，因为 Nginx 在转发请求失败后会重新将该请求转发到别的实例上去。

由于 Eureka 是基于 AP 原则构建的，牺牲了数据的一致性，每个 Eureka 服务都会保存注册的服务信息，当注册的客户端与 Eureka 的心跳无法保持时，有可能是网络原因，也有可能是服务挂掉了。在这种情况下，Eureka 中还会在一段时间内保存注册信息。这个时候客户端就有可能拿到已经挂掉了的服务信息，故 Ribbon 就有可能拿到已经失效了的服务信息，这样就会导致发生失败的请求。

这种问题我们可以利用重试机制来避免。重试机制就是当 Ribbon 发现请求的服务不可到达时，重新请求另外的服务。

1. RetryRule 重试

解决上述问题，最简单的方法就是利用 Ribbon 自带的重试策略进行重试，此时只需要指定某个服务的负载策略为重试策略即可：

```
ribbon-config-demo.ribbon.NFLoadBalancerRuleClassName=com.netflix.loadbalancer.RetryRule
```

2. Spring Retry 重试

除了使用 Ribbon 自带的重试策略，我们还可以通过集成 Spring Retry 来进行重试操作。在 pom.xml 中添加 Spring Retry 的依赖，如代码清单 4-27 所示。

代码清单 4-27　Spring Retry Maven 配置

```xml
<dependency>
    <groupId>org.springframework.retry</groupId>
    <artifactId>spring-retry</artifactId>
</dependency>
```

配置重试次数等信息：

```
# 对当前实例的重试次数
ribbon.maxAutoRetries=1
# 切换实例的重试次数
ribbon.maxAutoRetriesNextServer=3
# 对所有操作请求都进行重试
ribbon.okToRetryOnAllOperations=true
# 对 Http 响应码进行重试
ribbon.retryableStatusCodes=500,404,502
```

4.7　本章小结

Ribbon 是一款非常优秀的客户端负载均衡组件，在 Spring Cloud 中集成 Ribbon 可以让我们的服务调用具备负载均衡的能力。本章我们学习了如何单独使用 Ribbon，在 Spring Cloud 中结合 RestTemplate 使用 Ribbon。用 RestTemplate 调用接口还是比较麻烦的，故下一章将介绍如何通过 Feign 去优雅地调用服务中的接口。

Chapter 5 第 5 章

声明式 REST 客户端 Feign

JAVA 项目中接口调用怎么做?
- Httpclient:HttpClient 是 Apache Jakarta Common 下的子项目,用来提供高效的、最新的、功能丰富的支持 Http 协议的客户端编程工具包,并且它支持 HTTP 协议最新版本和建议。HttpClient 相比传统 JDK 自带的 URLConnection,提升了易用性和灵活性,使客户端发送 HTTP 请求变得容易,提高了开发的效率。
- Okhttp:一个处理网络请求的开源项目,是安卓端最火的轻量级框架,由 Square 公司贡献,用于替代 HttpUrlConnection 和 Apache HttpClient。OkHttp 拥有简洁的 API、高效的性能,并支持多种协议(HTTP/2 和 SPDY)。
- HttpURLConnection:HttpURLConnection 是 Java 的标准类,它继承自 URLConnection,可用于向指定网站发送 GET 请求、POST 请求。HttpURLConnection 使用比较复杂,不像 HttpClient 那样容易使用。
- RestTemplate:RestTemplate 是 Spring 提供的用于访问 Rest 服务的客户端,RestTemplate 提供了多种便捷访问远程 HTTP 服务的方法,能够大大提高客户端的编写效率。

上面介绍的是最常见的几种调用接口的方法,我们下面要介绍的方法比上面的更简单、方便,它就是 Feign。

5.1 使用 Feign 调用服务接口

Feign 是一个声明式的 REST 客户端,它能让 REST 调用更加简单。Feign 提供了

HTTP 请求的模板，通过编写简单的接口和插入注解，就可以定义好 HTTP 请求的参数、格式、地址等信息。

而 Feign 则会完全代理 HTTP 请求，我们只需要像调用方法一样调用它就可以完成服务请求及相关处理。Spring Cloud 对 Feign 进行了封装，使其支持 SpringMVC 标准注解和 HttpMessageConverters。Feign 可以与 Eureka 和 Ribbon 组合使用以支持负载均衡。

5.1.1 在 Spring Cloud 中集成 Feign

在 Spring Cloud 中集成 Feign 的步骤相当简单，首先还是加入 Feign 的依赖，如代码清单 5-1 所示。

代码清单 5-1 Feign 的依赖

```
<dependency>
    <groupId>org.springframework.cloud</groupId>
    <artifactId>spring-cloud-starter-openfeign</artifactId>
</dependency>
```

在启动类上加 @EnableFeignClients 注解，如果你的 Feign 接口定义跟你的启动类不在同一个包名下，还需要制定扫描的包名 @EnableFeignClients（basePackages = "com.fangjia.api.client"），如代码清单 5-2 所示。

代码清单 5-2 开启 Feign 的启动类

```
@SpringBootApplication
@EnableDiscoveryClient
@EnableFeignClients(basePackages = "com.fangjia.api.client")
public class FshSubstitutionServiceApplication {
    public static void main(String[] args) {
        SpringApplication.run(FshSubstitutionServiceApplication.class,
            args);
    }
}
```

5.1.2 使用 Feign 调用接口

定义一个 Feign 的客户端，以接口形式存在，代码如代码清单 5-3 所示。

代码清单 5-3 Feign 客户端定义

```
@FeignClient(value = "eureka-client-user-service")
public interface UserRemoteClient {

    @GetMapping("/user/hello")
    String hello();

}
```

首先我们来看接口上加的 @FeignClient 注解。这个注解标识当前是一个 Feign 的客户端，value 属性是对应的服务名称，也就是你需要调用哪个服务中的接口。

定义方法时直接复制接口的定义即可，当然还有另一种做法，就是将接口单独抽出来定义，然后在 Controller 中实现接口。在调用的客户端中也实现了接口，从而达到接口共用的目的。我这里的做法是不共用的，即单独创建一个 API Client 的公共项目，基于约定的模式，每写一个接口就要对应写一个调用的 Client，后面打成公共的 jar，这样无论是哪个项目需要调用接口，只要引入公共的接口 SDK jar 即可，不用重新定义一遍了。

定义之后可以直接通过注入 UserRemoteClient 来调用，这对于开发人员来说就像调用本地方法一样。

接下来采用 Feign 来调用 /user/hello 接口，如代码清单 5-4 所示。

代码清单 5-4　Feign 调用接口

```
@Autowired
private UserRemoteClient userRemoteClient;

@GetMapping("/callHello")
public String callHello() {
    //return restTemplate.getForObject("http://localhost:8083/house/hello",
                                    String.class);

    //String result =
    restTemplate.getForObject("http://eureka-client-user-service/user/
                              hello",String.class);
    String result = userRemoteClient.hello();
    System.out.println(" 调用结果: " + result);
    return result;
}
```

通过跟注释掉的代码相比可以发现，我们的调用方式变得越来越简单了，从最开始的指定地址，到后面通过 Eureka 中的服务名称来调用，再到现在直接通过定义接口来调用。

5.2　自定义 Feign 的配置

5.2.1　日志配置

有时候我们遇到 Bug，比如接口调用失败、参数没收到等问题，或者想看看调用性能，就需要配置 Feign 的日志了，以此让 Feign 把请求信息输出来。

首先定义一个配置类，如代码清单 5-5 所示。

代码清单 5-5　Feign 日志配置

```
@Configuration
public class FeignConfiguration {
    /**
     * 日志级别
     *@return
     */
    @Bean
```

```
            Logger.Level feignLoggerLevel() {
                return Logger.Level.FULL;
            }
        }
```

通过源码可以看到日志等级有 4 种，分别是：
❑ NONE：不输出日志。
❑ BASIC：只输出请求方法的 URL 和响应的状态码以及接口执行的时间。
❑ HEADERS：将 BASIC 信息和请求头信息输出。
❑ FULL：输出完整的请求信息。
源码如代码清单 5-6 所示。

代码清单 5-6　Feign 日志等级源码

```
public enum Level {
    NONE,
    BASIC,
    HEADERS,
    FULL
}
```

配置类建好后，我们需要在 Feign Client 中的 @FeignClient 注解中指定使用的配置类，如代码清单 5-7 所示。

代码清单 5-7　使用 Feign 配置

```
@FeignClient(value = "eureka-client-user-service", configuration = FeignConfiguration.class)
public interface UserRemoteClient {
    // ...
}
```

在配置文件中执行 Client 的日志级别才能正常输出日志，格式是"logging.level.client 类地址 = 级别"。

logging.level.com.cxytiandi.feign_demo.remote.UserRemoteClient=DEBUG

最后通过 Feign 调用我们的 /user/hello 接口，就可以看到控制台输出的调用信息了。

```
[UserRemoteClient#hello] <--- HTTP/1.1 200 (310ms)
[UserRemoteClient#hello] content-length: 5
[UserRemoteClient#hello] content-type: text/plain;charset=UTF-8
[UserRemoteClient#hello] date: Tue, 01 Jan 2019 13:11:12 GMT
[UserRemoteClient#hello]
[UserRemoteClient#hello] hello
[UserRemoteClient#hello] <--- END HTTP (5-byte body)
```

5.2.2　契约配置

Spring Cloud 在 Feign 的基础上做了扩展，可以让 Feign 支持 Spring MVC 的注解来调

用。原生的 Feign 是不支持 Spring MVC 注解的，原生的使用方法我们在后面会讲解。如果你想在 Spring Cloud 中使用原生的注解方式来定义客户端也是可以的，通过配置契约来改变这个配置，Spring Cloud 中默认的是 SpringMvcContract，如代码清单 5-8 所示。

代码清单 5-8　Feign 契约配置

```
@Configuration
public class FeignConfiguration {

    @Bean
    public Contract feignContract() {
        return new feign.Contract.Default();
    }
}
```

当你配置使用默认的契约后，之前定义的 Client 就用不了，之前上面的注解是 Spring MVC 的注解。

5.2.3　Basic 认证配置

通常我们调用的接口都是有权限控制的，很多时候可能认证的值是通过参数去传递的，还有就是通过请求头去传递认证信息，比如 Basic 认证方式。在 Feign 中我们可以直接配置 Basic 认证，如代码清单 5-9 所示。

代码清单 5-9　Feign Basic 认证配置

```
@Configuration
public class FeignConfiguration {

    @Bean
    public BasicAuthRequestInterceptor basicAuthRequestInterceptor(){
        return new BasicAuthRequestInterceptor("user","password");
    }

}
```

或者你可以自定义属于自己的认证方式，其实就是自定义一个请求拦截器。在请求之前做认证操作，然后往请求头中设置认证之后的信息。通过实现 RequestInterceptor 接口来自定义认证方式，如代码清单 5-10 所示。

代码清单 5-10　Feign 自定义拦截器实现认证

```
public class FeignBasicAuthRequestInterceptor implements
                                        RequestInterceptor {
    public FeignBasicAuthRequestInterceptor() {

    }
    @Override
    public void apply(RequestTemplate template) {
        // 业务逻辑
    }
}
```

然后将配置改成我们自定义的就可以了，这样当 Feign 去请求接口的时候，每次请求之前都会进入 FeignBasicAuthRequestInterceptor 的 apply 方法中，在里面就可以做属于你的逻辑了，如代码清单 5-11 所示。

代码清单 5-11　自定义拦截器配置

```
@Configuration
public class FeignConfiguration {

    @Bean
    public FeignBasicAuthRequestInterceptor
                            basicAuthRequestInterceptor() {
        return new FeignBasicAuthRequestInterceptor();
    }
}
```

5.2.4　超时时间配置

通过 Options 可以配置连接超时时间和读取超时时间（见代码清单 5-12），Options 的第一个参数是连接超时时间（ms），默认值是 10×1000；第二个是取超时时间（ms），默认值是 60×1000。

代码清单 5-12　超时时间配置

```
@Configuration
public class FeignConfiguration {

    @Bean
    public Request.Options options() {
        return new Request.Options(5000, 10000);
    }
}
```

5.2.5　客户端组件配置

Feign 中默认使用 JDK 原生的 URLConnection 发送 HTTP 请求，我们可以集成别的组件来替换掉 URLConnection，比如 Apache HttpClient，OkHttp。

配置 OkHttp 只需要加入 OkHttp 的依赖，如代码清单 5-13 所示。

代码清单 5-13　OkHttp Maven 配置

```
<dependency>
    <groupId>io.github.openfeign</groupId>
    <artifactId>feign-okhttp</artifactId>
</dependency>
```

然后修改配置，将 Feign 的 HttpClient 禁用，启用 OkHttp，配置如下：

```
#feign 使用 okhttp
feign.httpclient.enabled=false
```

```
feign.okhttp.enabled=true
```

关于配置可参考源码 org.springframework.cloud.openfeign.FeignAutoConfiguration。代码清单 5-14 和代码清单 5-15 所示两段代码分别是配置 HttpClient 和 OkHttp 的方法。其通过 @ConditionalOnProperty 中的值来决定启用哪种客户端（HttpClient 和 OkHttp），@ConditionalOnClass 表示对应的类在 classpath 目录下存在时，才会去解析对应的配置文件。

代码清单 5-14　HttpClient 自动配置源码

```java
@Configuration
@ConditionalOnClass(ApacheHttpClient.class)
@ConditionalOnMissingClass("com.netflix.loadbalancer.ILoadBalancer")
@ConditionalOnProperty(value = "feign.httpclient.enabled", matchIfMissing = true)
protected static class HttpClientFeignConfiguration {

    @Autowired(required = false)
    private HttpClient httpClient;

    @Bean
    @ConditionalOnMissingBean(Client.class)
    public Client feignClient() {
        if (this.httpClient != null) {
            return new ApacheHttpClient(this.httpClient);
        }
        return new ApacheHttpClient();
    }

}
```

代码清单 5-15　OkHttp 自动配置源码

```java
@Configuration
@ConditionalOnClass(OkHttpClient.class)
@ConditionalOnMissingClass("com.netflix.loadbalancer.ILoadBalancer")
@ConditionalOnProperty(value = "feign.okhttp.enabled", matchIfMissing = true)
protected static class OkHttpFeignConfiguration {

    @Autowired(required = false)
    private okhttp3.OkHttpClient okHttpClient;

    @Bean @ConditionalOnMissingBean(Client.class)
    public Client feignClient() {
        if (this.okHttpClient != null) {
            return new OkHttpClient(this.okHttpClient);
        }
        return new OkHttpClient();
    }

}
```

5.2.6　GZIP 压缩配置

开启压缩可以有效节约网络资源，提升接口性能，我们可以配置 GZIP 来压缩数据：

```
feign.compression.request.enabled=true
feign.compression.response.enabled=true
```

还可以配置压缩的类型、最小压缩值的标准：

```
feign.compression.request.mime-types=text/xml,application/xml,application/json
feign.compression.request.min-request-size=2048
```

只有当 Feign 的 Http Client 不是 okhttp3 的时候，压缩才会生效，配置源码在 org.springframework.cloud.openfeign.encoding.FeignAcceptGzipEncodingAutoConfiguration，如代码清单 5-16 所示。

代码清单 5-16　Feign 压缩配置源码

```
@Configuration
@EnableConfigurationProperties(FeignClientEncodingProperties.class)
@ConditionalOnClass(Feign.class)
@ConditionalOnBean(Client.class)
@ConditionalOnProperty(value = "feign.compression.response.enabled",
matchIfMissing = false)
@ConditionalOnMissingBean(type = "okhttp3.OkHttpClient")
@AutoConfigureAfter(FeignAutoConfiguration.class)
public class FeignAcceptGzipEncodingAutoConfiguration {

    @Bean
    public FeignAcceptGzipEncodingInterceptor feignAcceptGzipEncodingInterceptor
(FeignClientEncodingProperties properties)
    {
        return new FeignAcceptGzipEncodingInterceptor(properties);
    }
}
```

核心代码就是 `@ConditionalOnMissingBean(type = "okhttp3.OkHttpClient")`，表示 Spring BeanFactory 中不包含指定的 bean 时条件匹配，也就是没有启用 okhttp3 时才会进行压缩配置。

5.2.7　编码器解码器配置

Feign 中提供了自定义的编码解码器设置，同时也提供了多种编码器的实现，比如 Gson、Jaxb、Jackson。我们可以用不同的编码解码器来处理数据的传输。如果你想传输 XML 格式的数据，可以自定义 XML 编码解码器来实现获取使用官方提供的 Jaxb。

❏ Jaxb 代码参考：https://github.com/OpenFeign/feign/tree/master/jaxb。
❏ Gson 代码参考：https://github.com/OpenFeign/feign/tree/master/gson。
❏ Jackson 代码参考：https://github.com/OpenFeign/feign/tree/master/jackson。

配置编码解码器只需要在 Feign 的配置类中注册 Decoder 和 Encoder 这两个类即可，如代码清单 5-17 所示。

代码清单 5-17　编码解码器配置

```
@Bean
public Decoder decoder() {
    return new MyDecoder();
}

@Bean
public Encoder encoder() {
    return new MyEncoder();
}
```

5.2.8　使用配置自定义 Feign 的配置

除了使用代码的方式来对 Feign 进行配置，我们还可以通过配置文件的方式来指定 Feign 的配置。

```
# 链接超时时间
feign.client.config.feignName.connectTimeout=5000
# 读取超时时间
feign.client.config.feignName.readTimeout=5000
# 日志等级
feign.client.config.feignName.loggerLevel=full
# 重试
feign.client.config.feignName.retryer=com.example.SimpleRetryer
# 拦截器
feign.client.config.feignName.requestInterceptors[0]=com.example.FooRequestInterceptor
feign.client.config.feignName.requestInterceptors[1]=com.example.BarRequestInterceptor
# 编码器
feign.client.config.feignName.encoder=com.example.SimpleEncoder
# 解码器
feign.client.config.feignName.decoder=com.example.SimpleDecoder
# 契约
feign.client.config.feignName.contract=com.example.SimpleContract
```

5.2.9　继承特性

Feign 的继承特性可以让服务的接口定义单独抽出来，作为公共的依赖，以方便使用。

创建一个 Maven 项目 feign-inherit-api，用于存放 API 接口的定义，增加 Feign 的依赖，如代码清单 5-18 所示。

代码清单 5-18　Feign Maven 配置

```
<dependency>
    <groupId>org.springframework.cloud</groupId>
    <artifactId>spring-cloud-starter-openfeign</artifactId>
</dependency>
```

定义接口，指定服务名称，如代码清单 5-19 所示。

代码清单 5-19　Feign 接口定义

```
@FeignClient("feign-inherit-provide")
public interface UserRemoteClient {

    @GetMapping("/user/name")
    String getName();

}
```

创建一个服务提供者 feign-inherit-provide，引入 feign-inherit-api，如代码清单 5-20 所示。

代码清单 5-20　Feign 接口依赖

```
<dependency>
    <groupId>com.cxytiandi</groupId>
    <artifactId>feign-inherit-api</artifactId>
    <version>0.0.1-SNAPSHOT</version>
</dependency>
```

实现 UserRemoteClient 接口，如代码清单 5-21 所示。

代码清单 5-21　实现 UserRemoteClient 接口

```
@RestController
public class DemoController implements UserRemoteClient {
    @Override
    public String getName() {
        return "yinjihuan";
    }
}
```

创建一个服务消费者 feign-inherit-consume，同样需要引入 feign-inherit-api 用于调用 feign-inherit-provide 提供的 /user/name 接口，如代码清单 5-22 所示。

代码清单 5-22　Feign Client 调用示例

```
@RestController
public class DemoController {

    @Autowired
    private UserRemoteClient userRemoteClient;

    @GetMapping("/call")
    public String callHello() {
        String result = userRemoteClient.getName();
        System.out.println("getName 调用结果: " + result);
    }
}
```

通过将接口的定义单独抽出来，服务提供方去实现接口，服务消费方直接就可以引入定义好的接口进行调用，非常方便。

5.2.10 多参数请求构造

多参数请求构造分为 GET 请求和 POST 请求两种方式，首先来看 GET 请求的多参数请求构造方式，如代码清单 5-23 所示。

代码清单 5-23　GET 请求多参数示例（一）

```
@GetMapping("/user/info")
String getUserInfo(@RequestParam("name")String name,
@RequestParam("age")int age);
```

另一种是通过 Map 来传递多个参数，参数数量可以动态改变，笔者在这里还是推荐大家用固定的参数方式，不要用 Map 来传递参数，Map 传递参数最大的问题是可以随意传参。如代码清单 5-24 所示。

代码清单 5-24　GET 请求多参数示例（二）

```
@GetMapping("/user/detail")
String getUserDetail(@RequestParam Map<String, Object> param);
```

POST 请求多参数就定义一个参数类，通过 @RequestBody 注解的方式来实现，如代码清单 5-25 所示。

代码清单 5-25　POST 多参数示例

```
@PostMapping("/user/add")
String addUser(@RequestBody User user);
```

实现类中也需要加上 @RequestBody 注解，如代码清单 5-26 所示。

代码清单 5-26　POST 多参数实现类

```
@RestController
public class DemoController implements UserRemoteClient {

    @Override
    public String addUser(@RequestBody User user) {
        return user.getName();
    }

}
```

注意　使用继承特性的时候实现类也需要加上 @RequestBody 注解。

5.3　脱离 Spring Cloud 使用 Feign

在 Spring Cloud 中通过集成 Feign 可以用很简单的方式调用其他服务提供的接口，这是因为 Spring Cloud 在底层做了很多工作，比如支持 Spring MVC 注解、集成 Eureka 和

Ribbon。如果你目前还没用到 Spring Cloud，但是想用 Feign 来代替之前的接口调用方式，本节将讲解原生 Feign 框架的单独使用。

5.3.1 原生注解方式

Feign 的 GitHub 地址：https://github.com/OpenFeign/feign。

原生的 Feign 是不支持 Spring MVC 注解的，其用的是 @RequestLine 注解。

GET 请求方式如代码清单 5-27 所示。

代码清单 5-27　GET 请求示例

```
interface GitHub {

    @RequestLine("GET /repos/{owner}/{repo}/contributors")
    List<Contributor> contributors(@Param("owner") String owner,
            @Param("repo") String repo);

}
```

POST 请求方式如代码清单 5-28 所示。

代码清单 5-28　POST 请求示例

```
interface Bank {

    @RequestLine("POST /account/{id}")
    Account getAccountInfo(@Param("id") String id);

}
```

需要使用哪种请求方式，直接在注解前面写上对应的方式即可，即 GET 或者 POST；后面是请求的 URL，Path 参数可以通过大括号包起来，在参数前面加上 @Param 进行配对。

通过 @Headers 可以添加请求头信息，如代码清单 5-29 所示。

代码清单 5-29　添加请求头示例

```
@Headers("Content-Type: application/json")
@RequestLine("PUT /api/{key}")
void put(@Param("key") String, V value);
```

通过 @Body 也可以直接添加请求体信息，如代码清单 5-30 所示。

代码清单 5-30　请求体示例

```
@RequestLine("POST /")
@Headers("Content-Type: application/json")
@Body("%7B\"user_name\": \"{user_name}\", \"password\":
            \"{password}\"%7D")
void json(@Param("user_name") String user, @Param("password") String password);
```

更多使用方式请查看 GitHub。

5.3.2 构建 Feign 对象

Feign 通过 builder 模式来构建接口代理对象,可以设置解码编码器、设置日志等信息。我们可以写一个通用的工具类来构建对象(见代码清单 5-32),只要传入一个定义好的接口和 URL,就可以获取这个接口的代理对象,通过代理对象调用接口中的方法即可实现远程调用。

增加 Feign 的 Maven 依赖,如代码清单 5-31 所示。

代码清单 5-31 openfeign 的 Maven 配置

```xml
<dependency>
        <groupId>io.github.openfeign</groupId>
        <artifactId>feign-core</artifactId>
        <version>10.1.0</version>
</dependency>
```

代码清单 5-32 Feign 构建工具类

```java
public class RestApiCallUtils {
    /**
     * 获取 API 接口代理对象
     *@param apiType 接口类
     *@param url API 地址
     *@return
     */
    public static <T> T getRestClient(Class<T> apiType, String url) {
        return Feign.builder().target(apiType, url);
    }
}
```

基于原生的调用方式来改造之前的 callHello 接口,首先要定义一个调用的接口,如代码清单 5-33 所示。

代码清单 5-33 Feign 原生注解定义客户端

```java
interface HelloRemote {

    @RequestLine("GET /user/hello")
    String hello();
}
```

改造之前的 callHello 接口,如代码清单 5-34 所示。

代码清单 5-34 Feign 原生方式调用接口

```java
@GetMapping("/callHello") public String callHello() {
    HelloRemote helloRemote =
            Feign.builder().target( HelloRemote.class,"http://localhost:8081");
    System.out.println(" 调用结果: "+helloRemote.hello());
    return result;
}
```

5.3.3 其他配置

Feign 中的其他配置也都是通过 Feign.builder() 之后的对象进行设置的。设置自定义编码解码器，如代码清单 5-35 所示。

代码清单 5-35　编码解码器设置

```
Feign.builder().encoder(new JacksonEncoder())
              .decoder(new JacksonDecoder())
```

设置日志信息，如代码清单 5-36 所示。

代码清单 5-36　日志设置

```
Feign.builder().logger(new Logger.JavaLogger()
              .appendToFile(System.getProperty("logpath") + "/http.log"))
              .logLevel(Logger.Level.FULL)
```

设置超时时间，如代码清单 5-37 所示。

代码清单 5-37　超时时间设置

```
Feign.builder().options(new Options(1000, 1000))
```

设置请求拦截器，如代码清单 5-38 所示。

代码清单 5-38　请求拦截器设置

```
Feign.builder().requestInterceptor(requestInterceptor)
```

设置调用客户端组件，如代码清单 5-39 所示。

代码清单 5-39　客户端组件设置

```
Feign.builder().client(client)
```

设置重试机制，如代码清单 5-40 所示。

代码清单 5-40　重试机制设置

```
Feign.builder().retryer(retryer)
```

5.4　本章小结

通过对本章的学习，相信大家对 Feign 已经有了一定的了解。通过 Feign 可以简化调用接口的方式，同时 Feign 提供了很多的扩展机制，让用户可以更加灵活的使用。特别是 Spring Cloud 在 Feign 的基础上进行了一层封装，集成了 Eureka 和 Ribbon 以便进行负载均衡，让服务之间的调用更加简单、稳定。

远程调用难免会出问题，如何保护好服务不被大量请求击垮？下一章我们将学习如何用 Hystrix 保护我们的服务。

Chapter 6 第 6 章

Hystrix 服务容错处理

在微服务架构中存在多个可直接调用的服务，这些服务若在调用时出现故障会导致连锁效应，也就是可能会让整个系统变得不可用，这种情况我们称之为服务雪崩效应。

我们可以通过 Hystrix 解决服务雪崩效应。下面我们一起来学习如何用 Hystrix 实现服务容错处理。

6.1 Hystrix

Hystrix 是 Netflix 针对微服务分布式系统采用的熔断保护中间件，相当于电路中的保险丝。在微服务架构下，很多服务都相互依赖，如果不能对依赖的服务进行隔离，那么服务本身也有可能发生故障，Hystrix 通过 HystrixCommand 对调用进行隔离，这样可以阻止故障的连锁效应，能够让接口调用快速失败并迅速恢复正常，或者回退并优雅降级。

6.1.1 Hystrix 的简单使用

创建一个空的 Maven 项目，在项目中增加 Hystrix 的依赖，如代码清单 6-1 所示。

代码清单 6-1　Hystrix Maven 依赖

```
<dependency>
    <groupId>com.netflix.hystrix</groupId>
    <artifactId>hystrix-core</artifactId>
    <version>1.5.18</version>
</dependency>
```

编写第一个 HystrixCommand，如代码清单 6-2 所示。

代码清单 6-2　第一个 HystrixCommand

```java
public class MyHystrixCommand extends HystrixCommand<String> {
    private final String name;
    public MyHystrixCommand(String name) {
        super(HystrixCommandGroupKey.Factory.asKey("MyGroup"));
        this.name = name;
    }

    @Override
    protected String run() {
        return this.name + ":" + Thread.currentThread().getName();
    }
}
```

首先需要继承 HystrixCommand，通过构造函数设置一个 Groupkey。具体的逻辑在 run 方法中，我们返回了一个当前线程名称的值。写一个 main 方法来调用上面编写的 MyHystrixCommand 程序，如代码清单 6-3 所示。

代码清单 6-3　第一个 HystrixCommand 调用

```java
public static void main(String[] args)
                throws InterruptedException, ExecutionException {
    String result = new MyHystrixCommand("yinjihuan").execute();
    System.out.println(result);
}
```

输出结果是：yinjihuan:hystrix-MyGroup-1。由此可以看出，构造函数中设置的组名变成了线程的名字。

上面是同步调用，如果需要异步调用可以使用代码清单 6-4 所示的方法。

代码清单 6-4　第一个 HystrixCommand 异步调用

```java
public static void main(String[] args)
                throws InterruptedException, ExecutionException {
    Future<String> future = new MyHystrixCommand("yinjihuan").queue();
    System.out.println(future.get());
}
```

6.1.2　回退支持

下面我们通过增加执行时间模拟调用超时失败的情况。首先改造 MyHystrixCommand，增加 getFallback 方法返回回退内容，如代码清单 6-5 所示。

代码清单 6-5　HystrixCommand 回退

```java
public class MyHystrixCommand extends HystrixCommand<String> {
    private final String name;
    public MyHystrixCommand(String name) {
        super(HystrixCommandGroupKey.Factory.asKey("MyGroup"));
        this.name = name;
    }
```

```java
    @Override
    protected String run() {
        try {
            Thread.sleep(1000 * 10);
        } catch (InterruptedException e) {
            e.printStackTrace();
        }
        return this.name + ":" + Thread.currentThread().getName();
    }

    @Override
    protected String getFallback() {
        return " 失败了 ";
    }
}
```

重新执行调用代码,可以发现返回的内容是"失败了",证明已经触发了回退。

6.1.3 信号量策略配置

信号量策略配置方法如代码清单 6-6 所示。

代码清单 6-6 信号量策略配置

```java
public MyHystrixCommand(String name) {
    super(HystrixCommand.Setter
        .withGroupKey(HystrixCommandGroupKey.Factory.asKey("MyGroup"))
        .andCommandPropertiesDefaults( Hystri
            xCommandProperties.Setter()
            .withExecutionIsolationStrategy(
                HystrixCommandProperties
                .ExecutionIsolationStrategy.SEMAPHORE
            )
        )
    );
    this.name = name;
}
```

之前在 run 方法中特意输出了线程名称,通过这个名称就可以确定当前是线程隔离还是信号量隔离。

6.1.4 线程隔离策略配置

系统默认采用线程隔离策略,我们可以通过 andThreadPoolPropertiesDefaults 配置线程池的一些参数,如代码清单 6-7 所示。

代码清单 6-7 线程池策略配置

```java
public MyHystrixCommand(String name) {
    super(HystrixCommand.Setter.withGroupKey( HystrixCommandGroupKey.Factory.
        asKey("MyGroup"))
        .andCommandPropertiesDefaults( Hystri
```

```
        xCommandProperties.Setter()
            .withExecutionIsolationStrategy( HystrixCommandProperties.
                ExecutionIsolationStrategy.THREAD
        )
    ).andThreadPoolPropertiesDefaults( HystrixThreadPoolProperties.Setter()
            .withCoreSize(10)
            .withMaxQueueSize(100)
            .withMaximumSize(100)
    )
);
this.name = name;
}
```

6.1.5 结果缓存

缓存在开发中经常用到，我们常用 Redis 这种第三方的缓存数据库对数据进行缓存处理。在 Hystrix 中也为我们提供了方法级别的缓存。通过重写 getCacheKey 来判断是否返回缓存的数据，getCacheKey 可以根据参数来生成。这样，同样的参数就可以都用到缓存了。

改造之前的 MyHystrixCommand，在其中增加 getCacheKey 的重写实现，如代码清单 6-8 所示。

代码清单 6-8　返回缓存 Key

```
@Override
protected String getCacheKey() {
    return String.valueOf(this.name);
}
```

在上面的代码中，我们把创建对象时传进来的 name 参数作为缓存的 key。

为了证明能够用到缓存，在 run 方法中加一行输出，在调用多次的情况下，如果控制台只输出了一次，那么可以知道后面的都是走的缓存逻辑，如代码清单 6-9 所示。

代码清单 6-9　run 方法增加输出

```
@Override
protected String run() {
    System.err.println("get data");
    return this.name + ":" + Thread.currentThread().getName();
}
```

执行 main 方法，发现程序报错了：

Caused by: java.lang.IllegalStateException: Request caching is not available. Maybe you need to initialize the HystrixRequestContext?

根据错误提示可以知道，缓存的处理取决于请求的上下文，我们必须初始化 HystrixRequestContext。

改造 main 方法中的调用代码，初始化 HystrixRequestContext，如代码清单 6-10 所示。

代码清单 6-10 缓存测试代码

```java
public static void main(String[] args)
            throws InterruptedException, ExecutionException {
    HystrixRequestContext context =
                    HystrixRequestContext.initializeContext();
    String result = new MyHystrixCommand("yinjihuan").execute();
    System.out.println(result);
    Future<String> future = new MyHystrixCommand("yinjihuan").queue();
    System.out.println(future.get());
    context.shutdown();
}
```

改造完之后重写执行 main 方法,就可以做正常运行了,输出结果如下:

```
get data
yinjihuan:hystrix-MyGroup-1
yinjihuan:hystrix-MyGroup-1
```

我们可以看到只输出了一次 get data,缓存生效。

6.1.6 缓存清除

在 6.1.5 中我们学习了如何使用 Hystrix 来实现数据缓存功能。有缓存必然就有清除缓存的动作,当数据发生变动时,必须将缓存中的数据也更新掉,不然就会出现脏数据的问题。同样地,Hystrix 也有清除缓存的功能。

增加一个支持缓存清除的类,如代码清单 6-11 所示。

代码清单 6-11 缓存清除

```java
public class ClearCacheHystrixCommand extends HystrixCommand<String> {
    private final String name;
    private static final HystrixCommandKey GETTER_KEY =
                    HystrixCommandKey.Factory.asKey("MyKey");
    public ClearCacheHystrixCommand(String name) {
        super(HystrixCommand.Setter.withGroupKey(HystrixCommandGroupKey.
                Factory.asKey("MyGroup")).andCommandKey(GETTER_KEY)
        );
        this.name = name;
    }
    public static void flushCache(String name) {
        HystrixRequestCache.getInstance(GETTER_KEY,
        HystrixConcurrencyStrategyDefault.getInstance()).clear(name);
    }

    @Override
    protected String getCacheKey() {
        return String.valueOf(this.name);
    }

    @Override
    protected String run() {
        System.err.println("get data");
```

```java
        return this.name + ":" + Thread.currentThread().getName();
    }

    @Override
    protected String getFallback() {
        return " 失败了 ";
    }
}
```

flushCache 方法就是清除缓存的方法，通过 HystrixRequestCache 来执行清除操作，根据 getCacheKey 返回的 key 来清除。

修改调用代码来验证清除是否有效果，如代码清单 6-12 所示。

代码清单 6-12　缓存清除调用

```
HystrixRequestContext context = HystrixRequestContext.initializeContext();
String result = new ClearCacheHystrixCommand("yinjihuan").execute();
System.out.println(result);
ClearCacheHystrixCommand.flushCache("yinjihuan");
Future<String> future = new ClearCacheHystrixCommand("yinjihuan").queue();
System.out.println(future.get());
```

执行两次相同的 key，在第二次执行之前调用缓存清除的方法，也就是说第二次用不到缓存，输出结果如下：

```
get data
yinjihuan:hystrix-MyGroup-1
get data
yinjihuan:hystrix-MyGroup-2
```

由此可以看出，输出两次 get data，这证明缓存确实被清除了。可以把 ClearCacheHystrixCommand.flushCache 这行代码注释掉再执行一次，就会发现只输出了一次 get data，缓存是有效的，输入结果如下：

```
get data
yinjihuan:hystrix-MyGroup-1
yinjihuan:hystrix-MyGroup-1
```

6.1.7　合并请求

Hystrix 支持将多个请求自动合并为一个请求（见代码清单 6-13），利用这个功能可以节省网络开销，比如每个请求都要通过网络访问远程资源。如果把多个请求合并为一个一起执行，将多次网络交互变成一次，则会极大地节省开销。

代码清单 6-13　请求合并

```java
public class MyHystrixCollapser extends
                      HystrixCollapser<List<String>, String, String> {
    private final String name;
```

```java
    public MyHystrixCollapser(String name) {
        this.name = name;
    }

    @Override
    public String getRequestArgument() {
        return name;
    }

    @Override
    protected HystrixCommand<List<String>> createCommand(final
            Collection<CollapsedRequest<String, String>> requests) {
        return new BatchCommand(requests);
    }

    @Override
    protected void mapResponseToRequests(List<String> batchResponse,
            Collection<CollapsedRequest<String, String>> requests) {
        int count = 0;
        for (CollapsedRequest<String, String> request : requests) {
            request.setResponse(batchResponse.get(count++));
        }
    }

    private static final class BatchCommand
                            extends HystrixCommand<List<String>> {
        private final Collection<
                    CollapsedRequest<String, String>> requests;
        private BatchCommand(
            Collection<CollapsedRequest<String, String>> requests) {
            super(Setter.withGroupKey( HystrixCommandGroupKey.Factory.asKey
                ("ExampleGroup")
            )
            .andCommandKey( HystrixCommandKey.Factory.asKey("GetValueForKey")));
            this.requests = requests;
        }
        @Override
        protected List<String> run() {
            System.out.println("真正执行请求......");
            ArrayList<String> response = new ArrayList<String>();
            for (CollapsedRequest<String, String> request : requests) {
                response.add("返回结果 : " + request.getArgument());
            }
            return response;
        }
    }
}
```

接下来编写测试代码，如代码清单 6-14 所示。

代码清单 6-14 请求合并测试

```java
HystrixRequestContext context = HystrixRequestContext.initializeContext(); Future
<String> f1 = new MyHystrixCollapser("yinjihuan").queue();
```

```
Future<String> f2 = new MyHystrixCollapser("yinjihuan333").queue();
System.out.println(f1.get()+"="+f2.get());
context.shutdown();
```

通过 MyHystrixCollapser 创建两个执行任务，按照正常的逻辑肯定是分别执行这两个任务，通过 HystrixCollapser 可以将多个任务合并到一起执行。从输出结果就可以看出，任务的执行是在 run 方法中去做的，输出结果如下：

```
真正执行请求 .......
返回结果：yinjihuan= 返回结果：yinjihuan333
```

6.2 在 Spring Cloud 中使用 Hystrix

6.2.1 简单使用

创建一个新的 Maven 项目 hystrix-feign-demo，增加 Hystrix 的依赖，如代码清单 6-15 所示。

代码清单 6-15　Spring Cloud Hystrix Maven 依赖

```xml
<dependency>
    <groupId>org.springframework.cloud</groupId>
    <artifactId>spring-cloud-starter-netflix-hystrix</artifactId>
</dependency>
```

在启动类上添加 @EnableHystrix 或者 @EnableCircuitBreaker。注意，@EnableHystrix 中包含了 @EnableCircuitBreaker。

然后编写一个调用接口的方法，在上面增加一个 @HystrixCommand 注解，用于指定依赖服务调用延迟或失败时调用的方法，如代码清单 6-16 所示。

代码清单 6-16　HystrixCommand 注解使用

```java
@GetMapping("/callHello")
@HystrixCommand(fallbackMethod = "defaultCallHello")
public String callHello() {
    String result =
        restTemplate.getForObject( "http://localhost:
        8088/house/hello", String.class);
    return result;
}
```

当调用失败触发熔断时会用 defaultCallHello 方法来回退具体的内容，定义 defaultCallHello 方法的代码如代码清单 6-17 所示。

代码清单 6-17　回退方法定义

```java
public String defaultCallHello() {
    return "fail";
}
```

只要不启动 8088 端口所在的服务，调用 /callHello 接口，就可以看到返回的内容是"fail"。

将启动类上的 @EnableHystrix 去掉，重启服务，再次调用 /callHello 接口可以看到返回的是 500 错误信息，这个时候就没有用到回退功能了。

```
{
    code: 500,
    message: "I/O error on GET request for
        "http://localhost:8088/house/hello": Connection refused; nested
        exception is java.net.ConnectException: Connection refused
        ", data:
    null
}
```

6.2.2 配置详解

HystrixCommand 中除了 fallbackMethod 还有很多的配置，下面我们来看看这些配置：

- hystrix.command.default.execution.isolation.strategy：该配置用来指定隔离策略，具体策略有下面 2 种。
  - THREAD：线程隔离，在单独的线程上执行，并发请求受线程池大小的控制。
  - SEMAPHORE：信号量隔离，在调用线程上执行，并发请求受信号量计数器的限制。
- hystrix.command.default.execution.isolation.thread.timeoutInMilliseconds：该配置用于 HystrixCommand 执行的超时时间设置，当 HystrixCommand 执行的时间超过了该配置所设置的数值后就会进入服务降级处理，单位是毫秒，默认值为 1000。
- hystrix.command.default.execution.timeout.enabled：该配置用于确定是否启用 execution.isolation.thread.timeoutInMilliseconds 设置的超时时间，默认值为 true。设置为 false 后 execution.isolation.thread.timeoutInMilliseconds 配置也将失效。
- hystrix.command.default.execution.isolation.thread.interruptOnTimeout：该配置用于确定 HystrixCommand 执行超时后是否需要中断它，默认值为 true。
- hystrix.command.default.execution.isolation.thread.interruptOnCancel：该配置用于确定 HystrixCommand 执行被取消时是否需要中断它，默认值为 false。
- hystrix.command.default.execution.isolation.semaphore.maxConcurrentRequests：该配置用于确定 Hystrix 使用信号量策略时最大的并发请求数。
- hystrix.command.default.fallback.isolation.semaphore.maxConcurrentRequests：该配置用于如果并发数达到该设置值，请求会被拒绝和抛出异常并且 fallback 不会被调用，默认值为 10。
- hystrix.command.default.fallback.enabled：该配置用于确定当执行失败或者请求被拒绝时，是否会尝试调用 hystrixCommand.getFallback()，默认值为 true。

- hystrix.command.default.circuitBreaker.enabled：该配置用来跟踪 circuit 的健康性，如果未达标则让 request 短路，默认值为 true。
- hystrix.command.default.circuitBreaker.requestVolumeThreshold：该配置用于设置一个 rolling window 内最小的请求数。如果设为 20，那么当一个 rolling window 的时间内（比如说 1 个 rolling window 是 10 秒）收到 19 个请求，即使 19 个请求都失败，也不会触发 circuit break，默认值为 20。
- hystrix.command.default.circuitBreaker.sleepWindowInMilliseconds：该配置用于设置一个触发短路的时间值，当该值设为 5000 时，则当触发 circuit break 后的 5000 毫秒内都会拒绝 request，也就是 5000 毫秒后才会关闭 circuit。默认值为 5000。
- hystrix.command.default.circuitBreaker.errorThresholdPercentage：该配置用于设置错误率阈值，当错误率超过此值时，所有请求都会触发 fallback，默认值为 50。
- hystrix.command.default.circuitBreaker.forceOpen：如果配置为 true，将强制打开熔断器，在这个状态下将拒绝所有请求，默认值为 false。
- hystrix.command.default.circuitBreaker.forceClosed：如果配置为 true，则将强制关闭熔断器，在这个状态下，不管错误率有多高，都允许请求，默认值为 false。
- hystrix.command.default.metrics.rollingStats.timeInMilliseconds：设置统计的时间窗口值，单位为毫秒。circuit break 的打开会根据 1 个 rolling window 的统计来计算。若 rolling window 被设为 10 000 毫秒，则 rolling window 会被分成多个 buckets，每个 bucket 包含 success、failure、timeout、rejection 的次数的统计信息。默认值为 10 000 毫秒。
- hystrix.command.default.metrics.rollingStats.numBuckets：设置一个 rolling window 被划分的数量，若 numBuckets=10、rolling window=10 000，那么一个 bucket 的时间即 1 秒。必须符合 rolling window % numberBuckets == 0。默认值为 10。
- hystrix.command.default.metrics.rollingPercentile.enabled：是否开启指标的计算和跟踪，默认值为 true。
- hystrix.command.default.metrics.rollingPercentile.timeInMilliseconds：设置 rolling percentile window 的时间，默认值为 60 000 毫秒。
- hystrix.command.default.metrics.rollingPercentile.numBuckets：设置 rolling percentile window 的 numberBuckets，默认值为 6。
- hystrix.command.default.metrics.rollingPercentile.bucketSize：如果 bucket size=100、window=10 秒，若这 10 秒里有 500 次执行，只有最后 100 次执行会被统计到 bucket 里去。增加该值会增加内存开销及排序的开销。默认值为 100。
- hystrix.command.default.metrics.healthSnapshot.intervalInMilliseconds：用来计算影响断路器状态的健康快照的间隔等待时间，默认值为 500 毫秒。
- hystrix.command.default.requestCache.enabled：是否开启请求缓存功能，默认值为

true。
- hystrix.command.default.requestLog.enabled：记录日志到 HystrixRequestLog，默认值为 true。
- hystrix.collapser.default.maxRequestsInBatch：单次批处理的最大请求数，达到该数量触发批处理，默认为 Integer.MAX_VALUE。
- hystrix.collapser.default.timerDelayInMilliseconds：触发批处理的延迟，延迟也可以为创建批处理的时间与该值的和，默认值为 10 毫秒。
- hystrix.collapser.default.requestCache.enabled：是否启用对 HystrixCollapser.execute() 和 HystrixCollapser.queue() 的请求缓存，默认值为 true。
- hystrix.threadpool.default.coreSize：并发执行的最大线程数，默认值为 10。
- hystrix.threadpool.default.maxQueueSize：BlockingQueue 的最大队列数。当设为 -1 时，会使用 SynchronousQueue；值为正数时，会使用 LinkedBlcokingQueue。该设置只会在初始化时有效，之后不能修改 threadpool 的 queue size。默认值为 -1。
- hystrix.threadpool.default.queueSizeRejectionThreshold：即使没有达到 maxQueueSize，但若达到 queueSizeRejectionThreshold 该值后，请求也会被拒绝。因为 maxQueueSize 不能被动态修改，而 queueSizeRejectionThreshold 参数将允许我们动态设置该值。if maxQueueSize == -1，该字段将不起作用。
- hystrix.threadpool.default.keepAliveTimeMinutes：设置存活时间，单位为分钟。如果 coreSize 小于 maximumSize，那么该属性控制一个线程从实用完成到被释放的时间。默认值为 1 分钟。
- hystrix.threadpool.default.allowMaximumSizeToDivergeFromCoreSize：该属性允许 maximumSize 的配置生效。那么该值可以等于或高于 coreSize。设置 coreSize 小于 maximumSize 会创建一个线程池，该线程池可以支持 maximumSize 并发，但在相对不活动期间将向系统返回线程。默认值为 false。
- hystrix.threadpool.default.metrics.rollingStats.timeInMilliseconds：设置滚动时间窗的时间，单位为毫秒，默认值是 10 000。
- hystrix.threadpool.default.metrics.rollingStats.numBuckets：设置滚动时间窗划分桶的数量，默认值为 10。

官方的配置信息文档请参考：https://github.com/Netflix/Hystrix/wiki/Configuration。

上面列出来的都是 Hystrix 的配置信息，那么在 Spring Cloud 中该如何使用呢？只需要在接口的方法上面使用 HystrixCommand 注解（见代码清单 6-18），指定对应的属性即可。

代码清单 6-18　HystrixCommand 注解使用

```
@HystrixCommand(fallbackMethod = "defaultCallHello",
        commandProperties = {
            @HystrixProperty(
                name="execution.isolation.strategy",
```

```
                    value = "THREAD")
        }
)
@GetMapping("/callHello")
public String callHello() {
    String result
        =restTemplate.getForObject( "http://localhost:
        8088/house/ hello", String.class);
    return result;
}
```

6.2.3 Feign 整合 Hystrix 服务容错

创建一个新的 Maven 项目 hystrix-feign-demo，增加 EurekaClient，Feign，Hystrix 的依赖，然后在属性文件中开启 Feign 对 Hystrix 的支持：

feign.hystrix.enabled=true

1. Fallback 方式

在 Feign 的客户端类上的 @FeignClient 注解中指定 fallback 进行回退（见代码清单 6-19），创建一个 Feign 的客户端类 UserRemoteClient，为其配置 fallback。

代码清单 6-19　Feign 回退使用

```
@FeignClient ( value = "eureka-client-user-service", fallback =
UserRemoteClientFallback.class)
public interface UserRemoteClient {

    @GetMapping("/user/hello")
    String hello();


}
```

UserRemoteClientFallback 类需要实现 UserRemoteClient 类中所有的方法，返回回退时的内容，如代码清单 6-20 所示。

代码清单 6-20　Feign 回退内容定义

```
@Component
public class UserRemoteClientFallback implements UserRemoteClient {

    @Override
    public String hello() {
        return "fail";
    }

}
```

停掉所有 eureka-client-user-service 服务，然后访问 /callHello 接口，这个时候 eureka-client-user-service 服务是不可用的，必然会触发回退，返回的内容是 fail 字符串，这证明回退生效了。在这种情况下，如果你的接口调用了多个服务的接口，那么只有 eureka-client-user-service 服务会没数据，不会影响别的服务，如果不用 Hystrix 回退处理，整个请求都将失败。

```
{
    code:200,
    message:"",
    data:{
        id:1,
        money:100.12,
        name:"fail"
    }
}
```

下面我们将启用 Hystrix 断路器禁用：

feign.hystrix.enabled=false

再次访问 /callHello 可以看到返回的就是 500 错误信息了，整个请求失败。

```
{
    code:500,
    message:"Failed to connect to localhost/0:0:0:0:0:0:0:1:8083 executing GET http://eureka-client-user-service/user/hello",
    data:null
}
```

2. FallbackFactory 方式

通过 fallback 已经可以实现服务不可用时回退的功能，如果你想知道触发回退的原因，可以使用 FallbackFactory 来实现回退功能，如代码清单 6-21 所示。

代码清单 6-21　Feign FallbackFactory 回退

```java
@Component
public class UserRemoteClientFallbackFactory implements
                        FallbackFactory<UserRemoteClient> {
    private Logger logger = LoggerFactory.getLogger(
            UserRemoteClientFallbackFactory.class);

    @Override
    public UserRemoteClient create(final Throwable cause) {
        logger.error("UserRemoteClient 回退：", cause);
        return new UserRemoteClient() {
            @Override
            public String hello() {
                return "fail";
            }
        };
    }
}
```

FallbackFactory 的使用就是在 @FeignClient 中用 fallbackFactory 指定回退处理类，如代码清单 6-22 所示。

代码清单 6-22　Feign FallbackFactory 使用

```
@FeignClient(value = " eureka-client-user-service ",
configuration = FeignConfiguration.class,
fallbackFactory = UserRemoteClientFallbackFactory.class)
```

笔者在这个回退处理的时候，将异常信息通过日志输出了，我们重新调用接口，可以看到异常信息在开发工具的控制台中输出了，FallbackFactory 和 Fallback 唯一的区别就在这里。

6.2.4　Feign 中禁用 Hystrix

禁用 Hystrix 还是比较简单的，目前有两种方式可以禁用，一种是在属性文件中进行全部禁用，默认就是禁用的状态。

```
feign.hystrix.enabled=false
```

另一种是通过代码的方式禁用某个客户端，在 Feign 的配置类中增加代码清单 6-23 所示的代码。

代码清单 6-23　Feign 禁用 Hystrix

```
@Configuration
public class FeignConfiguration {

    @Bean @Scope("prototype")
    public Feign.Builder feignBuilder() {
        return Feign.builder();
    }

}
```

6.3　Hystrix 监控

在微服务架构中，Hystrix 除了实现容错外，还提供了实时监控功能。在服务调用时，Hystrix 会实时累积关于 HystrixCommand 的执行信息，比如每秒的请求数、成功数等。更多的指标信息请查看官方文档：

https://github.com/Netflix/Hystrix/wiki/Metrics-and-Monitoring。

Hystrix 监控需要两个必备条件：

（1）必须有 Actuator 的依赖，如代码清单 6-24 所示。

代码清单 6-24　Actuator 依赖

```
<dependency>
    <groupId>org.springframework.boot</groupId>
```

```
    <artifactId>spring-boot-starter-actuator</artifactId>
</dependency>
```

（2）必须有 Hystrix 的依赖，Spring Cloud 中必须在启动类中添加 @EnableHystrix 开启 Hystrix，如代码清单 6-25 所示。

代码清单 6-25　Hystrix 依赖

```
<dependency>
    <groupId>org.springframework.cloud</groupId>
    <artifactId>spring-cloud-starter-netflix-hystrix</artifactId>
</dependency>
```

我们改造下 hystrix-feign-demo 这个项目，加入代码清单 6-24 和 6-25 的依赖，将 actuator 中的端点暴露出来，访问端点地址（http://localhost:8086/actuator/hystrix.stream）可以看到一直在输出“ ping：”，出现这种情况是因为还没有数据，等到 HystrixCommand 执行了之后就可以看到具体数据了。

调用一下 /callHello 接口 http://localhost:8086/callHello，访问之后就可以看到 http://localhost:8086/actuator/hystrix.stream 这个页面中输出的数据了，如图 6-1 所示。


```
ping:

data:
{"type":"HystrixCommand","name":"callHello","group":"SubstitutionController","currentTime":1515325542249,"isCircuitBreakerOpen":false,"errorPercentage":100,
"rollingCountCollapsedRequests":0,"rollingCountEmit":0,"rollingCountExceptionsThrown":0,"rollingCountFailure":1,"rollingCountFallbackEmit":0,"rollingCountF
ntFallbackRejection":0,"rollingCountFallbackSuccess":1,"rollingCountResponsesFromCache":0,"rollingCountSemaphoreRejected":0,"rollingCountShortCircuited":0,
ollingCountTimeout":0,"currentConcurrentExecutionCount":0,"rollingMaxConcurrentExecutionCount":0,"latencyExecute_mean":0,"latencyExecute":
{"0":0,"25":0,"50":0,"75":0,"90":0,"95":0,"99":0,"99.5":0,"100":0},"latencyTotal_mean":0,"latencyTotal":
{"0":0,"25":0,"50":0,"75":0,"90":0,"95":0,"99":0,"99.5":0,"100":0},"propertyValue_circuitBreakerRequestVolumeThreshold":20,"propertyValue_circuitBreakerSle
orThresholdPercentage":50,"propertyValue_circuitBreakerForceOpen":false,"propertyValue_circuitBreakerForceClosed":false,"propertyValue_circuitBreakerEnable
propertyValue_executionIsolationThreadTimeoutInMilliseconds":10000,"propertyValue_executionTimeoutInMilliseconds":10000,"propertyValue_executionIsolationTh
onThreadPoolKeyOverride":null,"propertyValue_executionIsolationSemaphoreMaxConcurrentRequests":10,"propertyValue_fallbackIsolationSemaphoreMaxConcurrentReq
liseconds":10000,"propertyValue_requestCacheEnabled":true,"propertyValue_requestLogEnabled":true,"reportingHosts":1,"threadPool":"SubstitutionController"}

data:
{"type":"HystrixThreadPool","name":"SubstitutionController","currentTime":1515325542249,"currentActiveCount":0,"currentCompletedTaskCount":1,"currentCorePo
":10,"currentPoolSize":1,"currentQueueSize":0,"currentTaskCount":1,"rollingCountThreadsExecuted":0,"rollingMaxActiveThreads":0,"rollingCountCommandRejectio
Value_metricsRollingStatisticalWindowInMilliseconds":10000,"reportingHosts":1}
```


图 6-1　Hystrix 监控数据

6.4　整合 Dashboard 查看监控数据

我们已经知道 Hystrix 提供了监控的功能，可以通过 hystrix.stream 端点来获取监控数据，但是这些数据是以字符串的形式展现的，实际使用中不方便查看。我们可以借助 hystrix-dashboard 对监控进行图形化展示。

下面我们单独创建一个项目来集成 dashboard。

创建一个 Maven 项目 hystrix-dashboard-demo，在 pom.xml 中添加 dashboard 的依赖，如代码清单 6-26 所示。

代码清单 6-26　dashboard 依赖

```
<dependency>
    <groupId>org.springframework.cloud</groupId>
```

```
<artifactId>spring-cloud-starter-netflix-hystrix-dashboard</artifactId>
</dependency>
```

创建启动类，在启动类上添加 @EnableHystrixDashboard 注解，如代码清单 6-27 所示。

代码清单 6-27　dashboard 服务启动类

```
@SpringBootApplication @EnableHystrixDashboard
public class DashboardApplication {

    public static void main(String[] args) {
        SpringApplication.run (DashboardApplication.class, args);
    }

}
```

在属性配置文件中只需要配置服务名称和服务端口：

```
spring.application.name=hystrix-dashboard-demo
server.port=9011
```

然后启动服务，访问 http://localhost:9011/hystrix 就可以看到 dashboard 的主页，如图 6-2 所示。

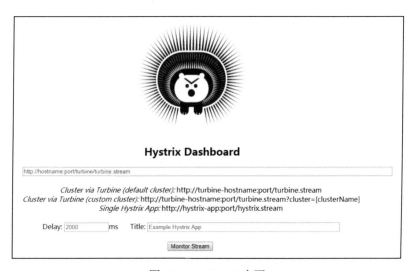

图 6-2　dashboard 主页

在主页中有 3 个地方需要我们填写，第一行是监控的 stream 地址，也就是将之前文字监控信息的地址输入到第一个文本框中。

第二行的 Delay 是时间，表示用多少毫秒同步一次监控信息，Title 是标题，这个可以随便填写，如图 6-3 所示。

输入完成后就可以点击 Monitor Stream 按钮以图形化的方式查看监控的数据了，如图 6-4 所示。

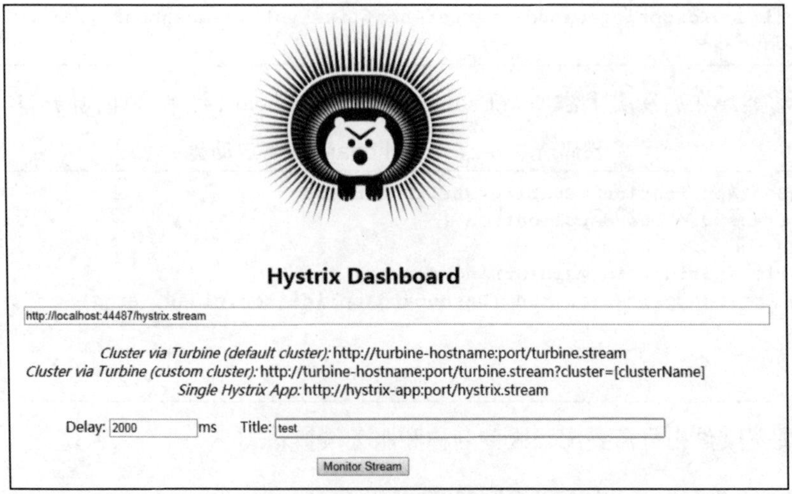

图 6-3 dashboard 参数填写

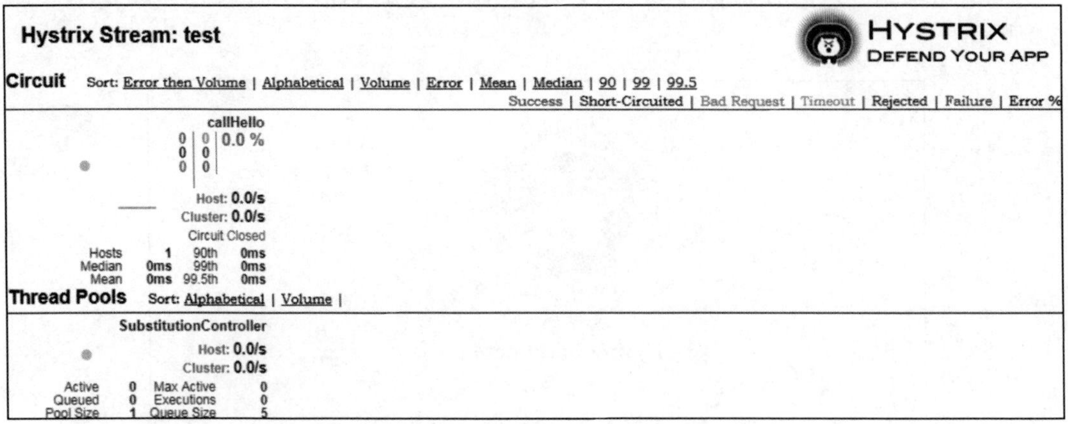

图 6-4 dashboard 数据监控输出页面

6.5 Turbine 聚合集群数据

6.5.1 Turbine 使用

Turbine 是聚合服务器发送事件流数据的一个工具。Hystrix 只能监控单个节点，然后通过 dashboard 进行展示。实际生产中都为集群，这个时候我们可以通过 Turbine 来监控集群下 Hystrix 的 metrics 情况，通过 Eureka 来发现 Hystrix 服务。

本节在介绍 Turbine 的用法时就不再单独创建一个新项目了，在之前的 hystrix-dashboard-demo 中进行修改来支持 Turbine 即可。

首先增加 Turbine 的依赖，如代码清单 6-28 所示。

代码清单 6-28　Turbine 依赖

```
<dependency>
    <groupId>org.springframework.cloud</groupId>
    <artifactId>spring-cloud-starter-netflix-turbine</artifactId>
</dependency>
```

在启动类上增加 @EnableTurbine 和 @EnableDiscoveryClient。在属性文件中配置如下内容：

```
eureka.client.serviceUrl.defaultZone=http://yinjihuan:123456@localhost:8761/eureka/
turbine.appConfig=hystrix-feign-demo
turbine.aggregator.clusterConfig=default
turbine.clusterNameExpression=new String("default")
```

其中：

❑ turbine.appConfig：配置需要聚合的服务名称。

❑ turbine.aggregator.clusterConfig：Turbine 需要聚合的集群名称。

❑ turbine.clusterNameExpression：集群名表达式。

这里用默认的集群名称 default。

重启服务，就可以使用 http://localhost:9011/turbine.stream 来访问集群的监控数据了。Turbine 会通过在 Eureka 中查找服务的 homePageUrl 加上 hystrix.stream 来获取其他服务的监控数据，并将其汇总显示。

6.5.2　context-path 导致监控失败

如果被监控的服务中设置了 context-path，则会导致 Turbine 无法获取监控数据，如图 6-5 所示。

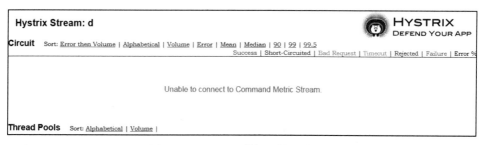

图 6-5　dashboard 数据监控失败页面

这个时候需要在 Turbine 中指定 turbine.instanceUrlSuffix 来解决这个问题：

```
turbine.instanceUrlSuffix=/sub/hystrix.stream
```

sub 用于监控服务的 context-path。上面这种方式是全局配置，会有一个问题，就是一般我们在使用中会用一个集群去监控多个服务，如果每个服务的 context-path 都不一样，这个时候有一些就会出问题，那么就需要对每个服务做一个集群，然后配置集群对应的 context-path：

    turbine.instanceUrlSuffix.集群名称 =/sub/hystrix.stream

更多内容可参见官方文档：https://github.com/Netflix/Turbine/wiki/Configuration-(1.x)。

6.6 本章小结

本章我们学习了 Hystrix，以及通过 Hystrix 实现了对服务进行过载保护的功能。本章还介绍了单节点和集群的监控，通过这两个功能，可以很方便地跟踪服务状态。下一章将带领大家学习 API 网关 Zuul。

第 7 章　API 网关

API 网关是对外服务的一个入口,其隐藏了内部架构的实现,是微服务架构中必不可少的一个组件。API 网关可以为我们管理大量的 API 接口,还可以对接客户、适配协议、进行安全认证、转发路由、限制流量、监控日志、防止爬虫、进行灰度发布等。

随着业务的发展,服务越来越多,前端用户如何调用微服务就成了一个难题。比如用户评估一个小区,评估完成之后需要展示小区详情、房价走势、成交数据、挂牌数据等,这些信息都在不同的服务中,前端系统想要实现这样一个功能就需要和众多的服务进行交互,调用它们提供的接口,这样性能肯定是低的。而且前端系统的逻辑更复杂了,它需要知道所有提供信息的微服务。这个时候 API 网关的作用就体现出来了,通过 API 聚合内部服务,提供统一对外的 API 接口给前端系统,屏蔽内部实现细节。

7.1　Zuul 简介

Zuul 是 Netflix OSS 中的一员,是一个基于 JVM 路由和服务端的负载均衡器。提供路由、监控、弹性、安全等方面的服务框架。Zuul 能够与 Eureka、Ribbon、Hystrix 等组件配合使用。

Zuul 的核心是过滤器,通过这些过滤器我们可以扩展出很多功能,比如:

- 动态路由:动态地将客户端的请求路由到后端不同的服务,做一些逻辑处理,比如聚合多个服务的数据返回。
- 请求监控:可以对整个系统的请求进行监控,记录详细的请求响应日志,可以实时统计出当前系统的访问量以及监控状态。

- 认证鉴权：对每一个访问的请求做认证，拒绝非法请求，保护好后端的服务。
- 压力测试：压力测试是一项很重要的工作，像一些电商公司需要模拟更多真实的用户并发量来保证重大活动时系统的稳定。通过 Zuul 可以动态地将请求转发到后端服务的集群中，还可以识别测试流量和真实流量，从而做一些特殊处理。
- 灰度发布：灰度发布可以保证整体系统的稳定，在初始灰度的时候就可以发现、调整问题，以保证其影响度。

7.2 使用 Zuul 构建微服务网关

7.2.1 简单使用

创建一个 Maven 项目 zuul-demo，在 pom.xml 中增加 Spring Cloud 项目的依赖，然后加入 Zuul 的依赖，如代码清单 7-1 所示。

代码清单 7-1　Zuul Maven 配置

```xml
<dependency>
    <groupId>org.springframework.cloud</groupId>
    <artifactId>spring-cloud-starter-netflix-zuul</artifactId>
</dependency>
```

属性文件中增加配置信息：

```
spring.application.name=zuul-demo
server.port=2103

zuul.routes.cxytiandi.path=/cxytiandi/**
zuul.routes.cxytiandi.url=http://cxytiandi.com/
```

通过 zuul.routes 来配置路由转发，cxytiandi 是自定义的名称，当访问 cxytiandi/** 开始的地址时，就会跳转到 http://cxytiandi.com 上。

接下来创建一个启动类，通过 @EnableZuulProxy 开启路由代理功能（见代码清单 7-2）。

代码清单 7-2　Zuul 启动类

```java
@SpringBootApplication
@EnableZuulProxy
public class ZuulApplication {
    public static void main(String[] args) {
        SpringApplication.run (ZuulApplication.class, args);
    }
}
```

启动服务，通过访问 http://localhost:2103/cxytiandi 可以看到最终的页面效果是 http://cxytiandi.com 的页面。

7.2.2 集成 Eureka

通过对上节的学习，我们已经可以简单地使用 Zuul 进行路由的转发了，在实际使用中我们通常是用 Zuul 来代理请求转发到内部的服务上去，统一为外部提供服务。

内部服务的数量会很多，而且可以随时扩展，我们不可能每增加一个服务就改一次路由的配置，所以也得通过结合 Eureka 来实现动态的路由转发功能。

首先需要添加 Eureka 的依赖，如代码清单 7-3 所示。

代码清单 7-3　Eureka Maven 配置

```
<dependency>
    <groupId>org.springframework.cloud</groupId>
    <artifactId>spring-cloud-starter-netflix-eureka-client</artifactId>
</dependency>
```

启动类不需要修改，因为 @EnableZuulProxy 已经自带了 @EnableDiscoveryClient。只需要在配置文件中增加 Eureka 的地址即可：

```
eureka.client.serviceUrl.defaultZone=http://yinjihuan:123456@localhost:8761/eureka/
```

重启服务，我们可以通过默认的转发规则来访问 Eureka 中的服务。比如访问我们之前在 hystrix-feign-demo 服务中定义的 /callHello 接口，就相当于通过 http://localhost:2103/hystrix-feign-demo/callHello 来访问 hystrix-feign-demo 服务中的 /callHello 接口。

访问规则是"API 网关地址 + 访问的服务名称 + 接口 URI"。

7.3　Zuul 路由配置

当 Zuul 集成 Eureka 之后，其实就可以为 Eureka 中所有的服务进行路由操作了，默认的转发规则就是"API 网关地址 + 访问的服务名称 + 接口 URI"。在给服务指定名称的时候，应尽量短一点，这样的话我们就可以用默认的路由规则进行请求，不需要为每个服务都定一个路由规则，这样就算新增了服务，API 网关也不用修改和重启了。

默认规则举例：

- API 网关地址：http://localhost:2103。
- 用户服务名称：user-service。
- 用户登录接口：/user/login。

那么通过 Zuul 访问登录接口的规则就是 http://localhost:2103/user-service/user/login。

1. 指定具体服务路由

我们可以为每一个服务都配置一个路由转发规则：

```
zuul.routes.fsh-house.path=/api-house/**
```

上述代码将 fsh-house 服务的路由地址配置成了 api-house，也就是当需要访问 fsh-house 中的接口时，我们可以通过 api-house/house/hello 来进行。这其实就是将服务名称变成了我们自定义的名称。有的时候服务名称太长了，放在 URL 中不太友好，我们希望它变得更友好一点，就可以这么去配置。这里的 api-house/** 后面一定要配置两个星号，两个星号表示可以转发任意层级的 URL，比如"/api-house/house/1"。如果只配置一个星号，那么就只能转发一级，比如"/api-house/house"。

2. 路由前缀

有的时候我们会想在 API 前面配置一个统一的前缀，比如像 http://cxytiandi.com/user/login 这样登录接口，如果想将其变成 http://cxytiandi.com/rest/user/login，即在每个接口前面加一个 rest，此时我们就可以通过 Zuul 中的配置来实现：

```
zuul.prefix=/rest
```

3. 本地跳转

Zuul 的 API 路由还提供了本地跳转功能，通过 forward 就可以实现。

```
zuul.routes.fsh-substitution.path=/api/**
zuul.routes.fsh-substitution.url=forward:/local
```

当我们想在访问 api/1 的时候会路由到本地的 local/1 上去，就可以参照上述代码实现。local 是本地接口需要我们自行添加，因此我们要建一个 Controller，如代码清单 7-4 所示。

代码清单 7-4　本地跳转

```java
@RestController
public class LocalController {
    @GetMapping("/local/{id}")
    public String local(@PathVariable String id) {
        return id;
    }
}
```

然后访问 http://localhost:2103/api/1 就可以看到我们想要的返回结果了。

7.4　Zuul 过滤器讲解

本章一开始就介绍过，Zuul 可以实现很多高级的功能，比如限流、认证等。想要实现这些功能，必须要基于 Zuul 给我们提供的核心组件"过滤器"。下面我们一起来了解一下 Zuul 的过滤器。

7.4.1　过滤器类型

Zuul 中的过滤器跟我们之前使用的 javax.servlet.Filter 不一样，javax.servlet.Filter 只有

一种类型，可以通过配置 urlPatterns 来拦截对应的请求。

而 Zuul 中的过滤器总共有 4 种类型，且每种类型都有对应的使用场景。

- pre：可以在请求被路由之前调用。适用于身份认证的场景，认证通过后再继续执行下面的流程。
- route：在路由请求时被调用。适用于灰度发布场景，在将要路由的时候可以做一些自定义的逻辑。
- post：在 route 和 error 过滤器之后被调用。这种过滤器将请求路由到达具体的服务之后执行。适用于需要添加响应头，记录响应日志等应用场景。
- error：处理请求时发生错误时被调用。在执行过程中发送错误时会进入 error 过滤器，可以用来统一记录错误信息。

7.4.2 请求生命周期

可以通过图 7-1 看出整个过滤器的执行生命周期，此图来自 Zuul GitHub wiki 主页，地址为：https://github.com/Netflix/zuul/wiki/How-it-Works。

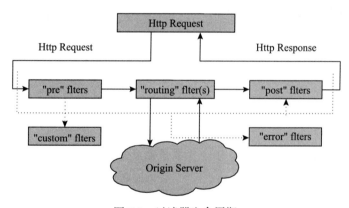

图 7-1　过滤器生命周期

通过上面的图可以清楚地知道整个执行的顺序，请求发过来首先到 pre 过滤器，再到 routing 过滤器，最后到 post 过滤器，任何一个过滤器有异常都会进入 error 过滤器。

通过 com.netflix.zuul.http.ZuulServlet 也可以看出完整执行顺序，ZuulServlet 类似 Spring-Mvc 的 DispatcherServlet，所有的 Request 都要经过 ZuulServlet 的处理（见代码清单 7-5）。

代码清单 7-5　ZuulServlet 源码

```
@Override
public void service(javax.servlet.ServletRequest servletRequest,
        javax.servlet.ServletResponse servletResponse) throws
        ServletException, IOException {
    try {
        init((HttpServletRequest) servletRequest,
            (HttpServletResponse) servletResponse);
```

```java
        RequestContext context = RequestContext.getCurrentContext();
        context.setZuulEngineRan();
        try {
            preRoute();
        } catch (ZuulException e) {
            error(e);
            postRoute();
            return;
        }
        try {
            route();
        } catch (ZuulException e) {
            error(e);
            postRoute();
            return;
        }
        try {
            postRoute();
        } catch (ZuulException e) {
            error(e);
            return;
        }
    } catch (Throwable e) {
        error(new ZuulException(e, 500, "UNHANDLED_EXCEPTION_" +
            e.getClass(). getName()));
    } finally {
        RequestContext.getCurrentContext().unset();
    }
}
```

7.4.3 使用过滤器

我们创建一个 pre 过滤器,来实现 IP 黑名单的过滤操作,如代码清单 7-6 所示。

代码清单 7-6　IP 黑名单过滤

```java
public class IpFilter extends ZuulFilter {

    // IP 黑名单列表
    private List<String> blackIpList = Arrays.asList( "127.0.0.1" );
    public IpFilter() {
        super();
    }

    @Override
    public boolean shouldFilter() {
        return true
    }

    @Override
    public String filterType() {
        return "pre";
    }

    @Override
```

```java
    public int filterOrder() {
        return 1;
    }

    @Override
    public Object run() {
        RequestContext ctx = RequestContext.getCurrentContext();
        String ip = IpUtils.getIpAddr(ctx.getRequest());
        // 在黑名单中禁用
        if (StringUtils.isNotBlank(ip) &&
                blackIpList.contains(ip)) {

            ctx.setSendZuulResponse(false);
            ResponseData data = ResponseData.fail(" 非法请求 ",
                    ResponseCode.NO_AUTH_CODE.getCode());
            ctx.setResponseBody(JsonUtils.toJson(data));
            ctx.getResponse().setContentType(
                    "application/json; charset=utf-8");
            return null;
        }
        return null;
    }
}
```

由代码可知，自定义过滤器需要继承 ZuulFilter，并且需要实现下面几个方法：

❏ shouldFilter：是否执行该过滤器，true 为执行，false 为不执行，这个也可以利用配置中心来实现，达到动态的开启和关闭过滤器。

❏ filterType：过滤器类型，可选值有 pre、route、post、error。

❏ filterOrder：过滤器的执行顺序，数值越小，优先级越高。

❏ run：执行自己的业务逻辑，本段代码中是通过判断请求的 IP 是否在黑名单中，决定是否进行拦截。blackIpList 字段是 IP 的黑名单，判断条件成立之后，通过设置 ctx.setSendZuulResponse(false)，告诉 Zuul 不需要将当前请求转发到后端的服务了。通过 setResponseBody 返回数据给客户端。

过滤器定义完成之后我们需要配置过滤器才能生效，相关代码如代码清单 7-7 所示。

代码清单 7-7　IP 过滤器配置

```java
@Configuration
public class FilterConfig {

    @Bean
    public IpFilter ipFilter() {
        return new IpFilter();
    }

}
```

7.4.4　过滤器禁用

有的场景下，我们需要禁用过滤器，此时可以采取下面的两种方式来实现：

- 利用 shouldFilter 方法中的 return false 让过滤器不再执行
- 通过配置方式来禁用过滤器，格式为"zuul.过滤器的类名.过滤器类型.disable=true"。

如果我们需要禁用 7.4.3 节中的 IpFilter，可以用下面的配置：

```
zuul.IpFilter.pre.disable=true
```

7.4.5 过滤器中传递数据

项目中往往会存在很多的过滤器，执行的顺序是根据 filterOrder 决定的，那么肯定有一些过滤器是在后面执行的，如果你有这样的需求：第一个过滤器需要告诉第二个过滤器一些信息，这个时候就涉及在过滤器中怎么去传递数据给后面的过滤器。

实现这种传值的方式笔者第一时间就想到了用 ThreadLocal，既然我们用了 Zuul，那么 Zuul 肯定有解决方案，比如可以通过 RequestContext 的 set 方法进行传递，RequestContext 的原理就是 ThreadLocal。

```
RequestContext ctx = RequestContext.getCurrentContext();
ctx.set("msg", " 你好吗 ");
```

后面的过滤就可以通过 RequestContext 的 get 方法来获取数据：

```
RequestContext ctx = RequestContext.getCurrentContext();
ctx.get("msg");
```

上面我们说到 RequestContext 的原理就是 ThreadLocal，这不是笔者自己随便说的，而是笔者看过源码得出来的结论，下面请看源码，如代码清单 7-8 所示。

代码清单 7-8　RequestContext 源码

```
protected static final ThreadLocal<? extends RequestContext>
        threadLocal = new ThreadLocal<RequestContext>() {
    @Override
    protected RequestContext initialValue() {
        try {
            return contextClass.newInstance();
        } catch (Throwable e) {
            throw new RuntimeException(e);
        }
    }
};
public static RequestContext getCurrentContext() {
    if (testContext != null) return testContext;

    RequestContext context = threadLocal.get();
    return context;
}
```

完整源码请参考：com.netflix.zuul.context.RequestContext。

7.4.6 过滤器拦截请求

在过滤器中对请求进行拦截是一个很常见的需求，7.4.3 节中讲解的 IP 黑名单限制就是这样的一个需求。如果请求在黑名单中，就不能让该请求继续往下执行，需要对其进行拦截并返回结果给客户端。

拦截和返回结果只需要 5 行代码即可实现，如代码清单 7-9 所示。

代码清单 7-9　拦截返回信息

```
RequestContext ctx = RequestContext.getCurrentContext();
ctx.setSendZuulResponse(false);
ctx.set("sendForwardFilter.ran", true);

ctx.setResponseBody(" 返回信息 ");
return null;
```

ctx.setSendZuulResponse（false）告诉 Zuul 不需要将当前请求转发到后端的服务。原理体现在 shouldFilter() 方法上，源码在 org.springframework.cloud.netflix.zuul.filters.route.RibbonRoutingFilter 中的 shouldFilter() 方法里，如代码清单 7-10 所示。

代码清单 7-10　禁止转发源码

```
@Override
public boolean shouldFilter() {
    RequestContext ctx = RequestContext.getCurrentContext();
    return (ctx.getRouteHost() == null && ctx.get(SERVICE_ID_KEY) != null
        && ctx.sendZuulResponse());
}
```

ctx.set("sendForwardFilter.ran", true); 是用来拦截本地转发请求的，当我们配置了 forward:/local 的路由，ctx.setSendZuulResponse（false）对 forward 是不起作用的，需要设置 ctx.set("sendForwardFilter.ran", true) 才行，对应实现的源码体现在 org.springframework.cloud.netflix.zuul.filters.route.SendForwardFilter 的 shouldFilter() 方法中，如代码清单 7-11 所示。

代码清单 7-11　禁止本地转发源码

```
protected static final String SEND_FORWARD_FILTER_RAN =
"sendForwardFilter.ran";
@Override
public boolean shouldFilter() {
    RequestContext ctx = RequestContext.getCurrentContext();
    return ctx.containsKey(FORWARD_TO_KEY)
        && !ctx.getBoolean(SEND_FORWARD_FILTER_RAN, false);
}
```

到这一步之后，当前的过滤器中确实将请求进行拦截了，并且可以给客户端返回信息。但是当你的项目中有多个过滤器的时候，假如你需要过滤的那个过滤器是第一个执行的，发现非法请求，然后进行拦截，以笔者之前使用 javax.servlet.Filter 的经验，进行拦截之后，在 chain.doFilter 之前进行返回就可以让过滤器不往下执行了。但是 Zuul 中的过滤器不一样,即使你刚刚通过 ctx.setSendZuulResponse(false)设置了不路由到服务,并且返回 null,那只是当前的过滤器执行完成了,后面还有很多过滤器在等着执行。

通过源码可以看出,Zuul 中 Filter 的执行逻辑如下:在 ZuulServlet 中的 service 方法中执行对应的 Filter,比如 preRoute()。preRoute 中会通过 ZuulRunner 来执行(见代码清单 7-12)。

代码清单 7-12 preRoute

```
void preRoute() throws ZuulException {
    zuulRunner.preRoute();
}
```

zuulRunner 中通过调用 FilterProcessor 来执行 Filter(见代码清单 7-13)。

代码清单 7-13 zuulRunner preRoute

```
public void preRoute() throws ZuulException {
    FilterProcessor.getInstance().preRoute();
}
```

FilterProcessor 通过过滤器类型获取所有过滤器,并循环执行(见代码清单 7-14)。

代码清单 7-14 runFilters

```
public Object runFilters(String sType) throws Throwable {
    if (RequestContext.getCurrentContext().debugRouting()) {
        Debug. addRoutingDebug("Invoking {" + sType + "} type filters");
    }
    boolean bResult = false;
    List<ZuulFilter> list =
            FilterLoader.getInstance().getFiltersByType(sType);
    if (list != null) {
        for (int i = 0; i < list.size(); i++) {
            ZuulFilter zuulFilter = list.get(i);
            Object result = processZuulFilter(zuulFilter);
            if (result != null && result instanceof Boolean) {
                bResult |= ( (Boolean) result);
            }
        }
    }
    return bResult;
}
```

通过上面的讲解,我们大致知道了为什么所有的过滤器都会执行,解决这个问题的办法就是通过 shouldFilter 来处理,即在拦截之后通过数据传递的方式告诉下一个过滤器是否要执行。

改造上面的拦截代码,增加一行数据传递的代码:

```
ctx.set("isSuccess", false);
```

在 RequestContext 中设置一个值来标识是否成功,当为 true 的时候,后续的过滤器才执行，若为 false 则不执行。利用这种方法，在后面的过滤器就需要用到这个值来决定自己此时是否需要执行，此时只需要在 shouldFilter 方法中加上代码清单 7-15 所示的代码即可。

代码清单 7-15　根据参数决定是否执行过滤器

```
public boolean shouldFilter() {
    RequestContext ctx = RequestContext.getCurrentContext();
    Object success = ctx.get("isSuccess");
    return success == null ? true :
            Boolean.parseBoolean(success.toString());
}
```

7.4.7　过滤器中异常处理

对于异常来说，无论在哪个地方都需要处理。过滤器中的异常主要发生在 run 方法中，可以用 try catch 来处理。Zuul 中也为我们提供了一个异常处理的过滤器，当过滤器在执行过程中发生异常，若没有被捕获到，就会进入 error 过滤器中。

我们可以定义一个 error 过滤器来记录异常信息，相关代码如代码清单 7-16 所示。

代码清单 7-16　异常过滤器

```
public class ErrorFilter extends ZuulFilter {

    private Logger log = LoggerFactory.getLogger(ErrorFilter.class);

    @Override
    public String filterType() {
        return "error";
    }

    @Override
    public int filterOrder() {
        return 100;
    }

    @Override
    public boolean shouldFilter() {
        return true;
    }

    @Override
    public Object run() {
        RequestContext ctx = RequestContext.getCurrentContext();
        Throwable throwable = ctx.getThrowable();
        log.error("Filter Erroe : {}", throwable.getCause().getMessage());
        return null;
    }

}
```

然后我们在其他过滤器中模拟一个异常信息，改造 7.4.3 节中所讲的代码清单 7-6 IpFilter，在 run 方法中增加下面的代码来模拟 java.lang.ArithmeticException: / by zero。

```
System.out.println(2/0);
```

访问我们的服务接口可以看到图 7-2 所示的内容，500 错误信息表示控制台也有异常日志输出。

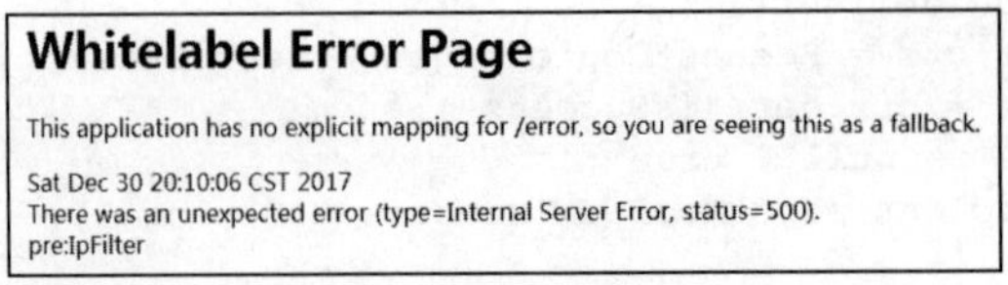

Whitelabel Error Page
This application has no explicit mapping for /error, so you are seeing this as a fallback.
Sat Dec 30 20:10:06 CST 2017
There was an unexpected error (type=Internal Server Error, status=500).
pre:IpFilter

图 7-2　500 错误页面

我们后端的接口服务都是 REST 风格的 API，返回的数据都有固定的 Json 格式，现在变成这样一个页面了，让客户端那边怎么处理？我们通过实现 ErrorController 来解决这个问题（见代码清单 7-17）。

代码清单 7-17　异常时返回统一的格式

```java
@RestController
public class ErrorHandlerController implements ErrorController {

    @Autowired
    private ErrorAttributes errorAttributes;

    @Override
    public String getErrorPath() {
        return "/error";
    }

    @RequestMapping("/error")
    public ResponseData error(HttpServletRequest request) {
        Map<String, Object> errorAttributes = getErrorAttributes(request);
        String message = (String)errorAttributes.get("message");
        String trace = (String) errorAttributes.get("trace");
        if(StringUtils.isNotBlank(trace)) {
            message += String.format(" and trace %s", trace);
        }
        return ResponseData.fail(message,
                    ResponseCode.SERVER_ERROR_CODE.getCode());
    }

    private Map<String, Object> getErrorAttributes(
                    HttpServletRequest request) {
                        return
    errorAttributes.getErrorAttributes(new
    ServletWebRequest(request), true);
    }

}
```

我们再次访问之前的接口，这次就不是一个错误页面了，而是我们固定好的 Json 格式的数据，如图 7-3 所示。

之前我们讲解过 Spring Boot 中统一进行异常处理的办法，也就是把页面的错误转换成了统一的 Json 格式数据返回给调用方，为什么这里还要用另一种办法来实现呢？

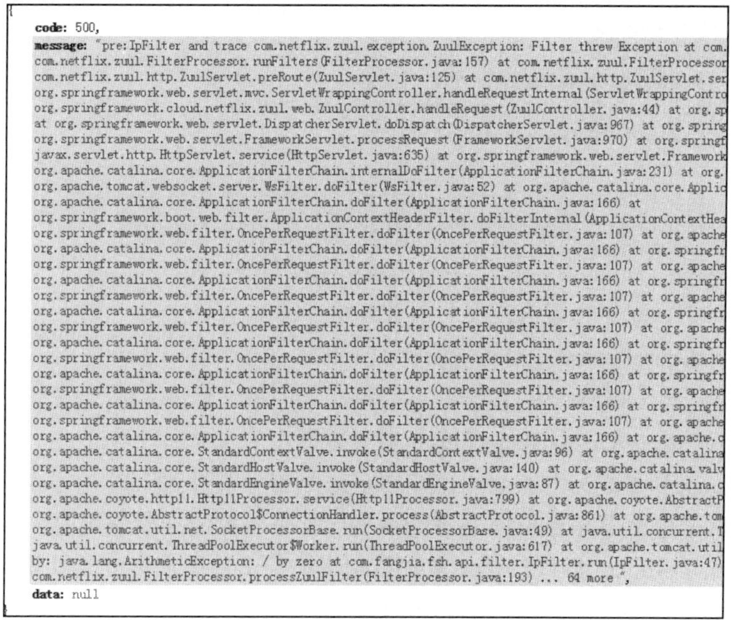

图 7-3　Json 格式 500 错误页面

因为 @ControllerAdvice 注解主要用来针对 Controller 中的方法做处理，作用于 @RequestMapping 标注的方法上，只对我们定义的接口异常有效，在 Zuul 中是无效的。

7.5　Zuul 容错和回退

Zuul 主要功能就是转发，在转发过程中我们无法保证被转发的服务是可用的，这个时候就需要容错机制及回退机制。

7.5.1　容错机制

容错，简单来说就是当某个服务不可用时，能够切换到其他可用的服务上去，也就是需要有重试机制。在 Zuul 中开启重试机制需要依赖 spring-retry。

首先在 pom.xml 中添加 spring-retry 的依赖，如代码清单 7-18 所示。

代码清单 7-18　spring-retry Maven 配置

```
<dependency>
    <groupId>org.springframework.retry</groupId>
    <artifactId>spring-retry</artifactId>
</dependency>
```

在属性文件中开启重试机制以及配置重试次数：

```
zuul.retryable=true
ribbon.connectTimeout=500
ribbon.readTimeout=5000
ribbon.maxAutoRetries=1
ribbon.maxAutoRetriesNextServer=3
ribbon.okToRetryOnAllOperations=true
ribbon.retryableStatusCodes=500,404,502
```

其中：

- zuul.retryable：开启重试。
- ribbon.connectTimeout：请求连接的超时时间（ms）。
- ribbon.readTimeout：请求处理的超时时间（ms）。
- ribbon.maxAutoRetries：对当前实例的重试次数。
- ribbon.maxAutoRetriesNextServer：切换实例的最大重试次数。
- ribbon.okToRetryOnAllOperations：对所有操作请求都进行重试。
- ribbon.retryableStatusCodes：对指定的 Http 响应码进行重试。

可以启动两个 hystrix-feign-demo 服务，默认 Ribbon 的转发规则是轮询，然后我们停掉一个 hystrix-feign-demo 服务。没加重试机制之前，当你请求接口的时候肯定有一次是会被转发到停掉的服务上去的，返回的是异常信息。当我们加入了重试机制后，你可以循环请求接口，这个时候不会返回异常信息，因为 Ribbon 会根据重试配置进行重试，当请求失败后会将请求重新转发到可用的服务上去。

7.5.2 回退机制

在 Spring Cloud 中，Zuul 默认整合了 Hystrix，当后端服务异常时可以为 Zuul 添加回退功能，返回默认的数据给客户端。

实现回退机制需要实现 ZuulFallbackProvider 接口，如代码清单 7-19 所示。

代码清单 7-19　回退机制

```
@Component
public class ServiceConsumerFallbackProvider implements
                                    ZuulFallbackProvider {
    private Logger log =
        LoggerFactory.getLogger(ServiceConsumerFallbackProvider.class);
    @Override
    public String getRoute() {
        return "*";
    }

    @Override
    public ClientHttpResponse fallbackResponse(String route, Throwable cause) {
        return new ClientHttpResponse() {
            @Override
            public HttpStatus getStatusCode() throws IOException {
```

```java
                return HttpStatus.OK;
            }

            @Override
            public int getRawStatusCode() throws IOException {
                return this.getStatusCode().value();
            }

            @Override
            public String getStatusText() throws IOException {
                return this.getStatusCode().getReasonPhrase();
            }

            @Override
            public void close() {
            }

            @Override
            public InputStream getBody() throws IOException {
                if (cause != null) {
                        log.error("", cause.getCause());
                }
                RequestContext ctx =
                            RequestContext.getCurrentContext();
                ResponseData data = ResponseData.fail(" 服务器内部错误 ",
                        ResponseCode.SERVER_ERROR_CODE.getCode());
                return new ByteArrayInputStream(
                            JsonUtils.toJson(data).getBytes());
            }

            @Override
            public HttpHeaders getHeaders() {
                    HttpHeaders headers = new HttpHeaders();
                    MediaType mt = new MediaType("application",
                            "json", Charset.forName("UTF-8"));
                    headers.setContentType(mt);
                    return headers;
            }
        };
    }
}
```

getRoute 方法中返回 * 表示对所有服务进行回退操作，如果只想对某个服务进行回退，那么就返回需要回退的服务名称，这个名称一定要是注册到 Eureka 中的名称。

通过 ClientHttpResponse 构造回退的内容；通过 getStatusCode 返回响应的状态码；通过 getStatusText 返回响应状态码对应的文本；通过 getBody 返回回退的内容；通过 getHeaders 返回响应的请求头信息。

通过 API 网关来访问 hystrix-feign-demo 服务，将 hystrix-feign-demo 服务停掉，然后再次访问，就可以看到回退的内容了。

```
{ code: 500, message: " 服务器内部错误 ", data: null }
```

7.6 Zuul 使用小经验

7.6.1 /routes 端点

当 @EnableZuulProxy 与 Spring Boot Actuator 配合使用时，Zuul 会暴露一个路由管理端点 /routes。借助这个端点，可以方便、直观地查看以及管理 Zuul 的路由。

将所有端点都暴露出来，增加下面的配置：

```
management.endpoints.web.exposure.include=*
```

访问 http://localhost:2103/actuator/routes 可以显示所有路由信息：

```
{
    "/cxytiandi/**": "http://cxytiandi.com",
    "/hystrix-api/**": "hystrix-feign-demo",
    "/api/**": "forward:/local",
    "/hystrix-feign-demo/**": "hystrix-feign-demo"
}
```

7.6.2 /filters 端点

/fliters 端点会返回 Zuul 中所有过滤器的信息。可以清楚地了解 Zuul 中目前有哪些过滤器，哪些过滤器被禁用了等详细信息。

访问 http://localhost:2103/actuator/filters 可以显示所有过滤器信息：

```
{
    "error": [
        {
            "class":"com.cxytiandi.zuul_demo.filter.ErrorFilter",
            "order": 100,
            "disabled": false,
            "static": true
        }
    ],
    "post": [
        {
            "class": "org.springframework.cloud.netflix.zuul.filters.post.SendResponseFilter",
            "order": 1000,
            "disabled": false,
            "static": true
        }
    ],
    "pre": [
        {
            "class": "com.cxytiandi.zuul_demo.filter.IpFilter",
            "order": 1,
            "disabled": false,
            "static": true
        }
```

```
        ],
        "route": [
            {
                "class": "org.springframework.cloud.netflix.zuul.filters.route.RibbonRoutingFilter",
                "order": 10,
                "disabled": false,
                "static": true
            }
        ]
    }
```

7.6.3 文件上传

创建一个新的 Maven 项目 zuul-file-demo，编写一个文件上传的接口，如代码清单 7-20 所示。

代码清单 7-20　文件上传接口

```
@RestController
public class FileController {

    @PostMapping("/file/upload")
     public String fileUpload(@RequestParam(value = "file") MultipartFile file) throws IOException {
        byte[] bytes = file.getBytes();
        File fileToSave = new File(file.getOriginalFilename());
        FileCopyUtils.copy(bytes, fileToSave);
        return fileToSave.getAbsolutePath();
    }

}
```

将服务注册到 Eureka 中，服务名称为 zuul-file-demo，通过 PostMan 来上传文件，如图 7-4 所示。

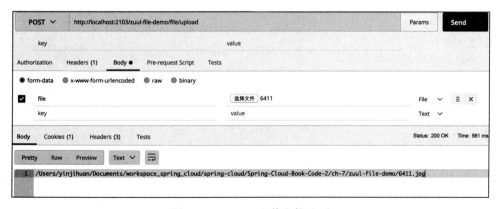

图 7-4　PostMan 上传文件（一）

可以看到接口正常返回了文件上传之后的路径，接下来我们换一个大一点的文件，文件大小为 1.7MB。

可以程序看到报错了（如图 7-5 所示）。通过 Zuul 上传文件，如果文件大小超过 1M 需要重新配置 Zuul 和上传的服务都要加上配置：

```
spring.servlet.multipart.max-file-size=1000Mb
spring.servlet.multipart.max-request-size=1000Mb
```

配置加完后重新上传就可以成功了，如图 7-6 所示。

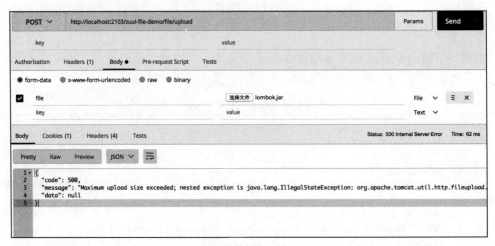

图 7-5　PostMan 上传文件（二）

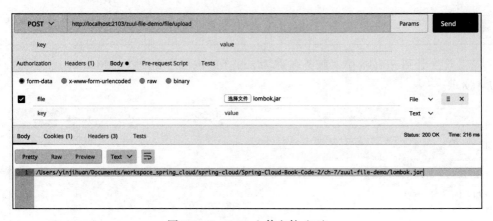

图 7-6　PostMan 上传文件（三）

第二种解决办法是在网关的请求地址前面加上 /zuul，就可以绕过 Spring Dispatcher-Servlet 上传大文件。

```
# 正常的地址
http://localhost:2103/zuul-file-demo/file/upload
```

```
#绕过的地址
http://localhost:2103/zuul/zuul-file-demo/file/upload
```

通过加上 /zuul 前缀可以让 Zuul 服务不用配置文件上传大小，但是接收文件的服务还是需要配置文件上传大小，否则文件还是会上传失败。

上传大文件的时间会比较长，这个时候就需要设置合理的超时时间来避免超时。

```
ribbon.ConnectTimeout=3000
ribbon.ReadTimeout=60000
```

在 Hystrix 隔离模式为线程下 zuul.ribbon-isolation-strategy=thread，需要设置 Hystrix 超时时间。

```
hystrix.command.default.execution.isolation.thread.timeoutInMilliseconds=60000
```

7.6.4 请求响应信息输出

系统在生产环境出现问题时，排查问题最好的方式就是查看日志了，日志的记录尽量详细，这样你才能快速定位问题。

下面带大家学习如何在 Zuul 中输出请求响应的信息来辅助我们解决一些问题。

熟悉 Zuul 的朋友都知道，Zuul 中有 4 种类型过滤器，每种都有特定的使用场景，要想记录响应数据，那么必须是在请求路由到了具体的服务之后，返回了才有数据，这种需求就适合用 post 过滤器来实现了。如代码清单 7-21 所示。

代码清单 7-21　Zuul 获取请求信息

```
        HttpServletRequest req = (HttpServletRequest)RequestContext.getCurrentContext().
getRequest();
            System.err.println("REQUEST:: " + req.getScheme() + " " + req.
getRemoteAddr() + ":" + req.getRemotePort());
            StringBuilder params = new StringBuilder("?");
            // 获取 URL 参数
            Enumeration<String> names = req.getParameterNames();
            if( req.getMethod().equals("GET") ) {
                while (names.hasMoreElements()) {
                    String name = (String) names.nextElement();
                    params.append(name);
                    params.append("=");
                    params.append(req.getParameter(name));
                    params.append("&");
                }
            }
            if (params.length() > 0) {
                params.delete(params.length()-1, params.length());
            }
            System.err.println("REQUEST:: > " + req.getMethod() + " " + req.
getRequestURI() + params + " " + req.getProtocol());
            Enumeration<String> headers = req.getHeaderNames();
```

```java
            while (headers.hasMoreElements()) {
                String name = (String) headers.nextElement();
                String value = req.getHeader(name);
                System.err.println("REQUEST:: > " + name + ":" + value);
            }
            final RequestContext ctx = RequestContext.getCurrentContext();
            // 获取请求体参数
            if (!ctx.isChunkedRequestBody()) {
                ServletInputStream inp = null;
                try {
                    inp = ctx.getRequest().getInputStream();
                    String body = null;
                    if (inp != null) {
                        body = IOUtils.toString(inp);
                        System.err.println("REQUEST:: > " + body);
                    }
                } catch (IOException e) {
                    e.printStackTrace();
                }
            }
```

输出效果如下:

```
REQUEST:: http 192.168.31.245:57792
REQUEST:: > GET /hystrix-api/callHello HTTP/1.1
REQUEST:: > host:192.168.31.245:2103
REQUEST:: > connection:keep-alive
REQUEST:: > upgrade-insecure-requests:1
REQUEST:: > user-agent:Mozilla/5.0 (Macintosh; Intel Mac OS X 10_10_5) AppleWebKit/537.36 (KHTML, like Gecko)
REQUEST:: > accept:text/html,application/xhtml+xml,application/xml;q=0.9,image/webp,image/apng,*/*;q=0.8
REQUEST:: > accept-encoding:gzip, deflate
REQUEST:: > accept-language:zh-CN,zh;q=0.9
REQUEST:: >
```

获取响应内容的第一种方式，如代码清单 7-22 所示。

代码清单 7-22　获取响应内容（一）

```java
    try {
        Object zuulResponse = RequestContext.getCurrentContext().
get("zuulResponse");
        if (zuulResponse != null) {
          RibbonHttpResponse resp = (RibbonHttpResponse) zuulResponse;
          String body = IOUtils.toString(resp.getBody());
          System.err.println("RESPONSE:: > " + body);
          resp.close();
          RequestContext.getCurrentContext().setResponseBody(body);
        }
    } catch (IOException e) {
      e.printStackTrace();
    }
```

获取响应内容的第二种方式，如代码清单 7-23 所示。

代码清单 7-23　获取响应内容（二）

```
InputStream stream = RequestContext.getCurrentContext().getResponseDataStream();
    try {
        if (stream != null) {
            String body = IOUtils.toString(stream);
            System.err.println("RESPONSE:: > " + body);
            RequestContext.getCurrentContext().setResponseBody(body);
        }
    } catch (IOException e) {
        e.printStackTrace();
    }
```

为什么上面两种方式可以取到响应内容？

在 RibbonRoutingFilter 或者 SimpleHostRoutingFilter 中可以看到下面一段代码，如代码清单 7-24 所示。

代码清单 7-24　响应内容获取源码

```
public Object run() {
    RequestContext context = RequestContext.getCurrentContext();
    this.helper.addIgnoredHeaders();
    try {
        RibbonCommandContext commandContext = buildCommandContext(context);
        ClientHttpResponse response = forward(commandContext);
        setResponse(response);
        return response;
    }
    catch (ZuulException ex) {
        throw new ZuulRuntimeException(ex);
    }
    catch (Exception ex) {
        throw new ZuulRuntimeException(ex);
    }
}
```

forward() 方法对服务调用，拿到响应结果，通过 setResponse() 方法进行响应的设置，如代码清单 7-25 所示。

代码清单 7-25　setResponse(一)

```
protected void setResponse(ClientHttpResponse resp)
        throws ClientException, IOException {
    RequestContext.getCurrentContext().set("zuulResponse", resp);
    this.helper.setResponse(resp.getStatusCode().value(),
        resp.getBody() == null ? null : resp.getBody(), resp.getHeaders());
}
```

上面第一行代码就可以解释我们的第一种获取的方法，这里直接把响应内容加到了 RequestContext 中。

第二种方式的解释就在 helper.setResponse 的逻辑里面了，如代码清单 7-26 所示。

代码清单 7-26　setResponse（二）

```
public void setResponse(int status, InputStream entity,
            MultiValueMap<String, String> headers) throws IOException {
    RequestContext context = RequestContext.getCurrentContext();
    context.setResponseStatusCode(status);
    if (entity != null) {
        context.setResponseDataStream(entity);
    }
    // .....
}
```

7.6.5　Zuul 自带的 Debug 功能

Zuul 中自带了一个 DebugFilter，一开始笔者也没明白这个 DebugFilter 有什么用，看名称很容易理解，它是用来调试的，可是你看它的源码几乎没什么逻辑，就 set 了两个值而已，如代码清单 7-27 所示。

代码清单 7-27　DebugFilter run 方法

```
@Override
public Object run() {
    RequestContext ctx = RequestContext.getCurrentContext();
    ctx.setDebugRouting(true);
    ctx.setDebugRequest(true);
    return null;
}
```

要想让这个过滤器执行就得研究一下它的 shouldFilter() 方法，如代码清单 7-28 所示。

代码清单 7-28　DebugFilter shouldFilter 方法

```
@Override
    public boolean shouldFilter() {
        HttpServletRequest request = RequestContext.getCurrentContext().
getRequest();
        if ("true".equals(request.getParameter(DEBUG_PARAMETER.get()))) {
            return true;
        }
        return ROUTING_DEBUG.get();
    }
```

只要满足两个条件中的任何一个就可以开启这个过滤器，第一个条件是请求参数中带了某个参数 =true 就可以开启，这个参数名是通过下面的代码获取的，如代码清单 7-29 所示。

代码清单 7-29　DebugFilter 启用参数（一）

```
private static final DynamicStringProperty DEBUG_PARAMETER = DynamicPropertyFactory
        .getInstance().getStringProperty(ZuulConstants.ZUUL_DEBUG_PARAMETER,
"debug");
```

DynamicStringProperty 是 Netflix 的配置管理框架 Archaius 提供的 API，可以从配置中心获取配置，由于 Netflix 没有开源 Archaius 的服务端，所以这边用的就是默认值 debug，如果大家想动态去获取这个值的话可以用携程开源的 Apollo 来对接 Archaius，这个会在后面的章节里给大家讲解。

可以在请求地址后面追加 debug=true 来开启这个过滤器，参数名称 debug 也可以在配置文件中进行覆盖，用 zuul.debug.parameter 指定，否则就是从 Archaius 中获取，没有对接 Archaius 那就是默认值 debug。

第二个条件的代码，如代码清单 7-30 所示。

代码清单 7-30　DebugFilter 启用参数（二）

```
private static final DynamicBooleanProperty ROUTING_DEBUG =
DynamicPropertyFactory
        .getInstance().getBooleanProperty(ZuulConstants.ZUUL_DEBUG_REQUEST, false);
```

它是通过配置 zuul.debug.request 来决定的，可以在配置文件中配置 zuul.debug.request=true 开启 DebugFilter 过滤器。

DebugFilter 过滤器开启后，并没什么效果，在 run 方法中只是设置了 DebugRouting 和 DebugRequest 两个值为 true，于是继续看源码，发现在很多地方都有这样一段代码，比如 com.netflix.zuul.FilterProcessor.runFilters(String) 中，如代码清单 7-31 所示。

代码清单 7-31　Debug 信息添加

```
if (RequestContext.getCurrentContext().debugRouting()) {
    Debug.addRoutingDebug("Invoking {" + sType + "} type filters");
}
```

当 debugRouting 为 true 的时候就会添加一些 Debug 信息到 RequestContext 中。现在明白了 DebugFilter 中为什么要设置 DebugRouting 和 DebugRequest 两个值为 true。

到了这步后还是有些疑惑，一般我们调试信息的话肯定是用日志输出来的，日志级别就是 Debug，但这个 Debug 信息只是累加起来存储到 RequestContext 中，没有对使用者展示。

继续看代码吧，功夫不负有心人，在 org.springframework.cloud.netflix.zuul.filters.post.SendResponseFilter.addResponseHeaders() 这段代码中我们看到了希望。如代码清单 7-32 所示。

代码清单 7-32　Debug 信息设置响应

```
private void addResponseHeaders() {
    RequestContext context = RequestContext.getCurrentContext();
    HttpServletResponse servletResponse = context.getResponse();
    if (this.zuulProperties.isIncludeDebugHeader()) {
        @SuppressWarnings("unchecked")
        List<String> rd = (List<String>) context.get(ROUTING_DEBUG_KEY);
        if (rd != null) {
```

```
            StringBuilder debugHeader = new StringBuilder();
            for (String it : rd) {
                debugHeader.append("[[[" + it + "]]]");
            }
            servletResponse.addHeader(X_ZUUL_DEBUG_HEADER, debugHeader.
toString());
        }
    }
}
```

核心代码在于 this.zuulProperties.isIncludeDebugHeader()，只有满足这个条件才会把 RequestContext 中的调试信息作为响应头输出，在配置文件中增加下面的配置即可：

zuul.include-debug-header=true

最后在请求的响应头中可以看到调试内容，如图 7-7 所示。

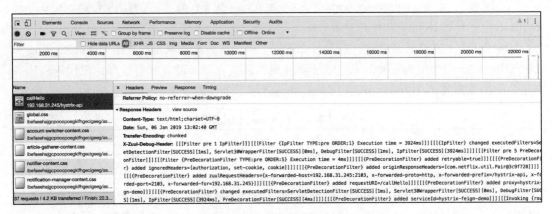

图 7-7　Zuul 调试响应内容

7.7　Zuul 高可用

跟业务相关的服务我们都是注册到 Eureka 中，通过 Ribbon 来进行负载均衡，服务可以通过水平扩展来实现高可用。现实使用中，API 网关这层往往是给 APP、Webapp、客户来调用接口的，如果我们将 Zuul 也注册到 Eureka 中是达不到高可用的，因为你不可能让你的客户也去操作你的注册中心。这时最好的办法就是用额外的负载均衡器来实现 Zuul 的高可用，比如我们最常用的 Nginx，或者 HAProxy、F5 等。

这种方式也是单体项目最常用的负载方式，当用户请求一个地址的时候，通过 Nginx 去做转发，当一个服务挂掉的时候，Nginx 会把它排除掉。

如果想要 API 网关也能随时水平扩展，那么我们可以用脚本来动态修改 Nginx 的配置，通过脚本操作 Eureka，发现有新加入的网关服务或者下线的网关服务，直接修改 Nginx 的

upstream，然后通过重载（reload）配置来达到网关的动态扩容。

如果不用脚本结合注册中心去做的话，就只能提前规划好 N 个节点，然后手动配置上去。

7.8 本章小结

本章我们学习了 Zuul 的基本使用方法，以及与 Zuul 的路由、过滤器、回退机制、重试机制等相关的知识，后面我们还会基于 Zuul 扩展出一些 API 网关中必不可少的功能，比如灰度发布、动态限流等。

第三部分 Part 3

实 战 篇

- 第8章 API 网关之 Spring Cloud Gateway
- 第9章 自研分布式配置管理
- 第10章 分布式配置中心 Apollo
- 第11章 Sleuth 服务跟踪
- 第12章 微服务之间调用的安全认证
- 第13章 Spring Boot Admin
- 第14章 服务的API文档管理

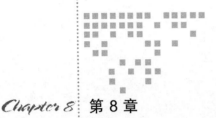

Chapter 8 第 8 章

API 网关之 Spring Cloud Gateway

8.1 Spring Cloud Gateway 介绍

Spring Cloud Gateway 是 Spring 官方基于 Spring 5.0、Spring Boot 2.0 和 Project Reactor 等技术开发的网关，Spring Cloud Gateway 旨在为微服务架构提供一种简单有效的、统一的 API 路由管理方式。Spring Cloud Gateway 作为 Spring Cloud 生态系中的网关，其目标是替代 Netflix Zuul，它不仅提供统一的路由方式，并且基于 Filter 链的方式提供了网关基本的功能，例如：安全、监控 / 埋点和限流等。

Spring Cloud Gateway 依赖 Spring Boot 和 Spring WebFlux，基于 Netty 运行。它不能在传统的 servlet 容器中工作，也不能构建成 war 包。

在 Spring Cloud Gateway 中有如下几个核心概念需要我们了解：

❑ Route

Route 是网关的基础元素，由 ID、目标 URI、断言、过滤器组成。当请求到达网关时，由 Gateway Handler Mapping 通过断言进行路由匹配（Mapping），当断言为真时，匹配到路由。

❑ Predicate

Predicate 是 Java 8 中提供的一个函数。输入类型是 Spring Framework ServerWebExchange。它允许开发人员匹配来自 HTTP 的请求，例如请求头或者请求参数。简单来说它就是匹配条件。

❑ Filter

Filter 是 Gateway 中的过滤器，可以在请求发出前后进行一些业务上的处理。

8.2 Spring Cloud Gateway 工作原理

Spring Cloud Gateway 的工作原理跟 Zuul 的差不多，最大的区别就是 Gateway 的 Filter 只有 pre 和 post 两种。下面我们简单了解一下 Gateway 的工作原理图，如图 8-1 所示。

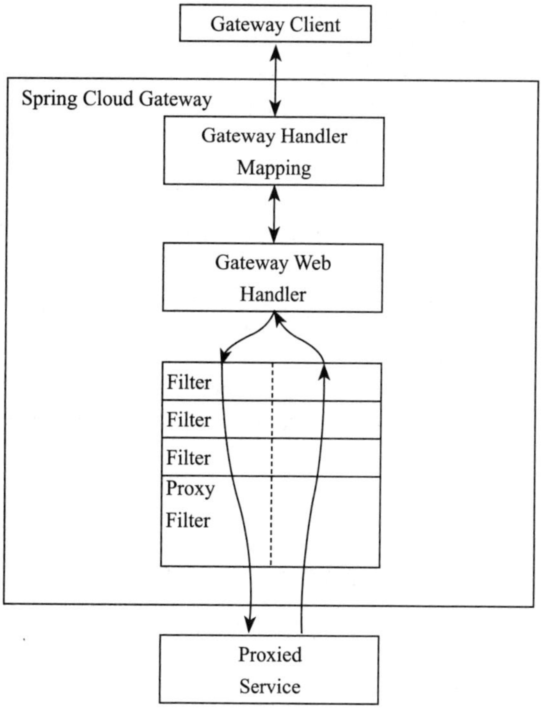

客户端向 Spring Cloud Gateway 发出请求，如果请求与网关程序定义的路由匹配，则该请求就会被发送到网关 Web 处理程序，此时处理程序运行特定的请求过滤器链。

过滤器之间用虚线分开的原因是过滤器可能会在发送代理请求的前后执行逻辑。所有 pre 过滤器逻辑先执行，然后执行代理请求；代理请求完成后，执行 post 过滤器逻辑。

图 8-1 Spring Cloud Gateway 工作原理

8.3 Spring Cloud Gateway 快速上手

8.3.1 创建 Gateway 项目

创建一个 Spring Boot 的 Maven 项目，增加 Spring Cloud Gateway 的依赖，如代码清单 8-1 所示。

代码清单 8-1 Spring Cloud Gateway Maven 依赖

```
<parent>
        <groupId>org.springframework.boot</groupId>
        <artifactId>spring-boot-starter-parent</artifactId>
        <version>2.0.6.RELEASE</version>
        <relativePath />
</parent>
<dependencyManagement>
    <dependencies>
        <dependency>
            <groupId>org.springframework.cloud</groupId>
            <artifactId>spring-cloud-dependencies</artifactId>
            <version>Finchley.SR2</version>
            <type>pom</type>
            <scope>import</scope>
```

```xml
        </dependency>
      </dependencies>
</dependencyManagement>
<dependencies>
    <dependency>
      <groupId>org.springframework.cloud</groupId>
      <artifactId>spring-cloud-starter-gateway</artifactId>
    </dependency>
</dependencies>
```

启动类就按 Spring Boot 的方式即可，无须添加额外的注解。如代码清单 8-2 所示。

代码清单 8-2　Spring Cloud Gateway 启动类

```
@SpringBootApplication
public class App {
    public static void main(String[] args) {
        SpringApplication.run(App.class, args);
    }
}
```

8.3.2　路由转发示例

下面来实现一个最简单的转发功能——基于 Path 的匹配转发功能。

Gateway 的路由配置对 yml 文件支持比较好，我们在 resources 下建一个 application.yml 的文件，内容如下：

```yaml
server:
    port: 2001
spring:
    cloud:
        gateway:
            routes:
            - id: path_route
              uri: http://cxytiandi.com
              predicates:
              - Path=/course
```

当你访问 http://localhost:2001/course 的时候就会转发到 http://cxytiandi.com/course。

如果我们要支持多级 Path，配置方式跟 Zuul 中一样，在后面加上两个 * 号即可，比如：

```yaml
- id: path_route2
  uri: http://cxytiandi.com
  predicates:
  - Path=/blog/**
```

这样一来，上面的配置就可以支持多级 Path，比如访问 http://localhost:2001/blog/user/1 的时候就会转发到 http://cxytiandi.com/blog/user/1。

8.3.3 整合 Eureka 路由

添加 Eureka Client 的依赖，如代码清单 8-3 所示。

代码清单 8-3　Eureka Maven 依赖

```
<dependency>
    <groupId>org.springframework.cloud</groupId>
    <artifactId>spring-cloud-starter-netflix-eureka-client</artifactId>
</dependency>
```

配置基于 Eureka 的路由：

```
- id: user-service
   uri: lb://user-service
   predicates:
- Path=/user-service/**
```

uri 以 lb:// 开头（lb 代表从注册中心获取服务），后面接的就是你需要转发到的服务名称，这个服务名称必须跟 Eureka 中的对应，否则会找不到服务，错误代码如下：

```
org.springframework.cloud.gateway.support.NotFoundException: Unable to find instance for user-service1
```

8.3.4 整合 Eureka 的默认路由

Zuul 默认会为所有服务都进行转发操作，我们只需要在访问路径上指定要访问的服务即可，通过这种方式就不用为每个服务都去配置转发规则，当新加了服务的时候，不用去配置路由规则和重启网关。

在 Spring Cloud Gateway 中当然也有这样的功能，通过配置即可开启，配置如下：

```
spring:
  cloud:
    gateway:
      discovery:
        locator:
          enabled: true
```

开启之后我们就可以通过地址去访问服务了，格式如下：

```
http:// 网关地址 / 服务名称（大写）/**
http://localhost:2001/USER-SERVICE/user/get?id=1
```

这个大写的名称还是有很大的影响，如果我们从 Zuul 升级到 Spring Cloud Gateway 的话意味着请求地址有改变，或者重新配置每个服务的路由地址，通过源码笔者发现可以做到兼容处理，再增加一个配置即可：

```
spring:
  cloud:
    gateway:
```

```
        discovery:
            locator:
                lowerCaseServiceId: true
```

配置完成之后我们就可以通过小写的服务名称进行访问了，如下所示：

```
http:// 网关地址 / 服务名称（小写）/**
http://localhost:2001/user-service/user/get?id=1
```

> **注意** 开启小写服务名称后大写的服务名称就不能使用，两者只能选其一。

配置源码在 org.springframework.cloud.gateway.discovery.DiscoveryLocatorProperties 类中，如代码清单 8-4 所示。

代码清单 8-4　服务名称小写配置源码

```java
@ConfigurationProperties("spring.cloud.gateway.discovery.locator")
public class DiscoveryLocatorProperties {
    /**
     * 服务名称小写配置，默认为 false
     *
     */
    private boolean lowerCaseServiceId = false;

}
```

8.4　Spring Cloud Gateway 路由断言工厂

8.4.1　路由断言工厂使用

Spring Cloud Gateway 内置了许多路由断言工厂，可以通过配置的方式直接使用，也可以组合使用多个路由断言工厂。接下来为大家介绍几个常用的路由断言工厂类。

1. Path 路由断言工厂

Path 路由断言工厂接收一个参数，根据 Path 定义好的规则来判断访问的 URI 是否匹配。

```
spring:
    cloud:
        gateway:
            routes:
                - id: host_route
                  uri: http://cxytiandi.com
                  predicates:
                  - Path=/blog/detail/{segment}
```

如果请求路径为 /blog/detail/xxx，则此路由将匹配。也可以使用正则，例如 /blog/

detail/** 来匹配 /blog/detail/ 开头的多级 URI。

我们访问本地的网关：http://localhost:2001/blog/detail/36185，可以看到显示的是 http://cxytiandi.com/blog/detail/36185 对应的内容。

2. Query 路由断言工厂

Query 路由断言工厂接收两个参数，一个必需的参数和一个可选的正则表达式。

```
spring:
    cloud:
        gateway:
            routes:
            - id: query_route
                uri: http://cxytiandi.com
                predicates:
                - Query=foo, ba.
```

如果请求包含一个值与 ba 匹配的 foo 查询参数，则此路由将匹配。bar 和 baz 也会匹配，因为第二个参数是正则表达式。

测试链接：http://localhost:2001/?foo=baz。

3. Method 路由断言工厂

Method 路由断言工厂接收一个参数，即要匹配的 HTTP 方法。

```
spring:
    cloud:
        gateway:
            routes:
            - id: method_route
                uri: http://baidu.com
                predicates:
                - Method=GET
```

4. Header 路由断言工厂

Header 路由断言工厂接收两个参数，分别是请求头名称和正则表达式。

```
spring:
    cloud:
        gateway:
            routes:
            - id: header_route
                uri: http://example.org
                predicates:
                - Header=X-Request-Id, \d+
```

如果请求中带有请求头名为 x-request-id，其值与 \d+ 正则表达式匹配（值为一个或多个数字），则此路由匹配。

更多路由断言工厂的用法请参考官方文档进行学习。

8.4.2 自定义路由断言工厂

自定义路由断言工厂需要继承 AbstractRoutePredicateFactory 类，重写 apply 方法的逻辑。

在 apply 方法中可以通过 exchange.getRequest() 拿到 ServerHttpRequest 对象，从而可以获取到请求的参数、请求方式、请求头等信息。

apply 方法的参数是自定义的配置类，在使用的时候配置参数，在 apply 方法中直接获取使用。

命名需要以 RoutePredicateFactory 结尾，比如 CheckAuthRoutePredicateFactory，那么在使用的时候 CheckAuth 就是这个路由断言工厂的名称。如代码清单 8-5 所示。

代码清单 8-5　自定义路由断言工厂

```
@Component
public class CheckAuthRoutePredicateFactory extends AbstractRoutePredicateFactory<CheckAuthRoutePredicateFactory.Config> {
    public CheckAuthRoutePredicateFactory() {
        super(Config.class);
    }
    @Override
    public Predicate<ServerWebExchange> apply(Config config) {
        return exchange -> {
            System.err.println("进入了 CheckAuthRoutePredicateFactory\t" + config.getName());
            if (config.getName().equals("yinjihuan")) {
                return true;
            }
            return false;
        };
    }
    public static class Config {

        private String name;

        public void setName(String name) {
            this.name = name;
        }

        public String getName() {
            return name;
        }

    }
}
```

使用示例如下所示：

```
spring:
  cloud:
    gateway:
      routes:
```

```
        - id: customer_route
          uri: http://cxytiandi.com
          predicates:
          - name: CheckAuth
            args:
                name: yinjihuan
```

8.5 Spring Cloud Gateway 过滤器工厂

8.5.1 Spring Cloud Gateway 过滤器工厂使用

GatewayFilter Factory 是 Spring Cloud Gateway 中提供的过滤器工厂。Spring Cloud Gateway 的路由过滤器允许以某种方式修改传入的 HTTP 请求或输出的 HTTP 响应，只作用于特定的路由。Spring Cloud Gateway 中内置了很多过滤器工厂，直接采用配置的方式使用即可，同时也支持自定义 GatewayFilter Factory 来实现更复杂的业务需求。

接下来为大家介绍几个常用的过滤器工厂类。

1. AddRequestHeader 过滤器工厂

通过名称我们可以快速明白这个过滤器工厂的作用是添加请求头。

```
spring:
  cloud:
    gateway:
      routes:
      - id: add_request_header_route
        uri: http://cxytiandi.com
        filters:
        - AddRequestHeader=X-Request-Foo, Bar
```

符合规则匹配成功的请求，将添加 X-Request-Foo:bar 请求头，将其传递到后端服务中，后方服务可以直接获取请求头信息。如代码清单 8-6 所示。

代码清单 8-6　后端服务获取请求头

```
@GetMapping("/hello")
public String hello(HttpServletRequest request) throws Exception {
    System.err.println(request.getHeader("X-Request-Foo"));
    return "success";
}
```

2. RemoveRequestHeader 过滤器工厂

RemoveRequestHeader 是移除请求头的过滤器工厂，可以在请求转发到后端服务之前进行 Header 的移除操作。

```
spring:
  cloud:
    gateway:
```

```yaml
    routes:
    - id: removerequestheader_route
      uri: http://cxytiandi.com
      filters:
      - RemoveRequestHeader=X-Request-Foo
```

3. SetStatus 过滤器工厂

SetStatus 过滤器工厂接收单个状态，用于设置 Http 请求的响应码。它必须是有效的 Spring Httpstatus(org.springframework.http.HttpStatus)。它可以是整数值 404 或枚举类型 NOT_FOUND。

```yaml
spring:
  cloud:
    gateway:
      routes:
      - id: setstatusint_route
        uri: http://cxytiandi.com
        filters:
        - SetStatus=401
```

4. RedirectTo 过滤器工厂

RedirectTo 过滤器工厂用于重定向操作，比如我们需要重定向到百度。

```yaml
spring:
  cloud:
    gateway:
      routes:
      - id: prefixpath_route
        uri: http://cxytiandi.com
        filters:
        - RedirectTo=302, http://baidu.com
```

以上为大家介绍了几个过滤器工厂的使用，后续的章节还会为大家介绍 Retry 重试、RequestRateLimiter 限流、Hystrix 熔断过滤器工厂等内容，其他的大家可以自行参考官方文档进行学习。

8.5.2 自定义 Spring Cloud Gateway 过滤器工厂

自定义 Spring Cloud Gateway 过滤器工厂需要继承 AbstractGatewayFilterFactory 类，重写 apply 方法的逻辑。

命名需要以 GatewayFilterFactory 结尾，比如 CheckAuthGatewayFilterFactory，那么在使用的时候 CheckAuth 就是这个过滤器工厂的名称。

自定义过滤器工厂如代码清单 8-7 所示。

代码清单 8-7　自定义过滤器工厂（一）

```
@Component
public class CheckAuth2GatewayFilterFactory extends AbstractGatewayFilterFactory
```

```
<CheckAuth2GatewayFilterFactory.Config>{
    public CheckAuth2GatewayFilterFactory() {
        super(Config.class);
    }

    @Override
    public GatewayFilter apply(Config config) {
        return (exchange, chain) -> {
            System.err.println("进入了CheckAuth2GatewayFilterFactory" + config.getName());
            ServerHttpRequest request = exchange.getRequest().mutate()
                    .build();
            return chain.filter(exchange.mutate().request(request).build());
        };
    }

    public static class Config {

        private String name;

        public void setName(String name) {
            this.name = name;
        }

        public String getName() {
            return name;
        }
    }
}
```

使用：

```
filters:
    - name: CheckAuth2
      args:
          name: 尹吉欢
```

如果你的配置是 Key、Value 这种形式的，那么可以不用自己定义配置类，直接继承 AbstractNameValueGatewayFilterFactory 类即可。

AbstractNameValueGatewayFilterFactory 类继承了 AbstractGatewayFilterFactory，定义了一个 NameValueConfig 配置类，NameValueConfig 中有 name 和 value 两个字段。

我们可以直接使用，AddRequestHeaderGatewayFilterFactory、AddRequestParameterGatewayFilterFactory 等都是直接继承的 AbstractNameValueGatewayFilterFactory。

继承 AbstractNameValueGatewayFilterFactory 方式定义过滤器工厂，如代码清单 8-8 所示。

代码清单 8-8　自定义过滤器工厂（二）

```
@Component
public class CheckAuthGatewayFilterFactory extends AbstractNameValueGatewayFilter-
```

```
Factory {

    @Override
    public GatewayFilter apply(NameValueConfig config) {
        return (exchange, chain) -> {
            System.err.println("进入了CheckAuthGatewayFilterFactory" + config.
getName() + "\t" + config.getValue());
            ServerHttpRequest request = exchange.getRequest().mutate()
                    .build();

            return chain.filter(exchange.mutate().request(request).build());
        };
    }
}
```

使用:

```
filters:
    - CheckAuth=yinjihuan,男
```

8.6 全局过滤器

全局过滤器作用于所有的路由，不需要单独配置，我们可以用它来实现很多统一化处理的业务需求，比如权限认证、IP 访问限制等。

接口定义类 org.springframework.cloud.gateway.filter.GlobalFilter，如代码清单 8-9 所示。

代码清单 8-9　全局过滤器源码

```
public interface GlobalFilter {
    Mono<Void> filter(ServerWebExchange exchange, GatewayFilterChain chain);
}
```

Spring Cloud Gateway 自带的 GlobalFilter 实现类有很多，如图 8-2 所示。

```
▼ ① GlobalFilter - org.springframework.cloud.gateway.filter
    ⓒ AdaptCachedBodyGlobalFilter - org.springframework.cloud.gateway.filter
    ⓒ ForwardPathFilter - org.springframework.cloud.gateway.filter
    ⓒ ForwardRoutingFilter - org.springframework.cloud.gateway.filter
    ⓒ LoadBalancerClientFilter - org.springframework.cloud.gateway.filter
    ⓒ NettyRoutingFilter - org.springframework.cloud.gateway.filter
    ⓒ NettyWriteResponseFilter - org.springframework.cloud.gateway.filter
    ⓒ RouteToRequestUrlFilter - org.springframework.cloud.gateway.filter
    ⓒ WebClientHttpRoutingFilter - org.springframework.cloud.gateway.filter
    ⓒ WebClientWriteResponseFilter - org.springframework.cloud.gateway.filter
    ⓒ WebsocketRoutingFilter - org.springframework.cloud.gateway.filter
```

图 8-2　框架自带全局过滤器

有转发、路由、负载等相关的 GlobalFilter，感兴趣的朋友可以去看下源码自行了解。
我们如何通过定义 GlobalFilter 来实现我们的业务逻辑？

这里给出一个官方文档上的案例，如代码清单 8-10 所示。

代码清单 8-10　全局过滤器使用

```
@Configuration
public class ExampleConfiguration {
    private Logger log = LoggerFactory.getLogger(ExampleConfiguration.class);
    @Bean
    @Order(-1)
    public GlobalFilter a() {
        return (exchange, chain) -> {
            log.info("first pre filter");
            return chain.filter(exchange).then(Mono.fromRunnable(() -> {
                log.info("third post filter");
            }));
        };
    }

    @Bean
    @Order(0)
    public GlobalFilter b() {
        return (exchange, chain) -> {
            log.info("second pre filter");
            return chain.filter(exchange).then(Mono.fromRunnable(() -> {
                log.info("second post filter");
            }));
        };
    }

    @Bean
    @Order(1)
    public GlobalFilter c() {
        return (exchange, chain) -> {
            log.info("third pre filter");
            return chain.filter(exchange).then(Mono.fromRunnable(() -> {
                log.info("first post filter");
            }));
        };
    }
}
```

上面定义了 3 个 GlobalFilter，通过 @Order 来指定执行的顺序，数字越小，优先级越高。下面就是输出的日志，从日志就可以看出执行的顺序：

```
    2018-10-14 12:08:52.406   INFO 55062 --- [ioEventLoop-4-1] c.c.gateway.config.
ExampleConfiguration   : first pre filter
    2018-10-14 12:08:52.406   INFO 55062 --- [ioEventLoop-4-1] c.c.gateway.config.
ExampleConfiguration   : second pre filter
    2018-10-14 12:08:52.407   INFO 55062 --- [ioEventLoop-4-1] c.c.gateway.config.
ExampleConfiguration   : third pre filter
    2018-10-14 12:08:52.437   INFO 55062 --- [ctor-http-nio-7] c.c.gateway.config.
ExampleConfiguration   : first post filter
```

```
2018-10-14 12:08:52.438  INFO 55062 --- [ctor-http-nio-7] c.c.gateway.config.
ExampleConfiguration     : second post filter
2018-10-14 12:08:52.438  INFO 55062 --- [ctor-http-nio-7] c.c.gateway.config.
ExampleConfiguration     : third post filter
```

当 GlobalFilter 的逻辑比较多时,笔者还是推荐大家单独写一个 GlobalFilter 来处理,比如我们要实现对 IP 的访问限制,即不在 IP 白名单中就不能调用的需求。

单独定义只需要实现 GlobalFilter、Ordered 两个接口就可以了,如代码清单 8-11 所示。

代码清单 8-11　自定义 IP 拦截过滤器

```java
@Component
public class IPCheckFilter implements GlobalFilter, Ordered {

    @Override
    public int getOrder() {
        return 0;
    }

    @Override
    public Mono<Void> filter(ServerWebExchange exchange, GatewayFilterChain chain) {
        HttpHeaders headers = exchange.getRequest().getHeaders();
        // 此处写得非常绝对,只作演示用,实际中需要采取配置的方式
        if (getIp(headers).equals("127.0.0.1")) {
            ServerHttpResponse response = exchange.getResponse();
            ResponseData data = new ResponseData();
            data.setCode(401);
            data.setMessage("非法请求");
            byte[] datas = JsonUtils.toJson(data).getBytes(StandardCharsets.UTF_8);
            DataBuffer buffer = response.bufferFactory().wrap(datas);
            response.setStatusCode(HttpStatus.UNAUTHORIZED);
            response.getHeaders().add("Content-Type", "application/json;charset=UTF-8");
            return response.writeWith(Mono.just(buffer));
        }
        return chain.filter(exchange);
    }

    // 这里从请求头中获取用户的实际 IP,根据 Nginx 转发的请求头获取
    private String getIp(HttpHeaders headers) {
        return "127.0.0.1";
    }

}
```

过滤的使用虽然比较简单,但作用很大,可以处理很多需求,上面讲的 IP 认证拦截只是冰山一角,更多的功能需要我们自己基于过滤器去实现。

8.7 实战案例

8.7.1 限流实战

开发高并发系统时有三把利器用来保护系统：缓存、降级和限流。API 网关作为所有请求的入口，请求量大，我们可以通过对并发访问的请求进行限速来保护系统的可用性。

目前限流提供了基于 Redis 的实现，我们需要增加对应的依赖，如代码清单 8-12 所示。

代码清单 8-12 Redis 限流 Maven 依赖

```
<dependency>
    <groupId>org.springframework.boot</groupId>
    <artifactId>spring-boot-starter-data-redis-reactive</artifactId>
</dependency>
```

我们可以通过 KeyResolver 来指定限流的 Key，比如我们需要根据用户来做限流，或是根据 IP 来做限流等。

1. IP 限流

IP 限流的 Key 指定如代码清单 8-13 所示。

代码清单 8-13 IP 限流 Key 指定

```
@Bean
public KeyResolver ipKeyResolver() {
    return exchange -> Mono.just(exchange.getRequest().getRemoteAddress().getHostName());
}
```

通过 exchange 对象可以获取请求信息，这里用了 HostName，在生产环境中可以根据 Nginx 转发过来的请求头获取真实的 IP，如代码清单 8-14 所示。

代码清单 8-14 获取真实 IP

```
public static String getIpAddr(ServerHttpRequest request) {
    HttpHeaders headers = request.getHeaders();
    List<String> ips = headers.get("X-Forwarded-For");
    String ip = "192.168.1.1";
    if (ips != null && ips.size() > 0) {
        ip = ips.get(0);
    }
    return ip;
}
```

2. 用户限流

根据用户来做限流只需要获取当前请求的用户 ID 或者用户名，如代码清单 8-15 所示。

代码清单 8-15 用户限流 Key 指定

```
@Bean
KeyResolver userKeyResolver() {
```

```
            return exchange ->
Mono.just(exchange.getRequest().getQueryParams().getFirst("userId"));
}
```

3. 接口限流

获取请求地址的 uri 作为限流 Key，如代码清单 8-16 所示。

代码清单 8-16　接口限流 Key 指定

```
@Bean
KeyResolver apiKeyResolver() {
    return exchange -> Mono.just(exchange.getRequest().getPath().value());
}
```

然后配置限流的过滤器信息：

```
server:
    port: 8084
spring:
    redis:
        host: 127.0.0.1
        port: 6379
    cloud:
        gateway:
            routes:
            - id: fsh-house
              uri: lb://fsh-house
              predicates:
              - Path=/house/**
              filters:
              - name: RequestRateLimiter
                args:
                    redis-rate-limiter.replenishRate: 10
                    redis-rate-limiter.burstCapacity: 20
                    key-resolver: "#{@ipKeyResolver}"
```

❏ filter 名称必须是 RequestRateLimiter。

❏ redis-rate-limiter.replenishRate：允许用户每秒处理多少个请求。

❏ redis-rate-limiter.burstCapacity：令牌桶的容量，允许在 1s 内完成的最大请求数。

❏ key-resolver：使用 SpEL 按名称引用 bean。

可以访问接口进行测试，这时候 Redis 中会有对应的数据：

```
127.0.0.1:6379> keys *
1) "request_rate_limiter.{localhost}.timestamp"
2) "request_rate_limiter.{localhost}.tokens"
```

大括号中就是我们的限流 Key，这里是 IP，本地的就是 localhost。

❏ timestamp: 存储的是当前时间的秒数，也就是 System.currentTimeMillis() / 1000 或者 Instant.now().getEpochSecond()。

❏ tokens: 存储的是当前这秒钟对应的可用令牌数量。

8.7.2 熔断回退实战

在 Spring Cloud Gateway 中使用 Hystrix 进行回退需要增加 Hystrix 的依赖，如代码清单 8-17 所示。

代码清单 8-17　Hystrix Maven 依赖

```
<dependency>
    <groupId>org.springframework.cloud</groupId>
    <artifactId>spring-cloud-starter-netflix-hystrix</artifactId>
</dependency>
```

内置了 HystrixGatewayFilterFactory 来实现路由级别的熔断，只需要配置即可实现熔断回退功能。

配置方式：

```
- id: user-service
      uri: lb://user-service
      predicates:
      - Path=/user-service/**
      filters:
      - name: Hystrix
        args:
          name: fallbackcmd
          fallbackUri: forward:/fallback
```

上面配置了一个 Hystrix 过滤器，该过滤器会使用 Hystrix 熔断与回退，原理是将请求包装成 RouteHystrixCommand 执行，RouteHystrixCommand 继承于 com.netflix.hystrix.HystrixObservableCommand。

fallbackUri 是发生熔断时回退的 URI 地址，目前只支持 forward 模式的 URI。如果服务被降级，该请求会被转发到该 URI 中。

在网关中创建一个回退的接口，用于熔断时处理返回给调用方的信息，如代码清单 8-18 所示。

代码清单 8-18　回退接口定义

```
@RestController
public class FallbackController {

    @GetMapping("/fallback")
    public String fallback() {
        return "fallback";
    }

}
```

8.7.3 跨域实战

在 Spring Cloud Gateway 中配置跨域有两种方式，分别是代码配置方式和配置文件方式。

代码配置方式配置跨域，如代码清单 8-19 所示。

代码清单 8-19　跨域允许代码

```java
@Configuration
public class CorsConfig {

    @Bean
    public WebFilter corsFilter() {
        return (ServerWebExchange ctx, WebFilterChain chain) -> {
            ServerHttpRequest request = ctx.getRequest();
            if (CorsUtils.isCorsRequest(request)) {
                HttpHeaders requestHeaders = request.getHeaders();
                ServerHttpResponse response = ctx.getResponse();
                HttpMethod requestMethod = requestHeaders.getAccessControlRequestMethod();
                HttpHeaders headers = response.getHeaders();
                headers.add(HttpHeaders.ACCESS_CONTROL_ALLOW_ORIGIN, requestHeaders.getOrigin());
                headers.addAll(HttpHeaders.ACCESS_CONTROL_ALLOW_HEADERS, requestHeaders.getAccessControlRequestHeaders());
                if (requestMethod != null) {
                    headers.add(HttpHeaders.ACCESS_CONTROL_ALLOW_METHODS, requestMethod.name());
                }
                headers.add(HttpHeaders.ACCESS_CONTROL_ALLOW_CREDENTIALS, "true");
                headers.add(HttpHeaders.ACCESS_CONTROL_EXPOSE_HEADERS, "*");
                if (request.getMethod() == HttpMethod.OPTIONS) {
                    response.setStatusCode(HttpStatus.OK);
                    return Mono.empty();
                }
            }
            return chain.filter(ctx);
        };
    }
}
```

配置文件方式配置跨域：

```yaml
spring:
  cloud:
    gateway:
      globalcors:
        corsConfigurations:
          '[/**]':
            allowedOrigins: "*"
            exposedHeaders:
            - content-type
            allowedHeaders:
```

```
      - content-type
      allowCredentials: true
      allowedMethods:
      - GET
      - OPTIONS
      - PUT
      - DELETE
      - POST
```

8.7.4 统一异常处理

Spring Cloud Gateway 中的全局异常处理不能直接使用 @ControllerAdvice，可以通过跟踪异常信息的抛出，找到对应的源码，自定义一些处理逻辑来匹配业务的需求。

网关是给接口做代理转发的，后端对应的是 REST API，返回数据格式是 JSON。如果不做处理，当发生异常时，Gateway 默认给出的错误信息是页面，不方便前端进行异常处理。

所以我们需要对异常信息进行处理，并返回 JSON 格式的数据给客户端。下面先看实现的代码，后面再跟大家讲一下需要注意的地方。

自定义异常处理逻辑，如代码清单 8-20 所示。

代码清单 8-20　统一异常处理

```
public class JsonExceptionHandler extends DefaultErrorWebExceptionHandler {

    public JsonExceptionHandler(ErrorAttributes errorAttributes,
ResourceProperties resourceProperties,
            ErrorProperties errorProperties, ApplicationContext
applicationContext) {
        super(errorAttributes, resourceProperties, errorProperties,
applicationContext);
    }
    /**
     * 获取异常属性
     */
    @Override
    protected Map<String, Object> getErrorAttributes(ServerRequest request,
boolean includeStackTrace) {
        int code = 500;
        Throwable error = super.getError(request);
        if (error instanceof org.springframework.cloud.gateway.support.
NotFoundException) {
            code = 404;
        }
        return response(code, this.buildMessage(request, error));
    }

    /**
     * 指定响应处理方法为 JSON 处理的方法
     * @param errorAttributes
     */
```

```java
    @Override
    protected RouterFunction<ServerResponse> getRoutingFunction(ErrorAttributes errorAttributes) {
        return RouterFunctions.route(RequestPredicates.all(), this::renderErrorResponse);
    }

    /**
     * 根据 code 获取对应的 HttpStatus
     * @param errorAttributes
     */
    @Override
    protected HttpStatus getHttpStatus(Map<String, Object> errorAttributes) {
        int statusCode = (int) errorAttributes.get("code");
        return HttpStatus.valueOf(statusCode);
    }

    /**
     * 构建异常信息
     * @param request
     * @param ex
     * @return
     */
    private String buildMessage(ServerRequest request, Throwable ex) {
        StringBuilder message = new StringBuilder("Failed to handle request [");
        message.append(request.methodName());
        message.append(" ");
        message.append(request.uri());
        message.append("]");
        if (ex != null) {
            message.append(": ");
            message.append(ex.getMessage());
        }
        return message.toString();
    }

    /**
     * 构建返回的 JSON 数据格式
     * @param status          状态码
     * @param errorMessage    异常信息
     * @return
     */
    public static Map<String, Object> response(int status, String errorMessage) {
        Map<String, Object> map = new HashMap<>();
        map.put("code", status);
        map.put("message", errorMessage);
        map.put("data", null);
        return map;
    }

}
```

覆盖默认的配置，如代码清单 8-21 所示。

代码清单 8-21　自定义异常配置

```java
@Configuration
@EnableConfigurationProperties({ServerProperties.class, ResourceProperties.class})
public class ErrorHandlerConfiguration {

    private final ServerProperties serverProperties;

    private final ApplicationContext applicationContext;

    private final ResourceProperties resourceProperties;

    private final List<ViewResolver> viewResolvers;

    private final ServerCodecConfigurer serverCodecConfigurer;

    public ErrorHandlerConfiguration(ServerProperties serverProperties,
                                     ResourceProperties resourceProperties,
                                     ObjectProvider<List<ViewResolver>> viewResolversProvider,
                                     ServerCodecConfigurer serverCodecConfigurer,
                                     ApplicationContext applicationContext) {
        this.serverProperties = serverProperties;
        this.applicationContext = applicationContext;
        this.resourceProperties = resourceProperties;
        this.viewResolvers = viewResolversProvider.getIfAvailable(Collections::emptyList);
        this.serverCodecConfigurer = serverCodecConfigurer;
    }

    @Bean
    @Order(Ordered.HIGHEST_PRECEDENCE)
    public ErrorWebExceptionHandler errorWebExceptionHandler(ErrorAttributes errorAttributes) {
        JsonExceptionHandler exceptionHandler = new JsonExceptionHandler(
                errorAttributes,
                this.resourceProperties,
                this.serverProperties.getError(),
                this.applicationContext);
        exceptionHandler.setViewResolvers(this.viewResolvers);
        exceptionHandler.setMessageWriters(this.serverCodecConfigurer.getWriters());
        exceptionHandler.setMessageReaders(this.serverCodecConfigurer.getReaders());
        return exceptionHandler;
    }

}
```

1. 异常时如何返回 JSON 而不是 HTML？

在 org.springframework.boot.autoconfigure.web.reactive.error.DefaultErrorWebException-

Handler 中的 getRoutingFunction() 方法就是控制返回格式的，源代码如代码清单 8-22 所示。

代码清单 8-22　数据响应格式源码

```
@Override
protected RouterFunction<ServerResponse> getRoutingFunction(
            ErrorAttributes errorAttributes) {
    return RouterFunctions.route(acceptsTextHtml(), this::renderErrorView)
            .andRoute(RequestPredicates.all(), this::renderErrorResponse);
}
```

这里优先是用 HTML 来显示的，如果想用 JSON 显示改动就可以了，如代码清单 8-23 所示。

代码清单 8-23　设置 JSON 格式响应

```
protected RouterFunction<ServerResponse> getRoutingFunction(ErrorAttributes errorAttributes) {
    return RouterFunctions.route(RequestPredicates.all(),
 this::renderErrorResponse);
}
```

2. getHttpStatus 需要重写

原始的方法是通过 status 来获取对应的 HttpStatus 的，如代码清单 8-24 所示。

代码清单 8-24　响应码源码

```
protected HttpStatus getHttpStatus(Map<String, Object> errorAttributes) {
    int statusCode = (int) errorAttributes.get("status");
    return HttpStatus.valueOf(statusCode);
}
```

如果我们定义的格式中没有 status 字段的话，就会报错，因为找不到对应的响应码。要么返回数据格式中增加 status 子段，要么重写，在笔者的操作中返回的是 code，所以要重写，如代码清单 8-25 所示。

代码清单 8-25　重新实现响应码方法

```
@Override
protected HttpStatus getHttpStatus(Map<String, Object> errorAttributes) {
    int statusCode = (int) errorAttributes.get("code");
    return HttpStatus.valueOf(statusCode);
}
```

8.7.5　重试机制

RetryGatewayFilter 是 Spring Cloud Gateway 对请求重试提供的一个 GatewayFilter Factory。配置方式：

```
spring:
  cloud:
    gateway:
```

```
routes:
- id: zuul-encrypt-service
  uri: lb://zuul-encrypt-service
  predicates:
  - Path=/data/**
  filters:
  - name: Retry
    args:
      retries: 3
      series: SERVER_ERROR
```

上述代码中具体参数含义如下所示。

❑ retries：重试次数，默认值是 3 次。

❑ series：状态码配置（分段），符合某段状态码才会进行重试逻辑，默认值是 SERVER_ERROR，值是 5，也就是 5XX(5 开头的状态码)，共有 5 个值，如代码清单 8-26 所示。

代码清单 8-26　状态码枚举类

```
public enum Series {
    INFORMATIONAL(1),
    SUCCESSFUL(2),
    REDIRECTION(3),
    CLIENT_ERROR(4),
    SERVER_ERROR(5);
}
```

上述代码中具体参数含义如下所示。

❑ statuses：状态码配置，和 series 不同的是这里是具体状态码的配置，取值请参考 org.springframework.http.HttpStatus。

❑ methods：指定哪些方法的请求需要进行重试逻辑，默认值是 GET 方法，取值如代码清单 8-27 所示。

代码清单 8-27　方法枚举类

```
public enum HttpMethod {
    GET, HEAD, POST, PUT, PATCH, DELETE, OPTIONS, TRACE;
}
```

上述代码中具体参数含义如下所示。

❑ exceptions：指定哪些异常需要进行重试逻辑。默认值是 java.io.IOException 和 org.springframework.cloud.gateway.support.TimeoutException。

8.8　本章小结

本章对新一代的网关 Spring Cloud Gateway 进行了详细地介绍和使用讲解。Spring Cloud Gateway 作为新一代网关，在性能上有很大提升，并且附加了诸如限流等实用的功能。第 9 章将为大家带来配置中心相关的学习。

Chapter 9 第 9 章

自研分布式配置管理

微服务架构下，服务的数量少则几十，多则几百甚至上千。每次修改一个配置都需要跟进修改多个项目，然后再重启这些项目。配置的集中管理在这种情况下显得格外重要。分布式配置管理可以将多个项目的配置进行集中化的管理，统一修改，实时生效，避免重复的劳动，可以节约时间，降低出错的概率。

Spring Cloud Config 是一个用来为分布式系统提供配置集中化管理的服务，它分为客户端和服务端两个部分。客户端服务从服务端拉取配置数据，服务端负责提供配置数据。

Spring Cloud Config 底层存储提供了多种方式，其中最好的是用 Git 来存储配置信息，还可以跟踪版本，随时恢复到指定的版本，当然也支持 SVN、本地文件存储等方式。

支持配置的加解密、配置的自动更新，自动更新可以手动调用接口去触发，也可以利用消息总线和 Git 的 WebHook 来实现配置修改的自动更新。本书对 Spring Cloud Config 不做过多介绍，只介绍笔者自己研发的一款配置管理的软件——Smconf 和携程开源的 Apollo。

9.1 自研配置管理框架 Smconf 简介

Smconf 专注于分布式环境下的配置的统一管理。采用 Java + Zookeeper + Mongodb + Spring Boot 开发。目前只支持 Java，其他的使用语言需要通过调用 REST API 来实现。

GitHub 地址：https://github.com/yinjihuan/smconf。

之前笔者在学习 Zookeeper 的时候就想着能做个框架出来，然后就写了一个配置管理的框架，正好在后面可以用到。虽然市面上也有很多优秀的配置管理框架，比如百度工程师开源的 Disconf 和携程开源的 Apollo。

每个技术人都有一个开源的梦想，那就是自己也能开发出一个让很多人使用的框架。其实分享使用不是重点，重点是自己写的架构本身，你对它的各个方面都了如指掌，可以很方便添加新功能，比如加上一些适应公司内部需求的功能。

笔者之所以抛弃了 Spring Cloud Config，一方面在于它的配置刷新这块不是很方便，需要集成消息总线加上 WebHook 才能完成。另一个原因就是一些特殊的需求实现起来没那么方便，比如推送配置到指定的节点。

Smconf 目前支持的功能如下：
- 提供配置的统一管理。
- 多个环境（生产环境为 prod，线上测试环境为 online，线下测试环境为 test，开发环境为 dev）。
- Web 后台配置管理。
- 配置修改后实时同步到使用的客户端。
- 无缝集成 Spring 和 Spring Boot 项目。
- 非 Spring 项目中也可以使用。
- Web 后台支持不同账号管理不同环境的配置。
- 支持水平扩容、负载，部署多个 Server、Client 自动发现。
- 支持配置更新回调接口做扩展。
- 支持手动触发推送配置到指定的节点。
- 修改配置可以选择推送的节点，可用于做灰度发布测试。
- 配置的历史修改记录。

9.2　Smconf 工作原理

如图 9-1 所示为 Smconf 的整个架构规划，Smconf 同样也分为服务端和客户端两个部分，服务端负责配置信息的管理，客户端负责拉取配置信息及上传配置信息。

1. 基本概念

在正式介绍 Smconf 的工作原理之前，我们先来看几个基本概念。

- 环境：在 Smconf 中总共分了 4 个环境，分别是生产环境（prod）、线上测试环境（online）、线下测试环境（test）、开发环境（dev），Smconf Client 会根据不同的环境加载不同的配置。
- 系统：这里的系统就是指服务的名称，能够直观反映这个配置是哪个服务在使用。
- 配置文件：一个系统中有多个配置文件，可以将同类的配置放到一个文件中，也可以只用一个配置文件，配置文件需要定义一个实体类。
- 配置 key：一个配置文件中有多个配置项，实体类的字段名称就是配置的 key，字段的值就是配置的 value。

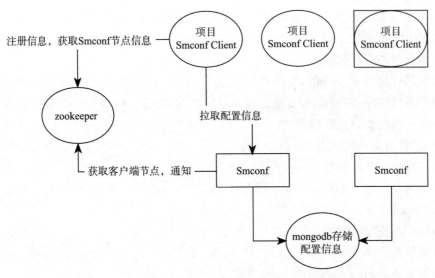

图 9-1 Smconf 架构图

2. 客户端讲解

客户端在启动的时候会将自身的信息注册到 Zookeeper 中，为每一个配置文件注册一个节点，添加 watcher 监听，同时获取 Server 的节点信息，然后连接 Smconf Server 初始化配置数据或者拉取最新的配置到本地。

配置信息只有在配置中心不存在时才会初始化配置，如存在，则拉取配置中心的配置覆盖本地的配置，当然也可以通过配置项来执行是否拉取远程配置。在 Smconf 中每个配置都必须存在于某一个配置文件中，拉取的配置信息会注册到配置文件的实体类中，配置类是受 Spring 管理的，可以直接注入使用。

3. 服务端讲解

接着来看服务端，配置信息是存储在 Mongodb 中的，Mongodb 可以做副本集，不存在单点问题。可以启动多个 Smconf Server，并且不需要做负载均衡，在启动的时候它会将自身的信息注册到 Zookeeper 中。当配置发生修改的时候，通过触发 Zookeeper 的 watcher 事件来通知 Smconf Client 配置有修改，需要重新加载配置。

Smconf 提供了友好的 Web 页面对配置信息进行管理，通过不同的账号、不同的权限控制，确保配置不被随便修改。

9.3 Smconf 部署

9.3.1 Mongodb 安装

MongoDB 是一个基于分布式文件存储的数据库。由 C++ 语言编写，旨在为 Web 应用提供可扩展的高性能数据存储解决方案。MongoDB 是一个介于关系数据库和非关系数据库之间的产品，是非关系数据库当中功能最丰富、最像关系数据库的。它支持的数据结构非常松散，类似 JSON 的 Bson 格式，因此可以存储比较复杂的数据类型。MongoDB 最大的特点是支持的查询语言非常强大，其语法有点类似于面向对象的查询语言，几乎可以实现关系数据库单表查询的绝大部分功能，而且还支持对数据建立索引。

不同的平台有不同的安装方式，由于笔者的电脑是 Mac，所以安装方法就基于 Linux 来讲解了，至于 Windows 上的安装方法，大家可以自行查看官网文档（其实就是一个 .exe 的安装包）。

官网的安装文档地址：

https://docs.mongodb.com/manual/administration/install-community/。

在 Linux 下我们可以直接通过下载编译好的软件包来安装。首先，我们需要下载一个安装包，笔者下载的是 mongodb-osx-ssl-x86_64-3.2.10.tar，解压之后进入文件夹中的 bin 目录，用命令的方式启动即可：

```
sudo ./mongod --dbpath /Users/yinjihuan/Downloads/mongodb-osx-x86_64-3.2.10/data
--logpath /Users/yinjihuan/Downloads/mongodb-osx-x86_64-3.2.10/logs --fork
```

其中：

- --dbpath 指定数据的存储目录。
- --logpath 指定日志的输入目录。
- --fork 以守护进程的方式运行 Mongodb。

启动之后可以通过 bin 目录下的 mongo 连接启动好的 Mongodb 数据库，默认的端口是 27017。能够成功连接就证明我们的 Mongodb 已经启动成功了（见图 9-2）。

```
./mongo localhost:27017
```

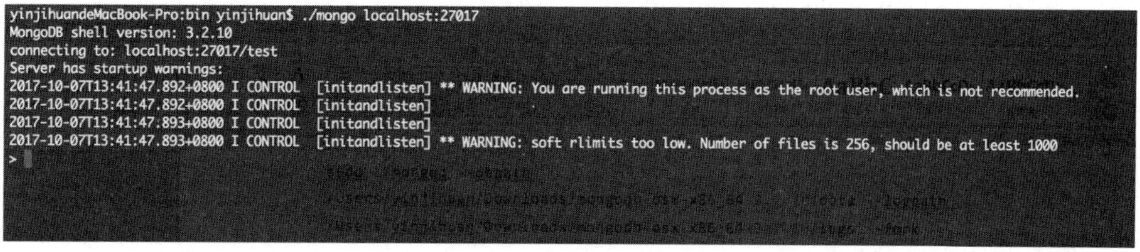

图 9-2 连接 Mongodb

9.3.2 Zookeeper 安装

ZooKeeper 是一个分布式的、开放源码的应用程序协调服务，是 Google 的 Chubby 一个开源实现，是 Hadoop 和 Hbase 的重要组件。它是一个为分布式应用提供一致性服务的软件，提供的功能包括配置维护、域名服务、分布式同步、组服务等。官网地址：http://

zookeeper.apache.org/。

ZooKeeper 跟上面讲到的 Mongodb 一样简单，也是通过编译好的软件包直接启动即可。需要注意的是 ZooKeeper 是 Java 编写的，需要事先安装 JDK。

首先还是下载安装包，笔者下载的是 zookeeper-3.4.7.tar.gz。解压之后进入安装包的 conf 目录，将 zoo_sample.cfg 复制一份并重命名为 zoo.cfg。zoo.cfg 是 ZooKeeper 的配置信息，我们可以使用默认的配置启动。

然后进入 bin 目录，执行 zkServer.sh start 即可启动，用 zkCli.sh 就可以连接到 ZooKeeper。

9.3.3 Smconf Server 部署

Smconf Server 部署的源码在 https://github.com/yinjihuan/smconf 上面，大家可以自行下载源码编译打包，或者下载 release 下面笔者已经编译好了的 jar 包。无论你是 Linux 还是 Windows 环境，直接用 java -jar 命令就可以启动。

Server 依赖的环境是 jdk7+，启动命令如下：

```
java -jar cxytiandi-conf-web-1.0.jar
```

上面启动用的都是打包时的默认配置，我们肯定是需要添加一些参数的，比如 ZooKeeper 地址、Mongodb 地址等信息。

- server.port：服务启动后的端口，默认为 8080。
- zookeeper.url：ZooKeeper 链接地址，默认为 localhost:2181。
- spring.data.mongodb.database：数据库名称，默认为 cxytiandi_conf。
- spring.data.mongodb.host：数据库地址，默认为 localhost。
- spring.data.mongodb.port：数据库端口，默认为 27017。
- spring.data.mongodb.authentication-database：认证数据库，开启了用户认证才需要配置，默认不需要。
- spring.data.mongodb.username：数据库账号，开启了用户认证才需要配置，默认不需要。
- spring.data.mongodb.password：数据库账号密码，开启了用户认证才需要配置，默认不需要。
- smconf.projectName：Web 后台页面显示的名称，默认为"猿天地"，如果你想显示自己公司的名称则设置此值即可。
- smconf.log.limit：Web 后台页面中的配置历史操作记录数量，默认只显示最新的 200 条修改记录，可以通过此值来设置显示的数量。

接下来，我们来讲解上面这些参数要怎么使用，如果你想启动后 Server 的端口为 80，那么命令如下：

```
java -jar cxytiandi-conf-web-1.0.jar --server.port=80
```

如果想改变 Web 后台显示的名称则命令如下：

```
java -jar cxytiandi-conf-web-1.0.jar --server.port=80 --smconf.projectName=xx公司
```

总的规则就是在 jar 包后面用 " -- 参数名 = 参数值"进行参数的传递，多个参数之间用空格隔开。

启动成功后可以通过我们部署机器的 IP，加上设置的 server.port 在浏览器中访问即可，如 http://localhost:8080（见图 9-3）。系统默认初始化账号为 root，密码 root123456。

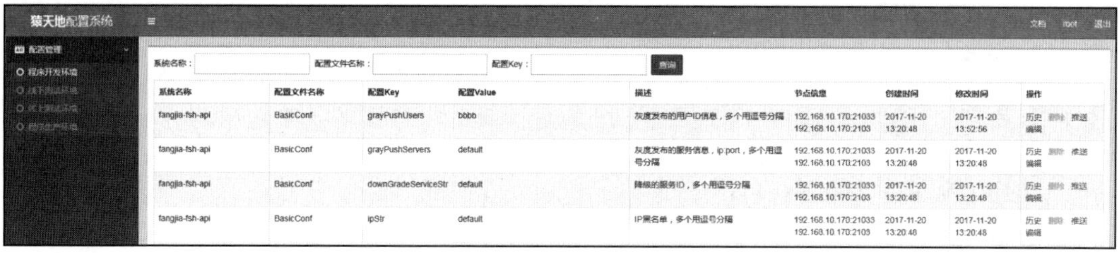

图 9-3　Smconf 后台管理

9.4　项目中集成 Smconf

Smconf 可以在 Spring 和非 Spring 环境下使用，本节将介绍如何在 Spring Cloud 中集成 Smconf 来实现配置的统一管理。

9.4.1　集成 Smconf

在 Maven 项目中加入 Maven 依赖，如果不是 Maven 项目则自行下载 jar 包。目前 Client 还未上传到 Maven 中央仓库，有需求的读者请自行下载，然后传到自己的本地仓库使用。

Smconf Maven 配置如代码清单 9-1 所示。

代码清单 9-1　Smconf Maven 配置

```xml
<dependency>
    <groupId>com.cxytiandi</groupId>
    <artifactId>cxytiandi-conf-client</artifactId>
    <version>1.0</version>
</dependency>
```

属性文件中配置如下：

```
spring.profiles.active=dev
```

```
zookeeper.url=192.168.10.47:2181
server.port=8082
```

- spring.profiles.active：指定当前是哪个环境。它会从不同的环境拉取不同的配置，必须配置。
- zookeeper.url：ZooKeeper 的地址，必须配置。
- server.port：当前服务的端口信息，Smconf Client 注册到 ZooKeeper 中是以 "IP+PORT" 形式实现的，必须配置。

在 Spring Boot 中通过下面的配置来启动 Smconf Client，如代码清单 9-2 所示。

代码清单 9-2　启动 Smconf 客户端

```
/**
 * 启动 Smconf 配置客户端
 * @return
 */
@Bean
public ConfInit confInit() {
    return new ConfInit();
}
```

如果需要在 Spring 还没初始化之前加载配置信息，可以在启动类中通过设置全局变量来告诉 Smconf Client 从哪个包下面加载配置的实体类信息。

Smconf Init Client 配置如代码清单 9-3 所示。

代码清单 9-3　配置初始化信息

```
public static void main(String[] args) {
    // 启动时初始化配置信息
    System.setProperty("smconf.conf.package",
                       "com.fangjia.fsh.house.conf");
    SpringApplication.run(FshHouseServiceApplication.class, args);
}
```

这个配置取决于你是否需要在初始化 Spring 容器之前使用配置信息，如果不需要可以不配置，比如数据库的这种信息在启动时就需要，但这个时候 Smconf Client 还没初始化好，所以需要在启动类的第一行告诉 Smconf 加装哪些配置信息。在非 Spring 的项目中可以手动调用初始化的方法：

```
SmconfInit.init("com.fangjia.fsh.house.conf");
```

9.4.2　使用 Smconf

创建一个配置类来管理 Eureka 的信息。

- @CxytianDiConf：类上加 @CxytianDiConf 来标识这是一个 Smconf 配置类。
- system：表示当前是哪个系统在使用。
- env：env=true 表示将当前类下的配置信息通过 System.setProperty 将值存储在系

统变量中，在代码中可以通过 System.getProperty 来获取，在属性文件中可以通过 ${key} 来获取。
- prefix：给配置类中的字段加前缀，若字段名为 url，prefix 为 www，那么配置的整个 key 就是 www.url。

配置信息类如代码清单 9-4 所示。

代码清单 9-4　自定义配置

```
/**
 * Eureka 配置信息
 * @author yinjihuan
 *
 **/
@CxytianDiConf(system = "fangjia-common", env = true, prefix = "eureka")
public class EurekaConf {

    @ConfField("Eureka 注册中心地址 ")
    private String defaultZone =
            "http://yinjihuan:123456@localhost:8761/eureka/";

    public String getDefaultZone() {
        return defaultZone;
    }

    public void setDefaultZone(String defaultZone) {
        this.defaultZone = defaultZone;
    }

}
```

然后在属性文件中获取配置信息：

eureka.client.serviceUrl.defaultZone=${eureka.defaultZone}

当项目启动的时候，Smconf 首先会将配置信息初始化到注册中心，如果配置已存在，则会拉取配置中心的配置到本地使用。通过配置 env=true，属性文件中可以直接通过 $ 符号获取配置的值，然后连接 Eureka。

9.4.3　配置更新回调

在很多时候，当配置修改的时候我们需要做一些操作，比如并发高了，我们就要根据并发量去调整连接池的参数。用 Smconf 修改配置虽然能够实时推送到各个节点中，但是数据库连接信息已经初始化好了，所以当参数改变的时候我们还需要重新初始化连接，这个时候就需要监控配置更新的事件。在 Smconf Client 中我们可以实现回调接口来监听修改事件（见代码清单 9-5）。

代码清单 9-5　配置修改回调

```
@CxytianDiConf(system = "fangjia-common", env = true, prefix = "eureka")
```

```java
public class EurekaConf implements SmconfUpdateCallBack {
    @ConfField("Eureka 注册中心地址 ")
    private String defaultZone =
            "http://goojia:goojia123456@master:8761/eureka/";
    public String getDefaultZone() {
        return defaultZone;
    }

    public void setDefaultZone(String defaultZone) {
        this.defaultZone = defaultZone;
    }

    @Override
    public void reload(Conf conf) {
        // 执行你的逻辑
    }
}
```

如果需要获取修改后的值，则可直接用" this.你定义的 key"，也可以直接用回调中的 conf 对象。conf 对象就是本次修改的信息，因为在触发 reload 方法之前，SpringBean 中的值已经被修改了。

9.5 Smconf 详细使用

9.5.1 源码编译问题

Smconf 分为 Server 和 Client 两部分，开发环境为 Eclipse，要求 JDK7 以上，建议直接用 JDK8。

如果想要对源码进行修改，可以把源码拉到本地仓库。导入到 Eclipse 中时，需要注意项目中采用了 Lombok 来简化代码。大家需要先配置好 Lombok 的环境，不然会报错。Lombok 具体配置方法可以参考这篇文章 http://cxytiandi.com/blog/detail/6813。

导入代码后共有如下 4 个工程。

❏ cxytiandi-conf-client：Smconf 客户端。
❏ cxytiandi-conf-web：Smconf Server 采用 Springboot 开发。
❏ cxytiandi-conf-demo：Smconf 普通 Spring 项目 demo。
❏ cxytiandi-conf-springboot-demo：Smconf Spring Boot 项目 demo。

9.5.2 后台账号管理

Smconf Server 在启动时会判断是否有账号存在，没有则会创建一个默认账号（账号是 root，密码是 root123456）。

root 账号不能删除，删除了下次重启 Server 又会创建，不过可以修改 root 的密码。账号名称不能重复，有唯一索引进行约束。

Smconf 后台没有提供对用户的管理功能，这个功能的使用率也不是特别高，但是在使用的时候肯定会涉及添加账号，因为不可能只有一个人使用。如果要添加账号，可以自己登录到 Mongodb 中进行添加，账号能够管理哪几个环境下的配置通过 envs 来决定。

下面演示一下 root 账号的创建过程：

```
bin/mongo localhost:27017 use cxytiandi_conf
db.users.save({"uname" : "root", "pass" : "root123456", "envs" : ["prod", "online", "dev", "test"]})
```

如果想创建一个普通账号，只能看开发环境的配置：

```
db.users.save({"uname" : "yinjihuan", "pass" : "123456", "envs" : ["dev"]})
```

9.5.3 REST API

Smconf 提供了对配置管理的一系列 API，如果满足不了需求可以自己动手修改源码来扩展。

源码在项目 cxytiandi-conf-web 中的 org.cxytiandi.conf.web.rest 包下面。

- /rest/conf/list/{env}：查看某个环境下的所有配置信息。
- /rest/conf/list/{env}/{systemName}：查看某个环境下某个系统的所有配置信息。
- /rest/conf/list/{env}/{systemName}/{confFileName}：查看某个环境下某个系统某个配置文件的所有配置信息。
- /rest/conf/list/{env}/{systemName}/{confFileName}/{key}：查看某个环境下某个系统某个配置文件中的某个 key 的配置信息。
- /rest/conf/{id}：查看某个配置信息。
- /rest/conf：POST 请求，保存配置信息。

所有的 API 返回和新增的请求体都以代码清单 9-6 所示的格式为准。

代码清单 9-6　REST API 数据结构实体类

```
@Getter
@Setter
@Document(collection="conf")
@CompoundIndexes({
@CompoundIndex(name = "conf_index", def = "{env:1, s_name:1, c_fname:1, key:1}", unique = true, background = true) })
public class Conf {
    @Id
    private String id;
    
    /**
     * 环境
     */
    @Field("env")
    private String env;
    
    /**
```

```java
     * 系统名称
     */
    @Field("s_name")
    private String systemName;

    /**
     * 配置文件名称
     */
    @Field("c_fname")
    private String confFileName;

    /**
     * 配置 Key
     */
    @Field("key") private String key;

    /**
     * 配置 Value
     */
    @Field("value") private Object value;

    /**
     * 描述
     */
    @Field("desc") private String desc;

    /**
     * 创建时间
     */
    @Field("c_date")
    private Date createDate;

    /**
     * 修改时间
     */
    @Field("m_date")
    private Date modifyDate;

}
```

访问 test 环境下 Spring Boot 系统中所有配置的请求地址是：http://localhost:8080/rest/conf/list/test/spring-boot。

需要注意的是不能直接在浏览器中访问该地址，需要借助一些测试工具，比如 postman。Smconf 的 API 为了保证数据的安全性，默认对所有接口的调用做了认证。这种认证方式比较简单，通过在请求头中添加 token 来进行认证请求是否合法。

在请求头中添加 Authorization=token，直接用 Smconf Client 不用关心认证问题，有默认的 token 认证。

如果需要添加自己的 token，可以在启动时添加。

Server 添加方式：

```
java -jar cxytiandi-conf-web-1.0.jar --smconf.rest.token=你自己的 token
```

或者在 application.properties 中添加 smconf.rest.token= 你自己的 token。

Client 使用的地方：使用 -Dsmconf.rest.token= 你自己的 token，并将其传到 jvm 中；或者在 application.properties 中添加 smconf.rest.token= 你自己的 token。

返回格式：

```
{
    "status": true,
    "code": 200,
    "message": null,
    "data": [
        {
            "id": "5948ff6fc2438129b40ab6e6",
            "env": "test",
            "systemName": "spring-boot",
            "confFileName": "Biz", "key": "max",
            "value": "4545",
            "desc": " 最大值 ",
            "createDate": 1497956207914,
            "modifyDate": 1498116316557
        }
    ]
}
```

9.6　Smconf 源码解析

9.6.1　Client 启动

Client 是 Smconf 中最核心的部分，每个项目都是通过 Client 来实现配置管理，下面我们一起来了解一下 Client 的启动流程。

首先我们来解读通过设置 smconf.conf.package 的值来指定加载对应包下的配置的原理：

```
System.setProperty("smconf.conf.package", "com.fangjia.fsh.house.conf");
```

为什么要在启动的时候加上这样一段代码？原因在前面已经讲解过了，有些配置信息，比如数据库链接信息，需要在启动的时候就连接数据库，所以从一开始我们就需要将配置中心的配置拉取到本地程序中。

之所以设置 smconf.conf.package 后就能在启动之前拉取配置，是因为有 SpringFactoriesLoader。SpringFactoriesLoader 是 Spring 框架一种私有的扩展方案，主要功能就是从指定的配置文件 META-INF/spring.factories 加载配置。

在源码中可以看到 cxytiandi-conf-client 的 resources/META-INF 下有一个 spring.factories 文件，里面配置了启动加载配置的类，内容如下：

```
org.springframework.context.ApplicationContextInitializer=\org.cxytiandi.conf.client.init.ConfApplicationContextInitializer
```

ConfApplicationContextInitializer 中主要逻辑就是根据 smconf.conf.packag 的值来加载对应的配置信息，如代码清单 9-7 所示。

代码清单 9-7　根据配置加载信息

```
public class ConfApplicationContextInitializer implements
ApplicationContextInitializer {
    private static AtomicBoolean acBoolean = new AtomicBoolean(false);

    public void initialize(ConfigurableApplicationContext
                                        applicationContext) {
        if (acBoolean.compareAndSet(false, true)) {
            // 启动时需要通过配置来做连接，需要在 spring 启动前将一些配置信息加载到环境变量中使用
            String pack = System.getProperty("smconf.conf.package");
            if (StringUtils.hasText(pack))
                { SmconfInit.init(pack);
            }
        }
    }
}
```

SmconfInit 会根据 package 的路径来读取对应的 Class，然后做一些有没有加注解、有没有默认值之类的检查，如代码清单 9-8 所示。

代码清单 9-8　配置初始化逻辑

```
public class SmconfInit {
    public static void init(String basePackgae) {
        ConfInit confInit = new ConfInit();
        Map<String, Object> beanMap = new HashMap<String, Object>();
        ClasspathPackageScannerUtils scan = new
                    ClasspathPackageScannerUtils(basePackgae);
        try {
            List<String> classList = scan.getFullyQualifiedClassNameList();
            for (String clazz : classList) { Class<?>
                clz = Class.forName(clazz);
                if (clz.isAnnotationPresent(CxytianDiConf.class))
                    { beanMap.put(clazz, clz.newInstance());
                }
            }
            confInit.check(beanMap);
                confInit.init(beanMap, true);
        } catch (Exception e) {
            throw new RuntimeException(e);
        }
    }
}
```

其中，

❑ confInit.check（beanMap）；检查的方法。

❑ confInit.init（beanMap，true）；初始化配置的方法。

如果不需要在最开始时使用配置信息，可以直接使用代码清单 9-9 的方式进行配置。

代码清单 9-9　配置客户端

```
@Bean
public ConfInit confInit() {
    return new ConfInit();
}
```

ConfInit 实现了 ApplicationContextAware，在 Spring 初始化之后可以获取所有 ApplicationContext 中的 Bean，然后根据 Bean 的信息获取远程配置，并注入到这些 Bean 中，如代码清单 9-10 所示。

代码清单 9-10　获取 CxytianDiConf 标记的类

```
public void setApplicationContext(ApplicationContext ctx)
                                            throws BeansException {
    Map<String, Object> beanMap =
                    ctx.getBeansWithAnnotation(CxytianDiConf.class);
    // …..
}
```

9.6.2　启动加载配置

加载配置的逻辑在 org.cxytiandi.conf.client.init.ConfInit.init（Map<String, Object>, boolean）中，当我们拿到了所有配置的 Bean 信息后，就可以获取 Bean 中的注解信息，通过这些信息去 Server 中获取远端的配置信息。如果是第一次就执行保存操作。

获取整个配置文件的信息，也就是获取我们的配置类，如代码清单 9-11 所示。

代码清单 9-11　获取配置文件信息

```
for (Object confBean : beanMap.values()) {
    String className = confBean.getClass().getName();
    CxytianDiConf cxytianDiConf =
            confBean.getClass().getAnnotation(CxytianDiConf.class);
    String fileName = getFileName(confBean, cxytianDiConf);
    String systemName = cxytianDiConf.system();
    String prefix = cxytianDiConf.prefix();
    boolean env = cxytianDiConf.env();
}
```

获取配置类中的所有属性，并分别去设置每个属性的值，如代码清单 9-12 所示。

代码清单 9-12　设置配置项的值

```
Field[] fieds = confBean.getClass().getDeclaredFields();
for (Field field : fieds) {
    field.setAccessible(true);
    ConfField confField = field.getAnnotation(ConfField.class);
    String desc = confField.value();
    String key = field.getName();
    
    Object value = ReflectUtils.callGetMethod(key, confBean);
    Conf conf = new Conf();
```

```
        conf.setEnv(CommonUtil.getEnv());
        conf.setSystemName(systemName);
        conf.setConfFileName(fileName);
        conf.setKey(key);
        conf.setValue(value);
        conf.setDesc(desc);

        if (CommonUtil.getLocalDataStatus().equals("local"))
            { initLocalConf(conf, field, confBean,
            env, prefix.equals("") ? "" : prefix + ".");
        } else {
            initConf(conf, field, confBean, env,
                prefix.equals("") ? "" : prefix + ".");
        }
    }
```

初始化配置分为两种：一种是初始化本地配置；一种是初始化远端配置中心的配置。initConf 就是初始化配置中心的配置，通过 ConfRestClient 获取对应的配置数据，然后设置到类的属性中。

9.6.3 配置修改推送原理

配置修改需要及时推送到各个节点上，要实现这个功能有很多种方法，比如客户端轮询获取、自己写长连接推送等。笔者用 Zookeeper Watcher 机制来实现配置修改的推送功能。

在加载配置的时候，会为每个配置项创建一个节点，然后注册一个 Watcher 事件，如代码清单 9-13 所示。

代码清单 9-13 配置修改监听回调

```
public void monitor(final String path, final RefreshConfCallBack callBack) {
    try {
        NodeCache nodeChahe = new NodeCache(client, path);
        nodeChahe.getListenable().addListener(new NodeCacheListener() {
            public void nodeChanged() throws Exception
                { callBack.call(path);
            }
        });
        nodeChahe.start();
    } catch (Exception e)
        { LOGGER.error("", e);
    }
}
```

回调的逻辑在 RefreshConfCallBackImpl 中，当我们在后台修改了配置项，同时需要修改 Zookeeper 注册的节点信息，然后就会触发 Watcher 事件，就会进入 monitor 方法，执行回调逻辑，如代码清单 9-14 所示。

代码清单 9-14 设置配置修改监听回调

```
private void setCallBackMethod(Object confBean, Conf conf) {
    Class<?>[]inters = confBean.getClass().getInterfaces(); if (inters != null
```

```
        && inters.length > 0) {
            for (Class<?> clz : inters) {
                if (clz.getSimpleName().equals("SmconfUpdateCallBack")) {
                    try {
                        Method m1 = confBean.getClass()
                            .getDeclaredMethod("reload", Conf.class);
                        m1.invoke(confBean, conf);
                    } catch (Exception e) {
                        LOGGER.error(" 设置回调用户自定义方法异常 ", e);
                    }
                    break;
                }
            }
        }
    }
```

9.7 本章小结

本章中我们主要学习了微服务架构下的配置管理,无论是用什么配置管理框架都只有一个目标,那就是简化复杂的配置维护流程。大家可以按照笔者给出的思路尝试自己写一个这样的框架。

第 10 章

分布式配置中心 Apollo

10.1 Apollo 简介

Apollo（阿波罗）是携程框架部门研发的分布式配置中心，能够集中化管理应用不同环境、不同集群的配置，配置修改后能够实时推送到应用端，并且具备规范的权限、流程治理等特性，适用于微服务配置管理场景。

服务端基于 Spring Boot 和 Spring Cloud 开发，打包后可以直接运行，不需要额外安装 Tomcat 等应用容器。

Java 客户端不依赖任何框架，能够运行于所有 Java 运行时环境，同时对 Spring/Spring Boot 环境也有较好的支持。

GitHub 主页地址：https://github.com/ctripcorp/apollo。

10.2 Apollo 的核心功能点

1. 统一管理不同环境、不同集群的配置

Apollo 提供了一个统一界面，集中式管理不同环境（environment）、不同集群（cluster）、不同命名空间（namespace）的配置。

同一份代码部署在不同的集群，可以有不同的配置，比如 zk 的地址等。

通过命名空间（namespace）可以很方便地支持多个不同应用共享同一份配置，同时还允许应用对共享的配置进行覆盖。

2. 配置修改实时生效（热发布）

用户在 Apollo 修改完配置并发布后，客户端能实时（1s）接收到最新的配置，并通知到应用程序。

3. 版本发布管理

所有的配置发布都有版本概念，从而可以方便地支持配置的回滚。

4. 灰度发布

支持配置的灰度发布，比如点击发布后，只对部分应用实例生效，等观察一段时间，确定没问题后再推给所有应用实例。

5. 权限管理、发布审核、操作审计

应用和配置的管理都有完善的权限管理机制，对配置的管理还分为编辑和发布两个环节，从而减少人为的错误。

所有的操作都有审计日志，方便追踪问题。

6. 客户端配置信息监控

可以方便地看到配置被哪些实例使用。

7. 提供 Java 和 .Net 原生客户端

提供了 Java 和 .Net 的原生客户端，方便应用集成。

支持 Spring Placeholder、Annotation 和 Spring Boot 的 ConfigurationProperties，方便应用使用（需要 Spring 3.1.1+）。

同时提供了 Http 接口，非 Java 和 .Net 应用也可以方便地使用。

8. 提供开放平台 API

Apollo 自身提供了比较完善的统一配置管理界面，支持多环境、多数据中心配置管理、权限、流程治理等特性。

不过 Apollo 出于通用性考虑，对配置的修改不会做过多限制，只要符合基本的格式就能够保存。

在我们的调研中发现，对于有些使用方，它们的配置可能会有比较复杂的格式，如 xml、json，需要对格式做校验。

还有一些使用方如 DAL，不仅有特定的格式，而且针对输入的值也需要进行校验后方可保存，如检查数据库、用户名和密码是否匹配。

对于这类应用，Apollo 支持应用方通过开放接口在 Apollo 进行配置的修改和发布，并且具备完善的授权和权限控制。

9. 部署简单

配置中心作为基础服务，对可用性要求非常高，这就需要 Apollo 对外部依赖尽可能地少。

目前唯一的外部依赖是 MySQL，所以部署非常简单，只要安装好 Java 和 MySQL 就可以让 Apollo 跑起来。

Apollo 还提供了打包脚本，一键就可以生成所有需要的安装包，并且支持自定义运行时的参数。

10.3　Apollo 核心概念

1. 应用

应用就是我们的项目，Apollo 客户端在运行时需要知道应用的标识，从而可以根据这个标识去配置中心获取对应的配置。

应用的标识用 APPid 来指定，指定 APPid 的方式有多种，Spring Boot 项目中建议直接配置在 application.properties 中，跟着项目走。

2. 环境

环境就是常见的开发、测试、生产等，不同的环境对应的配置内容不一样。Apollo 客户端在运行时除了需要知道项目当前的身份标识，还需要知道当前项目对应的环境，从而可以根据环境去配置中心获取对应的配置。

指定项目当前环境的方式有多种，可以通过 Java System Property 或者配置文件来指定。

目前支持的环境有 Local（本地环境，加载本地配置）、DEV（开发环境）、FAT（测试环境）、UAT（集成环境）、PRO（生产环境）。

3. 集群

在多机房的环境下，针对不同的机房，我们可以划分出不同的集群，集群可以拥有不同的配置。

指定项目对应集群的方式有多种，可以通过 Java System Property 或者配置文件来指定。

4. 命名空间

命名空间可以用来对配置做分类，不同类型的配置存放在不同的命名空间中，如数据库配置文件、消息队列配置、业务相关的配置等。

命名空间还有一个公共的特性，那就是让多个项目共用同一份配置，比如 Redis 集群配置。

5. 权限控制

通过权限控制可以防止配置被不相干的人误操作。对于开发人员，可以只分配测试环境的修改权限和发布权限，只有负责人才能有正式环境的权限。

10.4　Apollo 本地部署

为了让大家更快地上手了解 Apollo 配置中心，官方准备了一个快速启动的安装包，能够在几分钟内完成本地环境部署，启动 Apollo 配置中心。

本地部署只适用于开发环境，生产环境需要采用分布式部署，在后面的章节中会为大家讲解怎么进行分布式部署。

1. 环境准备

Apollo 采用 Java 语言开发，部署环境必须安装了 Java，版本要求：Java 1.8+。

Apollo 的数据都存储的 Mysql 中，部署环境也需要安装 Mysql 数据库，版本要求：5.6.5+。

快速启动的脚本是 shell 编写的，要有 bash 环境，在 Linux/Mac 下无影响。如果用户是 Windows 环境，需要安装 Git Bash(https://git-for-windows.github.io/)。

2. 下载快速启动安装包

快速启动安装包下载地址：https://github.com/nobodyiam/apollo-build-scripts。

安装包共 50M，如果访问 GitHub 网速较慢的话，也可以从百度网盘下载。

百度网盘下载地址：https://pan.baidu.com/s/1CtLAXQFxOfvb2xUV2R0PlQ。

下载之后进行解压，目录结构如图 10-1 所示：

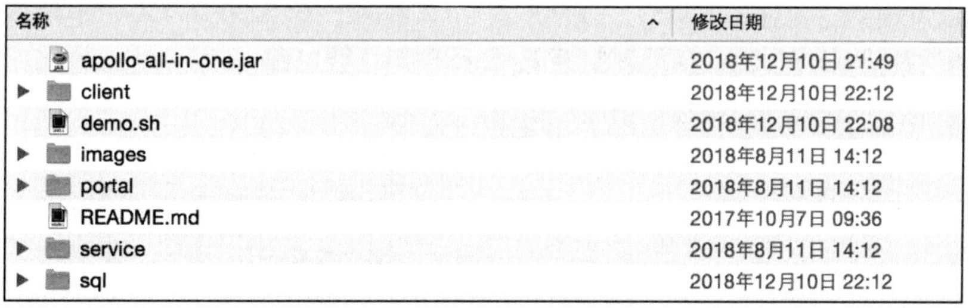

图 10-1　Apollo 快速体验安装包目录

3. 初始化数据库

Apollo 服务端一共需要两个数据库：ApolloPortalDB 和 ApolloConfigDB。数据库、表的创建和样例数据的 sql 文件都在快速启动安装包的 sql 目录中，只需要导入数据库即可。

4. 修改数据库连接信息

数据库连接信息在 demo.sh 中，我们需要把对应的数据库连接信息修改成我们自己安装的地址，这样 Apollo 才能正常启动。

```
#apollo config db info
apollo_config_db_url=jdbc:mysql://localhost:3306/ApolloConfigDB?characterEncoding=utf8
```

```
apollo_config_db_username=用户名
apollo_config_db_password=密码(如果没有密码,留空即可)

# apollo portal db info
apollo_portal_db_url=jdbc:mysql://localhost:3306/ApolloPortalDB?characterEncoding=utf8
apollo_portal_db_username=用户名
apollo_portal_db_password=密码(如果没有密码,留空即可)
```

5. 启动 Apollo 配置中心

执行启动脚本:

```
./demo.sh start
```

demo.sh 脚本会在本地启动 3 个服务,分别使用 8070、8080、8090 端口,请确保这 3 个端口当前没有被使用。

当看到如下输出后,就说明 Apollo 启动成功了!

```
==== starting service ====
Service logging file is ./service/apollo-service.log
Started [10768]
Waiting for config service startup.......
Config service started. You may visit http://localhost:8080 for service status now!
Waiting for admin service startup....
Admin service started
==== starting portal ====
Portal logging file is ./portal/apollo-portal.log
Started [10846]
Waiting for portal startup......
Portal started. You can visit http://localhost:8070 now!
```

启动成功之后打开 http://localhost:8070,访问 Web 管理页面。账号:apollo,密码:admin。

10.5 Apollo Portal 管理后台使用

打开 Portal 地址,首先看到的是登录页面,默认的账号是 apollo,密码是 admin。输入之后点击登录即可跳转到首页,如图 10-2 所示。

首页会展示当前登录用户管理的所有项目列表,还有收藏、搜索等功能,如图 10-3 所示。

点击 SampleApp 可以跳转到项目的主页面,如图 10-4 所示。

图 10-2　登录页面

图 10-3 Apollo 首页

图 10-4 项目主页面

点击新增配置按钮可以添加单条配置，如图 10-5 所示。

图 10-5 单条配置添加

批量添加可以使用文本模式进行添加，如图 10-6 所示。

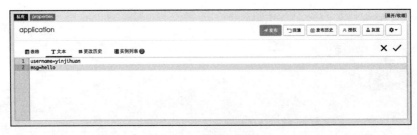

图 10-6　批量添加模式

添加后不会马上生效，需要点击发布按钮确认发布的配置信息后才会同步到客户端，如图 10-7 所示。

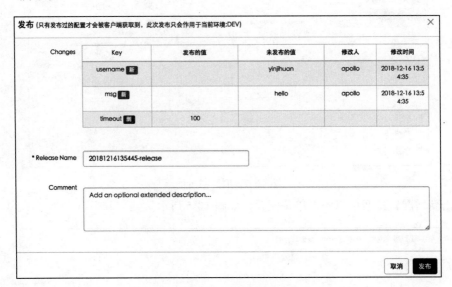

图 10-7　发布配置

还有很多操作大家可以自己尝试，比如添加项、添加命名空间、灰度发布等。

10.6　Java 中使用 Apollo

10.6.1　普通 Java 项目中使用

加入 Apollo Client 的 Maven 依赖，如代码清单 10-1 所示。

代码清单 10-1　Apollo Maven 依赖

```
<dependency>
    <groupId>com.ctrip.framework.apollo</groupId>
    <artifactId>apollo-client</artifactId>
    <version>1.1.0</version>
</dependency>
```

使用 API 的方式来获取配置，如代码清单 10-2 所示。

代码清单 10-2　API 方式获取配置

```java
public class App {
    public static void main(String[] args) {
        Config config = ConfigService.getAppConfig();
        String key = "username";
        String defaultValue = "尹吉欢";
        String username = config.getProperty(key, defaultValue);
        System.out.println("username=" + username);
    }
}
```

通过 ConfigService 得到 Config 对象，config.getProperty() 方法可以传入你想获取的配置 Key，defaultValue 是当配置中心找不到配置的时候返回的默认值，避免空指针异常。

运行上面这段代码，输出的结果是默认值尹吉欢。因为我们还没有指定 Apollo 需要的一些必要信息，这些信息包括 Meta Server、AppId 和 Environment。Cluster 可以不用指定，用默认即可。

1. Meta Server 配置

Apollo 支持应用在不同的环境中有不同的配置，所以需要运行提供给 Apollo 客户端当前环境的 Apollo Meta Server 信息。在默认情况下，meta server 和 config service 是部署在同一个 JVM 进程里的，所以 meta server 的地址就是 config service 的地址。

目前我们用的快速启动包只有一个 DEV 环境，config service 的地址是 http://localhost:8080，这个已经在启动脚本 demo.sh 中定义好了。

Meta Server 的地址配置有多种方式，更多配置方式请查看官方文档：https://github.com/ctripcorp/apollo/wiki/Java客户端使用指南#122-apollo-meta-server。

为了能够让示例代码在各位读者的电脑上也能直接运行，我们将配置定在 classpath:/META-INF/app.properties 中。内容为 apollo.meta=http://localhost:8080。

2. APPid 配置

APPid 是应用的身份信息，是从服务端获取配置的一个重要信息。同样 APPid 的配置方式也有多种，我们采用跟 Meta Server 一样的方式，配置在 classpath:/META-INF/app.properties 中。内容为 app.id=SampleApp。

SampleApp 在 Portal 的项目主页面中有展示，如果是你自己新建的项目，那么就是你自定义的 AppId。

3. Environment 配置

Environment 跟项目本身没有关系，一个项目可以部署在不同的环境中，代码不需要改变，需要变化的只是配置值而已。所以 Environment 的配置不能配置在项目中，最常用的有如下两种配置方式。

（1）通过 Java System Property
- 可以通过 Java 的 System Property env 来指定环境。
- 在 Java 程序启动脚本中，可以指定 -Denv=YOUR-ENVIRONMENT。
- 如果是运行 jar 文件，需要注意格式为 java -Denv=YOUR-ENVIRONMENT -jar xxx.jar。
- 注意 key 为全小写。

（2）通过配置文件
- 最后一个推荐的方式是通过配置文件来指定 env=YOUR-ENVIRONMENT。
- 对于 Mac/Linux，文件位置为 /opt/settings/server.properties。
- 对于 Windows，文件位置为 C:\opt\settings\server.properties。

server.properties 内容为 env=DEV。

同样的，为了能够让本书的示例代码能够更方便地在各位读者的电脑上运行，我们就用 ava System Property 的方式来指定 Environment，要么在 IDE 的启动参数中指定，要么就在 main 方法的第一行通过代码指定（仅供开发演示用，不能用于生产环境）。如代码清单 10-3 所示。

代码清单 10-3　通过代码设置环境

```java
public static void main(String[] args) {
    System.setProperty("env", "DEV");
    // ....
}
```

所有配置完成之后，我们再次运行前面的示例代码，可以看到输出的内容就是我们自己配置的值。

4. 监听配置变化事件

在某些场景下，当配置发生变化的时候，我们需要进行一些特殊的处理。比如，数据库连接串变化后需要重建连接等，就可以使用 API 提供的监听机制。如代码清单 10-4 所示。

代码清单 10-4　配置修改监听回调

```java
config.addChangeListener(new ConfigChangeListener() {
    public void onChange(ConfigChangeEvent changeEvent) {
        System.out.println("发生修改数据的命名空间是: " + changeEvent.getNamespace());
        for (String key : changeEvent.changedKeys()) {
            ConfigChange change = changeEvent.getChange(key);
            System.out.println(String.format("发现修改 - 配置key: %s, 原来的值 : %s, 修改后的值 : %s, 操作类型 : %s", change.getPropertyName(), change.getOldValue(), change.getNewValue(), change.getChangeType()));
        }
    }
});
```

当我们在 Portal 中进行修改配置时，就会触发监听事件，输出结果为：

```
发生修改数据的命名空间是：application
发现修改 - 配置key：username，原来的值：yinjihuan，修改后的值：yinjihuan1，操作类型：MODIFIED
```

10.6.2 Spring Boot 中使用

首先准备一个 Spring Boot 项目，加入 Apollo Client 的 Maven 依赖，如代码清单 10-5 所示：

代码清单 10-5　Apollo Maven 依赖

```xml
<dependency>
    <groupId>com.ctrip.framework.apollo</groupId>
    <artifactId>apollo-client</artifactId>
    <version>1.1.0</version>
</dependency>
```

然后配置 Apollo 的信息，配置放在 application.properties 中：

```
app.id=SampleApp
apollo.meta=http://localhost:8080
apollo.bootstrap.enabled=true
apollo.bootstrap.namespaces=application
```

其中，

❑ app.id：身份信息。

❑ apollo.meta：Meta Server（Config Service）。

❑ apollo.bootstrap.enabled：项目启动的 bootstrap 阶段，向 Spring 容器注入配置信息。

❑ apollo.bootstrap.namespaces：注入命名空间。

环境同样在 main 方法中指定，如代码清单 10-6 所示。

代码清单 10-6　启动类中指定环境

```java
@SpringBootApplication
public class App {
    public static void main(String[] args) {
        // 指定环境（仅供开发演示用，不能用于生产环境））
        System.setProperty("env", "DEV");
        SpringApplication.run(App.class, args);
    }
}
```

1. Placeholder 注入配置

Placeholder 注入配置如代码清单 10-7 所示。

代码清单 10-7　Placeholder 注入配置

```
/**
 * 用户名，默认值为 yinjihuan
```

```
*/
@Value("${username:yinjihuan}")
private String username;
```

2. Java Config 使用方式

Java Config 使用方式如代码清单 10-8 所示。

代码清单 10-8　Java Config 使用方式

```
@Data
@Configuration
public class UserConfig {

    @Value("${username:yinjihuan}")
    private String username;

}
```

使用 Config 配置类注入如代码清单 10-9 所示：

代码清单 10-9　Config 配置类注入

```
@Autowired
private UserConfig userConfig;
```

3. ConfigurationProperties 使用方式

ConfigurationProperties 的使用方法如代码清单 10-10 所示。

代码清单 10-10　ConfigurationProperties 使用方式

```
@Data
@Configuration
@ConfigurationProperties(prefix = "redis.cache")
public class RedisConfig {
    private String host;
}
```

配置中心只需要增加 redis.cache.host 配置项即可实现注入，配置内容如下：

```
redis.cache.host = 192.168.1.1
```

ConfigurationProperties 方式有个缺点，当配置的值发生变化时不会自动刷新，而是需要手动实现刷新逻辑，笔者建议大家不要使用这种方式，比较繁琐。如果有配置需要加统一前缀的方式可以用 Java Config 的方式代替。

4. Spring Annotation 支持

（1）@ApolloConfig

用来自动注入 Apollo Config 对象，如代码清单 10-11 所示。

代码清单 10-11　ApolloConfig 注解使用

```
@ApolloConfig
```

```
private Config config;

@GetMapping("/config/getUserName3")
public String getUserName3() {
    return config.getProperty("username", "yinjihuan");
}
```

(2)@ApolloConfigChangeListener

用来自动注册 ConfigChangeListener，如代码清单 10-12 所示。

代码清单 10-12　注解方式监听配置变化

```
@ApolloConfigChangeListener
private void someOnChange(ConfigChangeEvent changeEvent) {
    if(changeEvent.isChanged("username")) {
        System.out.println("username 发生修改了 ");
    }
}
```

(3)@ApolloJsonValue

用来把配置的 JSON 字符串自动注入为对象。

定义一个实体类，如代码清单 10-13 所示。

代码清单 10-13　实体类定义

```
@Data
public class Student {

    private int id;

    private String name;

}
```

对象注入，如代码清单 10-14 所示。

代码清单 10-14　ApolloJsonValue 注解使用

```
@ApolloJsonValue("${stus:[]}")
private List<Student> stus;
```

后台增加配置内容如下：

```
stus = [{"id":1,"name":"jason"}]
```

10.7　Apollo 的架构设计

10.7.1　Apollo 架构设计介绍

Apollo 架构设计流程如图 10-8 所示，具体内容介绍如下。

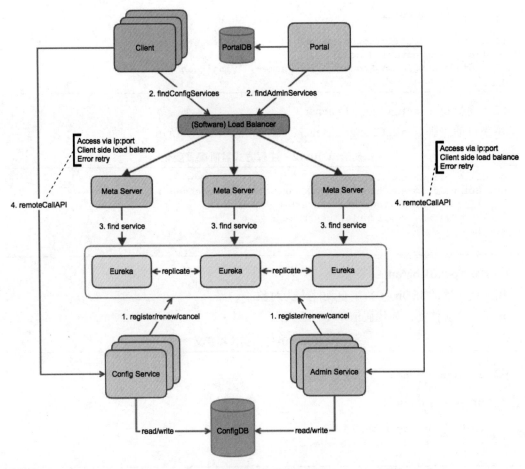

图 10-8　Apollo 架构设计（图片来源于 Apollo 文档）

（1）Config Service
- 服务于 Client（项目中的 Apollo 客户端）对配置的操作，提供配置的查询接口。
- 提供配置更新推送接口（基于 Http long polling）。

（2）Admin Service
- 服务于后台 Portal（Web 管理端），提供配置管理接口。

（3）Meta Server
- Meta Server 是对 Eureka 的一个封装，提供了 Http 接口获取 Admin Service 和 Config Service 的服务信息。
- 部署时和 Config Service 是在一个 JVM 进程中的，所以 IP、端口和 Config Service 一致。

（4）Eureka
- 用于提供服务注册和发现。

- Config Service 和 Admin Service 会向 Eureka 注册服务。
- 为了简化部署流程，Eureka 在部署时和 Config Service 是在一个 JVM 进程中，也就是说 Config Service 同时包含了 Eureka 和 Meta Server。

（5）Portal
- 后台 Web 界面管理配置。
- 通过 Meta Server 获取 Admin Service 服务列表（IP+Port）进行配置的管理，在客户端内做负载均衡。

（6）Client
- Apollo 提供的客户端，用于项目中对配置的获取、更新。
- 通过 Meta Server 获取 Config Service 服务列表（IP+Port）进行配置的管理，在客户端内做负载均衡。

其中，Apollo 架构设计流程可分为如下几类。

（1）Portal 管理配置流程

Portal 连接了 PortalDB，通过域名访问 Meta Server 获取 Admin Service 服务列表，直接对 Admin Service 发起接口调用，Admin Service 会对 ConfigDB 进行数据操作。

（2）客户端获取配置流程

Client 通过域名访问 Meta Server 获取 Config Service 服务列表，直接对 Config Service 发起接口调用，Config Service 会对 ConfigDB 进行数据操作。

（3）Meta Server 获取服务列表流程

Meta Server 会去 Eureka 中获取对应服务的实例信息，Eureka 中的实例信息是 Admin Service 和 Config Service 自动注册到 Eureka 中并保持心跳。

10.7.2 Apollo 服务端设计

1. 配置发布后的实时推送设计

配置中心最重要的一个特性就是实时推送，正因为有这个特性，我们才可以依赖配置中心做很多事情。在笔者开发的 Smconf 配置中心，Smconf 是依赖于 ZookeeperWatch 机制来实现实时推送，如图 10-9 所示。

图 10-9 简要描述了配置发布的大致过程。

- 用户在 Portal 中进行配置的编辑和发布。
- Portal 会调用 Admin Service 提供的接口进行发布操作。
- Admin Service 收到请求后，发送 ReleaseMessage 给各个 Config Service，通知 Config Service 配置发生变化。
- Config Service 收到 ReleaseMessage 后，通知对应的客户端，基于 Http 长连接实现。

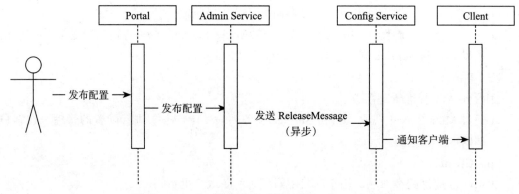

图 10-9 Apollo 推送设计（图片来源于 Apollo 文档）

2. 发送 ReleaseMessage 的实现方式

ReleaseMessage 消息是通过 Mysql 实现了一个简单的消息队列。之所以没有采用消息中间件，是为了让 Apollo 在部署的时候尽量简单，尽可能减少外部依赖，如图 10-10 所示。

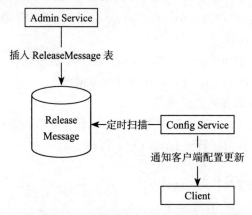

图 10-10 配置变化消息发送（图片来源于 Apollo 文档）

图 10-10 简要描述了发送 ReleaseMessage 的大致过程：
- Admin Service 在配置发布后会往 ReleaseMessage 表插入一条消息记录。
- Config Service 会启动一个线程定时扫描 ReleaseMessage 表，来查看是否有新的消息记录。
- Config Service 发现有新的消息记录，就会通知到所有的消息监听器。
- 消息监听器得到配置发布的信息后，就会通知对应的客户端。

3. Config Service 通知客户端的实现方式

通知采用基于 Http 长连接实现，主要分为下面几个步骤：
- 客户端会发起一个 Http 请求到 Config Service 的 notifications/v2 接口。

- notifications/v2 接口通过 Spring DeferredResult 把请求挂起，不会立即返回。
- 如果在 60s 内没有该客户端关心的配置发布，那么会返回 Http 状态码 304 给客户端。
- 如果发现配置有修改，则会调用 DeferredResult 的 setResult 方法，传入有配置变化的 namespace 信息，同时该请求会立即返回。
- 客户端从返回的结果中获取到配置变化的 namespace 后，会立即请求 Config Service 获取该 namespace 的最新配置。

4. 源码解析实时推送设计

Apollo 推送涉及的代码比较多，本书就不做详细分析了，笔者把推送这里的代码稍微简化了下，给大家进行讲解，这样理解起来会更容易。当然，这些代码比较简单，很多细节就不做考虑了，只是为了能够让大家明白 Apollo 推送的核心原理。

发送 ReleaseMessage 的逻辑我们就写一个简单的接口，用队列存储，测试的时候就调用这个接口模拟配置有更新，发送 ReleaseMessage 消息。如代码清单 10-15 所示。

代码清单 10-15　配置变化消息发送

```java
@RestController
public class NotificationControllerV2 implements ReleaseMessageListener {

    // 模拟配置更新，向其中插入数据表示有更新
    public static Queue<String> queue = new LinkedBlockingDeque<>();

    @GetMapping("/addMsg")
    public String addMsg() {
        queue.add("xxx");
        return "success";
    }

}
```

消息发送之后，根据前面讲过的 Config Service 会启动一个线程定时扫描 ReleaseMessage 表，查看是否有新的消息记录，然后取通知客户端，在这里我们也会启动一个线程去扫描，如代码清单 10-16 所示。

代码清单 10-16　定时任务扫描消息

```java
@Component
public class ReleaseMessageScanner implements InitializingBean {

    @Autowired
    private NotificationControllerV2 configController;

    @Override
    public void afterPropertiesSet() throws Exception {
        // 定时任务从数据库扫描有没有新的配置发布
        new Thread(() -> {
            for (;;) {
```

```
                String result = NotificationControllerV2.queue.poll();
                if (result != null) {
                    ReleaseMessage message = new ReleaseMessage();
                    message.setMessage(result);
                    configController.handleMessage(message);
                }
            }
        }).start();;
    }
}
```

循环读取 NotificationControllerV2 中的队列，如果有消息的话就构造一个 ReleaseMessage 的对象，然后调用 NotificationControllerV2 中的 handleMessage() 方法进行消息的处理。

ReleaseMessage 就一个字段，模拟消息内容，如代码清单 10-17 所示。

代码清单 10-17　消息内容

```
public class ReleaseMessage {
    private String message;

    public void setMessage(String message) {
        this.message = message;
    }
    public String getMessage() {
        return message;
    }
}
```

接下来，我们来看 handleMessage 做了哪些工作。

NotificationControllerV2 实现了 ReleaseMessageListener 接口，ReleaseMessageListener 中定义了 handleMessage() 方法，如代码清单 10-18 所示。

代码清单 10-18　配置变化通知监听器接口

```
public interface ReleaseMessageListener {
    void handleMessage(ReleaseMessage message);
}
```

handleMessage 就是当配置发生变化的时候，发送通知的消息监听器。消息监听器在得到配置发布的信息后，会通知对应的客户端，如代码清单 10-19 所示。

代码清单 10-19　通知客户端

```
@RestController
public class NotificationControllerV2 implements ReleaseMessageListener {

    private final Multimap<String, DeferredResultWrapper> deferredResults = Multimaps
            .synchronizedSetMultimap(HashMultimap.create());

    @Override
```

```java
public void handleMessage(ReleaseMessage message) {
    System.err.println("handleMessage:"+ message);
    List<DeferredResultWrapper> results = Lists.newArrayList(deferredResults.get("xxxx"));
    for (DeferredResultWrapper deferredResultWrapper : results) {
        List<ApolloConfigNotification> list = new ArrayList<>();
        list.add(new ApolloConfigNotification("application", 1));
        deferredResultWrapper.setResult(list);
    }
}
```

Apollo 的实时推送是基于 Spring DeferredResult 实现的,在 handleMessage() 方法中可以看到是通过 deferredResults 获取 DeferredResult,deferredResults 就是第一行的 Multimap,Key 其实就是消息内容,Value 就是 DeferredResult 的业务包装类 DeferredResultWrapper,我们来看下 DeferredResultWrapper 的代码,如代码清单 10-20 所示。

代码清单 10-20　响应结果类

```java
public class DeferredResultWrapper {
    private static final long TIMEOUT = 60 * 1000;// 60 seconds

    private static final ResponseEntity<List<ApolloConfigNotification>> NOT_MODIFIED_RESPONSE_LIST =
            new ResponseEntity<>(HttpStatus.NOT_MODIFIED);

    private DeferredResult<ResponseEntity<List<ApolloConfigNotification>>> result;
    public DeferredResultWrapper() {
        result = new DeferredResult<>(TIMEOUT, NOT_MODIFIED_RESPONSE_LIST);
    }

    public void onTimeout(Runnable timeoutCallback) {
        result.onTimeout(timeoutCallback);
    }

    public void onCompletion(Runnable completionCallback) {
        result.onCompletion(completionCallback);
    }

    public void setResult(ApolloConfigNotification notification) {
        setResult(Lists.newArrayList(notification));
    }
    public void setResult(List<ApolloConfigNotification> notifications) {
        result.setResult(new ResponseEntity<>(notifications, HttpStatus.OK));
    }

    public DeferredResult<ResponseEntity<List<ApolloConfigNotification>>> getResult() {
        return result;
    }
}
```

通过 setResult() 方法设置返回结果给客户端,以上就是当配置发生变化,然后通过消息监听器通知客户端的原理,那么客户端是在什么时候接入的呢?可见代码清单 10-21。

代码清单 10-21　客户端接入逻辑

```java
@RestController
public class NotificationControllerV2 implements ReleaseMessageListener {

    // 模拟配置更新,向其中插入数据表示有更新
    public static Queue<String> queue = new LinkedBlockingDeque<>();
    private final Multimap<String, DeferredResultWrapper> deferredResults =
Multimaps
            .synchronizedSetMultimap(HashMultimap.create());

    @GetMapping("/getConfig")
    public DeferredResult<ResponseEntity<List<ApolloConfigNotification>>>
getConfig() {
        DeferredResultWrapper deferredResultWrapper = new
DeferredResultWrapper();
        List<ApolloConfigNotification> newNotifications =
getApolloConfigNotifications();
        if (!CollectionUtils.isEmpty(newNotifications)) {
            deferredResultWrapper.setResult(newNotifications);
        } else {
            deferredResultWrapper.onTimeout(() -> {
                System.err.println("onTimeout");
            });

            deferredResultWrapper.onCompletion(() -> {
                System.err.println("onCompletion");
            });
            deferredResults.put("xxxx", deferredResultWrapper);
        }
        return deferredResultWrapper.getResult();
    }

    private List<ApolloConfigNotification> getApolloConfigNotifications() {
        List<ApolloConfigNotification> list = new ArrayList<>();
        String result = queue.poll();
        if (result != null) {
            list.add(new ApolloConfigNotification("application", 1));
        }
        return list;
    }
}
```

NotificationControllerV2 中提供了一个 /getConfig 的接口,客户端在启动的时候会调用这个接口,这个时候会执行 getApolloConfigNotifications() 方法去获取有没有配置的变更信息,如果有的话证明配置修改过,直接就通过 deferredResultWrapper.setResult (newNotifications);返回结果给客户端,客户端收到结果后重新拉取配置的信息覆盖本地的配置。

如果 getApolloConfigNotifications() 方法没有返回配置修改的信息,则证明配置没有发生修改,那就将 DeferredResultWrapper 对象添加到 deferredResults 中,等待后续配置发生

变化时消息监听器进行通知。

同时这个请求就会挂起，不会立即返回，挂起是通过 DeferredResultWrapper 中的下面这部分代码实现的，如代码清单 10-22 所示。

代码清单 10-22　请求挂起原理

```java
private static final long TIMEOUT = 60 * 1000;// 60 seconds

private static final ResponseEntity<List<ApolloConfigNotification>> NOT_MODIFIED_RESPONSE_LIST =
            new ResponseEntity<>(HttpStatus.NOT_MODIFIED);

private DeferredResult<ResponseEntity<List<ApolloConfigNotification>>> result;

public DeferredResultWrapper() {
    result = new DeferredResult<>(TIMEOUT, NOT_MODIFIED_RESPONSE_LIST);
}
```

在创建 DeferredResult 对象的时候指定了超时的时间和超时后返回的响应码，如果 60s 内没有消息监听器进行通知，那么这个请求就会超时，超时后客户端收到的响应码就是 304。

整个 Config Service 的流程就走完了，接下来我们来看一下客户端是怎么实现的，我们简单地写一个测试类模拟客户端注册，如代码清单 10-23 所示。

代码清单 10-23　客户端代码

```java
public class ClientTest {
    public static void main(String[] args) {
        reg();
    }

    private static void reg() {
        System.err.println("注册");
        String result = request("http://localhost:8081/getConfig");
        if (result != null) {
            // 配置有更新，重新拉取配置
            // ……
        }
        // 重新注册
        reg();
    }

    private static String request(String url) {
        HttpURLConnection connection = null;
        BufferedReader reader = null;
        try {
            URL getUrl = new URL(url);
            connection = (HttpURLConnection) getUrl.openConnection();
            connection.setReadTimeout(90000);
            connection.setConnectTimeout(3000);
            connection.setRequestMethod("GET");
            connection.setRequestProperty("Accept-Charset", "utf-8");
            connection.setRequestProperty("Content-Type", "application/json");
```

```java
            connection.setRequestProperty("Charset", "UTF-8");
            System.out.println(connection.getResponseCode());
            if (200 == connection.getResponseCode()) {
                reader = new BufferedReader(new InputStreamReader(connection.getInputStream(), "UTF-8"));
                StringBuilder result = new StringBuilder();
                String line = null;
                while ((line = reader.readLine()) != null) {
                    result.append(line);
                }
                System.out.println("结果 " + result);
                return result.toString();
            }
        } catch (IOException e) {
            e.printStackTrace();
        } finally {
            if (connection != null) {
                connection.disconnect();
            }
        }
        return null;
    }
}
```

首先启动 /getConfig 接口所在的服务，然后启动客户端，然后客户端就会发起注册请求，如果有修改直接获取到结果，则进行配置的更新操作。如果无修改，请求会挂起，这里客户端设置的读取超时时间是 90s，大于服务端的 60s 超时时间。

每次收到结果后，无论是有修改还是无修改，都必须重新进行注册，通过这样的方式就可以达到配置实时推送的效果。

我们可以调用之前写的 /addMsg 接口来模拟配置发生变化，调用之后客户端就能马上得到返回结果。

完整源码请参考：apollo-spring-customer。

10.7.3　Apollo 客户端设计

1. 设计原理

图 10-11 简要描述了 Apollo 客户端的实现原理。

- 客户端和服务端保持了一个长连接，编译配置的实时更新推送。
- 定时拉取配置是客户端本地的一个定时任务，默认为每 5 分钟拉取一次，也可以通过在运行时指定 System Property: apollo.refreshInterval 来覆盖，单位是分钟，推送 + 定时拉取 = 双保险。
- 客户端从 Apollo 配置中心服务端获取到应用的最新配置后，会保存在内存中。
- 客户端会把从服务端获取到的配置在本地文件系统缓存一份，当服务或者网络不可用时，可以使用本地的配置，也就是我们的本地开发模式 env=Local。

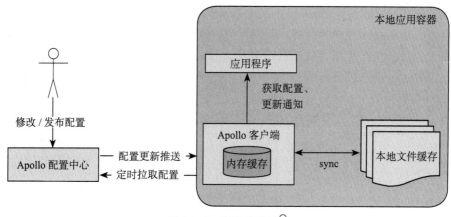

图 10-11　客户端设计[①]

2. 和 Spring 集成的原理

Apollo 除了支持 API 方式获取配置，也支持和 Spring/Spring Boot 集成，集成后可以直接通过 @Value 获取配置，我们来分析下集成的原理。

Spring 从 3.1 版本开始增加了 ConfigurableEnvironment 和 PropertySource：

❑ ConfigurableEnvironment 实现了 Environment 接口，并且包含了多个 PropertySource。

❑ PropertySource 可以理解为很多个 Key-Value 的属性配置，在运行时的结构形如图 10-12 所示。

需要注意的是，PropertySource 之间是有优先级顺序的，如果有一个 Key 在多个 property source 中都存在，那么位于前面的 property source 优先。

集成的原理就是在应用启动阶段，Apollo 从远端获取配置，然后组装成 PropertySource 并插入到第一个即可，如图 10-13 所示。

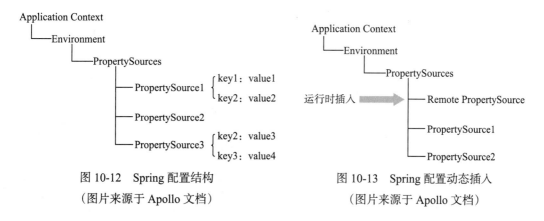

图 10-12　Spring 配置结构
（图片来源于 Apollo 文档）

图 10-13　Spring 配置动态插入
（图片来源于 Apollo 文档）

[①] 图片来源于 Apollo 文档。

3. 启动时初始化配置到 Spring

客户端集成 Spring 的代码分析，我们也采取简化的方式进行讲解。

首先我们来分析，在项目启动的时候从 Apollo 拉取配置，是怎么集成到 Spring 中的。创建一个 PropertySourcesProcessor 类，用于初始化配置到 Spring PropertySource 中。如代码清单 10-24 所示。

代码清单 10-24　配置初始化逻辑

```java
@Component
public class PropertySourcesProcessor implements BeanFactoryPostProcessor, EnvironmentAware {

    String APOLLO_PROPERTY_SOURCE_NAME = "ApolloPropertySources";

    private ConfigurableEnvironment environment;

    @Override
    public void postProcessBeanFactory(ConfigurableListableBeanFactory beanFactory) throws BeansException {
        // 启动时初始化配置到 Spring PropertySource
        Config config = new Config();
        ConfigPropertySource configPropertySource = new ConfigPropertySource("application", config);

        CompositePropertySource composite = new CompositePropertySource(APOLLO_PROPERTY_SOURCE_NAME);
        composite.addPropertySource(configPropertySource);

        environment.getPropertySources().addFirst(composite);
    }

    @Override
    public void setEnvironment(Environment environment) {
        this.environment = (ConfigurableEnvironment) environment;
    }
}
```

实现 EnvironmentAware 接口是为了获取 Environment 对象。实现 BeanFactoryPostProcessor 接口，我们可以在容器实例化 bean 之前读取 bean 的信息并修改它。

Config 在 Apollo 中是一个接口，定义了很多读取配置的方法，比如 getProperty、getIntProperty 等。通过子类去实现这些方法，在这里我们就简化下，直接定义成一个类，提供两个必要的方法，如代码清单 10-25 所示。

代码清单 10-25　配置获取类

```java
public class Config {

    public String getProperty(String key, String defaultValue) {
        if (key.equals("cxytiandiName")) {
            return "猿天地";
```

```java
        }
        return null;
    }
    public Set<String> getPropertyNames() {
        Set<String> names = new HashSet<>();
        names.add("cxytiandiName");
        return names;
    }
}
```

Config 就是配置类，配置拉取之后会存储在类中，所有配置的读取都必须经过它，我们在这里就平格定义需要读取的 key 为 cxytiandiName。

然后需要将 Config 封装成 PropertySource 才能插入到 Spring Environment 中。

定义一个 ConfigPropertySource 用于将 Config 封装成 PropertySource，ConfigPropertySource 继承了 EnumerablePropertySource，EnumerablePropertySource 继承了 PropertySource。如代码清单 10-26 所示。

代码清单 10-26　配置类转换成 PropertySource

```java
public class ConfigPropertySource extends EnumerablePropertySource<Config> {

    private static final String[] EMPTY_ARRAY = new String[0];

    ConfigPropertySource(String name, Config source) {
        super(name, source);
    }

    @Override
    public String[] getPropertyNames() {
        Set<String> propertyNames = this.source.getPropertyNames();
        if (propertyNames.isEmpty()) {
            return EMPTY_ARRAY;
        }
        return propertyNames.toArray(new String[propertyNames.size()]);
    }

    @Override
    public Object getProperty(String name) {
        return this.source.getProperty(name, null);
    }
}
```

需要做的操作还是重写 getPropertyNames 和 getProperty 这两个方法。当调用这两个方法时，返回的就是 Config 中的内容。

最后将 ConfigPropertySource 添加到 CompositePropertySource 中，并且加入到 ConfigurableEnvironment 即可。

定义一个接口用来测试有没有效果，如代码清单 10-27 所示。

代码清单 10-27　配置测试代码

```
@RestController
public class ConfigController {

    @Value("${cxytiandiName:yinjihuan}")
    private String name;
    @GetMapping("/get")
    private String cxytiandiUrl;
    @GetMapping("/get")
    public String get() {
        return name + cxytiandiUrl;
    }
}
```

在配置文件中增加对应的配置：

```
cxytiandiName=xxx
cxytiandiUrl=http://cxytiandi.com
```

在没有增加上面讲的代码之前，访问 /get 接口返回的是 xxxhttp://cxytiandi.com。加上上面讲解的代码之后，返回的内容就变成了猿天地 http://cxytiandi.com。这是因为我们在 Config 中对应 cxytiandiName 这个 key 的返回值是猿天地，也间接证明了在启动的时候可以通过这种方式来覆盖本地的值。这就是 Apollo 与 Spring 集成的原理。

4. 运行中修改配置如何刷新

在这一节中，我们来讲解下在项目运行过程中，配置发生修改之后推送给了客户端，那么这个值如何去更新 Spring 当中的值呢？

原理就是把这些配置都存储起来，当配置发生变化的时候进行修改就可以。Apollo 中定义了一个 SpringValueProcessor 类，用来处理 Spring 中值的修改。下面只贴出一部分代码，完整源码大家可以去 GitHub 上查看。如代码清单 10-28 所示。

代码清单 10-28　Spring Value 处理

```
@Component
public class SpringValueProcessor implements BeanPostProcessor, BeanFactoryAware {

    private PlaceholderHelper placeholderHelper = new PlaceholderHelper() ;

    private BeanFactory beanFactory;

    public SpringValueRegistry springValueRegistry = new SpringValueRegistry();

    @Override
    public Object postProcessBeforeInitialization(Object bean, String beanName)
    throws BeansException {
        Class clazz = bean.getClass();
        for (Field field : findAllField(clazz)) {
            processField(bean, beanName, field);
        }
```

```java
        return bean;
    }

    private void processField(Object bean, String beanName, Field field) {
        // register @Value on field
        Value value = field.getAnnotation(Value.class);
        if (value == null) {
            return;
        }
        Set<String> keys = placeholderHelper.extractPlaceholderKeys(value.value());
        if (keys.isEmpty()) {
            return;
        }

        for (String key : keys) {
            SpringValue springValue = new SpringValue(key, value.value(), bean, beanName, field, false);
            springValueRegistry.register(beanFactory, key, springValue);
        }
    }
}
```

通过实现 BeanPostProcessor 来处理每个 bean 中的值，然后将这个配置信息封装成一个 SpringValue 存储到 springValueRegistry 中。

SpringValue 代码如代码清单 10-29 所示。

代码清单 10-29　SpringValue 代码

```java
public class SpringValue {

    private MethodParameter methodParameter;
    private Field field;
    private Object bean;
    private String beanName;
    private String key;
    private String placeholder;
    private Class<?> targetType;
    private Type genericType;
    private boolean isJson;
}
```

SpringValueRegistry 就是利用 Map 来存储，如代码清单 10-30 所示。

代码清单 10-30　SpringValue 存储类

```java
public class SpringValueRegistry {
    private final Map<BeanFactory, Multimap<String, SpringValue>> registry = Maps.newConcurrentMap();
    private final Object LOCK = new Object();

    public void register(BeanFactory beanFactory, String key, SpringValue springValue) {
        if (!registry.containsKey(beanFactory)) {
            synchronized (LOCK) {
```

```
                    if (!registry.containsKey(beanFactory)) {
                        registry.put(beanFactory, LinkedListMultimap.<String,
SpringValue>create());
                    }
                }
            }
            registry.get(beanFactory).put(key, springValue);
        }

        public Collection<SpringValue> get(BeanFactory beanFactory, String key) {
            Multimap<String, SpringValue> beanFactorySpringValues = registry.
get(beanFactory);
            if (beanFactorySpringValues == null) {
                return null;
            }
            return beanFactorySpringValues.get(key);
        }
    }
```

写个接口用于模拟配置修改，如代码清单 10-31 所示。

代码清单 10-31　模拟配置修改接口

```
@RestController
public class ConfigController {

    @Autowired
    private SpringValueProcessor springValueProcessor;
    @Autowired
    private ConfigurableBeanFactory beanFactory;

    @GetMapping("/update")
    public String update(String value) {
        Collection<SpringValue> targetValues = springValueProcessor.
springValueRegistry.get(beanFactory,
                "cxytiandiName");
        for (SpringValue val : targetValues) {
            try {
                val.update(value);
            } catch (IllegalAccessException | InvocationTargetException e) {
                e.printStackTrace();
            }
        }
        return name;
    }
}
```

当我们调用 /update 接口后，在前面的 /get 接口可以看到猿天地的值改成了你传入的那个值，这就是动态修改。

5. 原理分析总结

至此关于 Apollo 核心原理的分析就结束了，通过阅读 Apollo 的源码，真的可以学到了很多的东西。笔者写的配置中心 Smconf 跟 Apollo 的设计就完全不一样。一个功能你可以实现，我也可以实现，但是大家的设计、思路都不一样，这就是编程的魅力。

Smconf 和 Apollo 在设计上的不同点：

（1）数据存储

- Smconf 用的是 Mongodb，Apollo 用的是 Mysql。
- Smconf 是一个库，通过字段来区分不同环境下的配置。Apollo 是多个库，通过库来区分不同环境下的配置。

（2）推送设计

- Smconf 基于 Zookeeper Watcher 机制实现推送，Apollo 基于 Http 长连接实现推送，还有容灾的定时拉取逻辑。

（3）配置使用

- Smconf 是定义一个配置类，这个类会交由 Spring 管理，也就是存储在本地的 Map 中，当值修改的时候就直接修改 Map 中这个配置 bean 的值，使用也只能注入这个 bean 进行 get 操作。
- Apollo 也有自己的原生获取值的对象，同时还集成到了 Spring 中，可以兼容老项目的使用方式。

（4）更新回调

- Smconf 是在配置类上实现一个接口，当配置发生变化的时候，会通知这个接口中的方法，使用者可以在这个方法中执行自己的业务逻辑。
- Apollo 中可以直接使用注解来进行监听，非常方便。

10.7.4 Apollo 高可用设计

高可用是分布式系统架构设计中必须考虑的因素之一，它通常是指通过设计减少系统不能提供服务的时间。

Apollo 在高可用设计上下了很大的功夫，下面我们来简单的分析下：

- 某台 Config Service 下线

无影响，Config Service 可用部署多个节点。

- 所有 Config Service 下线

所有 Config Service 下线会影响客户端的使用，无法读取最新的配置。可采用读取本地缓存的配置文件来过渡。

- 某台 Admin Service 下线

无影响，Admin Service 可用部署多个节点。

- 所有 Admin Service 下线

Admin Service 是服务于 Portal，所有 Admin Service 下线之后只会影响 Portal 的操作，不会影响客户端，客户端是依赖 Config Service。

- 某台 Portal 下线

Portal 可用部署多台，通过 Nginx 做负载，某台下线之后不影响使用。

- 全部 Portal 下线

对客户端读取配置是没有影响的，只是不能通过 Portal 去查看，修改配置。

- 数据库宕机

当配置的数据库宕机之后，对客户端是没有影响的，但是会导致 Portal 中无法更新配置。当客户端重启，这个时候如果需要重新拉取配置，就会有影响，可采取开启配置缓存的选项来避免数据库宕机带来的影响。

通过上面的分析，我们可以看出 Apollo 在可用性这块做得确实不错，各种场景会发生的问题都有备用方案，基本上不会有太大问题，大家放心大胆地使用吧。

10.8 本章小结

Apollo 一开源就受到了很多开发者的关注。在不断的迭代更新后，其功能越来越强大，使用越来越方便，表现也越来越稳定，是配置中心选型的首选。

当然也有其他优秀的开源产品，比如阿里的 Nacos。第 11 章将为大家带来服务跟踪 Sleuth 的学习。

第 11 章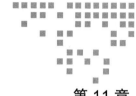

Sleuth 服务跟踪

在微服务架构下，服务之间的调用关系越来越复杂，通过 Zuul 转发到具体的业务接口，一个接口中会涉及多个微服务的交互，只要其中某个服务出现问题，整个请求都将失败。这时候我们要想快速定位到问题所在，就需要用到链路跟踪了。每个请求都是一条完整的调用链，通过调用链我们可以清楚地知道这个请求经过了哪些服务，在哪个服务上耗时多长时间，进而达到快速定位问题的目的。

为了解决上面提到的问题，Spring Cloud Sleuth 为我们提供了完整的解决方案。本章我们将学习如何使用 Spring Cloud Sleuth 来构建分布式链路跟踪功能。

11.1 Spring Cloud 集成 Sleuth

首先我们需要在跟踪的服务中集成 Sleuth，所有需要跟踪的服务都加上依赖。Sleuth Maven 配置如代码清单 11-1 所示。

代码清单 11-1　Sleuth Maven 配置

```
<dependency>
    <groupId>org.springframework.cloud</groupId>
    <artifactId>spring-cloud-starter-sleuth</artifactId>
</dependency>
```

集成完成之后，我们就可以看效果了，前提是需要有两个以上的服务，比如 A 服务、B 服务，然后 A 服务中调用 B 服务提供的接口，分别在 A 和 B 服务的接口中输出日志。

然后我们访问 A 服务的接口，查看 A 输出的日志信息，具体如下：

```
2019-01-20 15:16:10.187  INFO [sleuth-article-service,81bc3db3c143f1fb,81bc3db3c
143f1fb,false] 6355 --- [nio-8082-exec-1] c.c.e.controller.ArticleController       :
我是 /article/callHello
```

查看 B 输出的日志信息，具体如下：

```
2019-01-20 15:16:10.570  INFO [sleuth-user-service,81bc3db3c143f1fb,c0cf0d53ce2a
8047,false] 6356 --- [nio-8083-exec-1]c.c.e.controller.UserController          : 我是
/user/hello
```

在方法中记录日志，我们会发现在日志的最前面加了一部分内容，这部分内容就是 Sleuth 为服务直接提供的链路信息。

可以看到内容是由 [appname,traceId,spanId,exportable] 组成的，具体含义如下：

- appname：服务的名称，也就是 spring.application.name 的值。
- traceId：整个请求的唯一 ID，它标识整个请求的链路。
- spanId：基本的工作单元，发起一次远程调用就是一个 span。
- exportable：决定是否导入数据到 Zipkin 中。

11.2 整合 Logstash

在前面的案例中，我们已经实现了服务调用之间的链路追踪，但是这些日志是分散在各个机器上的，就算出现问题了，我们想快速定位，也得从各个机器把日志整合起来，再去查问题。这个时候就需要引入日志分析系统了，比如 ELK，可以将多台服务器上的日志信息统一收集起来，在出问题的时候我们可以轻松根据 traceId 来搜索出对应的请求链路信息。

11.2.1 ELK 简介

ELK 由三个组件组成：

- Elasticsearch 是个开源分布式搜索引擎，它的特点有分布式、零配置、自动发现、索引自动分片、索引副本机制、restful 风格接口、多数据源、自动搜索负载等。
- Logstash 是一个完全开源的工具，它可以对日志进行收集、分析并存储以供以后使用。
- kibana 是一个开源和免费的工具，它可以为 Logstash 和 ElasticSearch 提供日志分析友好的 Web 界面，可以汇总、分析和搜索重要数据日志。

ELK 官网：https://www.elastic.co/cn/。

11.2.2 输出 JSON 格式日志

可以通过 logback 来输出 Json 格式的日志，让 Logstash 收集存储到 Elasticsearch 中，

然后在 kibana 中查看。想要输入 Json 格式的数据需要加一个依赖，如代码清单 11-2 所示。

代码清单 11-2　Logstash JSON Maven 配置

```xml
<!-- 输出 Json 格式日志 -->
<dependency>
    <groupId>net.logstash.logback</groupId>
    <artifactId>logstash-logback-encoder</artifactId>
    <version>5.2</version>
</dependency>
```

然后创建一个 logback-spring.xml 文件。配置 logstash 需要收集的数据格式如下：

```xml
<!-- Appender to log to file in a JSON format -->
<appender name="logstash"
          class="ch.qos.logback.core.rolling.RollingFileAppender">
    <file>${LOG_FILE}.json</file>
    <rollingPolicy
            class="ch.qos.logback.core.rolling.TimeBasedRollingPolicy">
        <fileNamePattern>${LOG_FILE}.json.%d{yyyy-MM-dd}.gz</fileNamePattern>
        <maxHistory>7</maxHistory>
    </rollingPolicy>
    <encoder class="net.logstash.logback.encoder.
                        LoggingEventCompositeJsonEncoder">
        <providers>
            <timestamp>
                <timeZone>UTC</timeZone>
            </timestamp>
            <pattern>
                <pattern>
                    {
                    "severity": "%level",
                    "service": "${springAppName:-}",
                    "trace": "%X{X-B3-TraceId:-}",
                    "span": "%X{X-B3-SpanId:-}",
                    "parent": "%X{X-B3-ParentSpanId:-}",
                    "exportable": "%X{X-Span-Export:-}",
                    "pid": "${PID:-}",
                    "thread": "%thread",
                    "class": "%logger{40}",
                    "rest": "%message"
                    }
                </pattern>
            </pattern>
        </providers>
    </encoder>
</appender>
```

详细的配置信息可参考：

https://github.com/spring-cloud-samples/sleuth-documentation-apps/blob/master/service1/src/main/resources/logback-spring.xml。

集成好后就能在输出的日志目录中看到有一个以 .json 结尾的日志文件了，里面的数据格式是 Json 形式的，可以直接通过 Logstash 进行收集。

```
{
    "@timestamp": "2019-11-30T01:48:32.221+00:00",
    "severity": "DEBUG",
    "service": "fsh-substitution",
    "trace": "41b5a575c26eeea1",
    "span": "41b5a575c26eeea1",
    "parent": "41b5a575c26eeea1",
    "exportable": "false",
    "pid": "12024",
    "thread": "hystrix-fsh-house-10",
    "class": "c.f.a.client.fsh.house.HouseRemoteClient",
    "rest": "[HouseRemoteClient#hosueInfo] <--- END HTTP (796-byte body)"
}
```

日志收集存入 ElasticSearch 之后，就可以用 Kibana 进行展示。需要排查某个请求的问题时，直接根据 traceid 搜索，就可以把整个请求链路相关的日志信息查询出来。如图 11-1 所示。

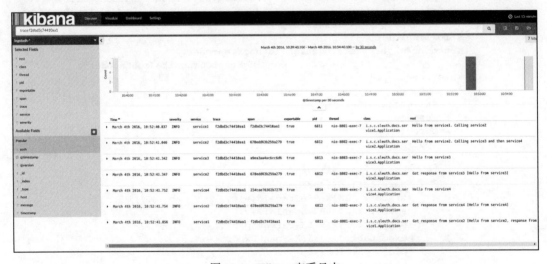

图 11-1　Kibana 查看日志

11.3　整合 Zipkin

Zipkin 是 Twitter 的一个开源项目，是一个致力于收集所有服务的监控数据的分布式跟踪系统，它提供了收集数据和查询数据两大接口服务。有了 Zipkin 我们就可以很直观地对调用链进行查看，并且可以很方便地看出服务之间的调用关系以及调用耗费的时间。

11.3.1　Zipkin 数据收集服务

部署 Zipkin 需要先下载已经编译好了的 jar 包，然后 java –jar 启动即可。

```
curl -sSL https://zipkin.io/quickstart.sh | bash -s
java -jar zipkin.jar
```

启动后访问 http://localhost:9411/zipkin/ 就可以看到管理页面了，如图 11-2 所示。

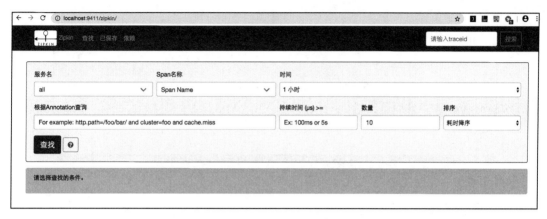

图 11-2　Zipkin 后台管理

更多部署方式请参考官网：https://zipkin.io/pages/quickstart.html。

11.3.2　项目集成 Zipkin 发送调用链数据

在之前的章节中，我们只是集成了 Spring Cloud Sleuth，然后将跟踪信息输出到日志中。现在，Zipkin 的服务部署好了，需要将链路跟踪的信息发送给 Zipkin 的收集服务。

需要在项目中添加依赖，如代码清单 11-3 所示。

代码清单 11-3　Zipkin Maven 配置

```
<dependency>
    <groupId>org.springframework.cloud</groupId>
    <artifactId>spring-cloud-starter-zipkin</artifactId>
</dependency>
```

在属性文件中可以配置 Zipkin 的地址，默认是 http://127.0.0.1:9411，这样才能将跟踪的数据发送到执行的收集服务中。

```
# 配置 zipKin Server 的地址
spring.zipkin.base-url=http://127.0.0.1:9411
```

然后我们启动之前的服务、访问接口，就可以看到数据已经能够在 Zipkin 的 Web 页面中了，如图 11-3 和图 11-4 所示。

停掉被访问的服务，模拟一下异常情况，通过 Zipkin 的 UI 可以快速发现请求异常的信息，如图 11-5 所示。

还可以查询异常的详细信息，如图 11-6 所示。

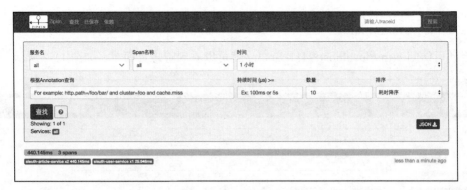

图 11-3　Zipkin 链路列表

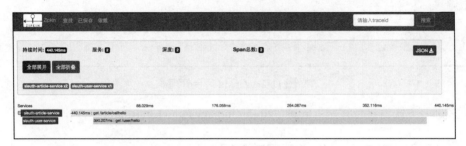

图 11-4　Zipkin 链路详情

图 11-5　Zipkin 异常请求

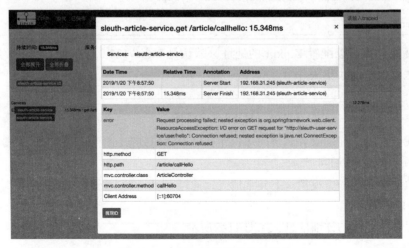

图 11-6　Zipkin 链路异常信息详情

11.3.3 抽样采集数据

在实际使用中可能调用了 10 次接口，但是 Zipkin 中只有一条数据，这是因为收集信息是有一定比例的，这并不是 bug。Zipkin 中的数据条数与调用接口次数默认比例是 0.1，当然我们也可以通过配置来修改这个比例值：

```
#zipkin 抽样比例
spring.sleuth.sampler.probability=1.0
```

之所以有这样的一个配置，是因为在高并发下，如果所有数据都采集，那这个数据量就太大了，采用抽样的做法可以减少一部分数据量，特别是对于 Http 方式去发送采集数据，对性能有很大的影响。

11.3.4 异步任务线程池定义

Sleuth 对异步任务也是支持的，我们用 @Async 开启一个异步任务后，Sleuth 会为这个调用新创建一个 Span。

如果你自定义了异步任务的线程池，会导致无法新创建一个 Span，这就需要使用 Sleuth 提供的 LazyTraceExecutor 来包装下。如代码清单 11-4 所示。

代码清单 11-4　Sleuth 异步线程池配置

```java
@Configuration
@EnableAutoConfiguration
public class CustomExecutorConfig extends AsyncConfigurerSupport {

    @Autowired BeanFactory beanFactory;

    @Override
    public Executor getAsyncExecutor() {
        ThreadPoolTaskExecutor executor = new ThreadPoolTaskExecutor();
        executor.setCorePoolSize(7);
        executor.setMaxPoolSize(42);
        executor.setQueueCapacity(11);
        executor.setThreadNamePrefix("yinjihuan-");
        executor.initialize();
        return new LazyTraceExecutor(this.beanFactory, executor);
    }
}
```

如果直接 return executor 就不会新建 Span，也就不会有 save-log 这个 Span。如图 11-7 所示。

图 11-7　Zipkin Span 信息

11.3.5　TracingFilter

TracingFilter 是负责处理请求和响应的组件，我们可以通过注册自定义的 TracingFilter 实例来实现一些扩展性的需求。下面给大家演示下如何给请求添加自定义的标记以及将请求 ID 添加到响应头返回给客户端。如代码清单 11-5 所示。

代码清单 11-5　手动标记信息

```
@Component
@Order(TraceWebServletAutoConfiguration.TRACING_FILTER_ORDER + 1)
class MyFilter extends GenericFilterBean {

    private final Tracer tracer;

    MyFilter(Tracer tracer) {
        this.tracer = tracer;
    }

    @Override
    public void doFilter(ServletRequest request, ServletResponse response,
            FilterChain chain) throws IOException, ServletException {
        Span currentSpan = this.tracer.currentSpan();
        if (currentSpan == null) {
            chain.doFilter(request, response);
            return;
        }
        ((HttpServletResponse) response).addHeader("ZIPKIN-TRACE-ID",
                currentSpan.context().traceIdString());
        currentSpan.tag("custom", "tag");
        chain.doFilter(request, response);
    }
}
```

我们在响应头中设置了请求 ID，可以通过查看请求的响应信息来验证是否设置成功，如图 11-8 所示。

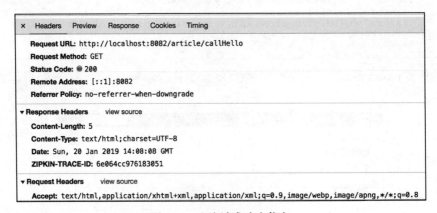

图 11-8　查询请求响应信息

手动创建的标记可以在 Zipkin 中查看，如图 11-9 所示。

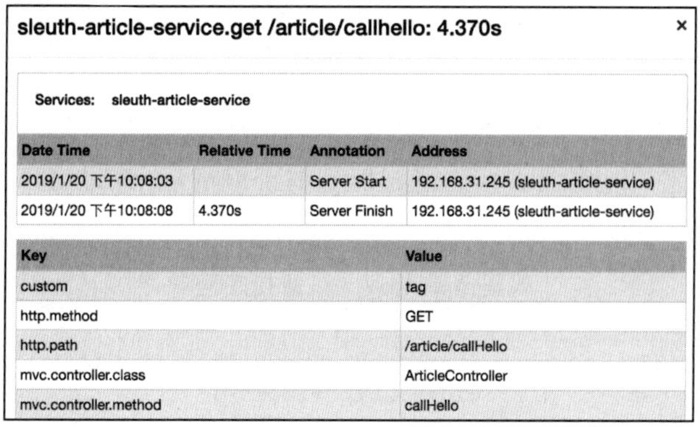

图 11-9　Zipkin 自定义标记信息

自定义标记是一个非常实用的功能，可以将请求对应的用户信息标记上去，排查问题时非常有帮助。

11.3.6　监控本地方法

异步执行和远程调用都会新开启一个 Span，如果我们想监控本地的方法耗时时间，可以采用埋点的方式监控本地方法，也就是开启一个新的 Span。如代码清单 11-6 所示。

代码清单 11-6　Sleuth 手动埋点

```
@Autowired
Tracer tracer;
@Override
public void saveLog2(String log) {
  ScopedSpan span = tracer.startScopedSpan("saveLog2");
  try {
    Thread.sleep(2000);
  } catch (Exception | Error e) {
    span.error(e);
  } finally {
    span.finish();
  }
}
```

通过手动埋点的方式可以创建新的 Span，在 Zipkin 的 UI 中也可以看到这个本地方法执行所消耗的时间，可以看到 savelog2 花费了 2 秒的时间，如图 11-10 所示。

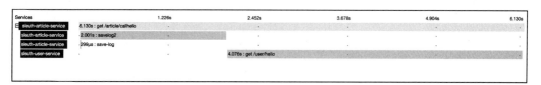

图 11-10　Zipkin 手动埋点数据信息

除了使用代码手动创建 Span，还有一种更简单的方式，那就是在方法上加上下面的注解：

```
@NewSpan(name = "saveLog2")
```

11.3.7 过滤不想跟踪的请求

对于某些请求不想开启跟踪，可以通过配置 HttpSampler 来过滤掉，比如 swagger 这些请求等。如代码清单 11-7 所示。

代码清单 11-7　过滤指定请求

```
@Bean(name = ServerSampler.NAME)
    HttpSampler myHttpSampler(SkipPatternProvider provider) {
        Pattern pattern = provider.skipPattern();
        return new HttpSampler() {

            @Override
            public <Req> Boolean trySample(HttpAdapter<Req, ?> adapter, Req request) {
                String url = adapter.path(request);
                boolean shouldSkip = pattern.matcher(url).matches();
                if (shouldSkip) {
                    return false;
                }
                return null;
            }
        };
    }
```

核心在 trySample 方法中，只要不想跟踪的 URL 直接返回 false 就可以过滤。规则可以自定，笔者用了 SkipPatternProvider 来过滤，SkipPatternProvider 中的 skipPattern 配置了很多过滤规则。

```
/api-docs.*|/autoconfig|/configprops|/dump|/health|/info|/metrics.*|/mappings|/trace|/swagger.*|.*\.png|.*\.css|.*\.js|.*\.html|/favicon.ico|/hystrix.stream|/application/.*|/actuator.*|/cloudfoundryapplication
```

11.3.8　用 RabbitMq 代替 Http 发送调用链数据

虽然有基于采样的收集方式，但是数据的发送采用 Http 还是对性能有影响。如果 Zipkin 的服务端重启或者挂掉了，那么将丢失部分采集数据。为了解决这些问题，我们将集成 RabbitMq 来发送采集数据，利用消息队列来提高发送性能，保证数据不丢失。

在服务中增加 RabbitMq 的依赖：

```
<dependency>
    <groupId>org.springframework.amqp</groupId>
    <artifactId>spring-rabbit</artifactId>
</dependency>
```

然后在属性文件中增加 RabbitMq 的连接配置：

```
# 修改 zipkin 的数据发送方式为 RabbitMq
```

```
spring.zipkin.sender.type=RABBIT
```

```
# rabbitmq 配置
```

```
spring.rabbitmq.addresses=amqp://192.168.10.124:5672
spring.rabbitmq.username=yinjihuan
spring.rabbitmq.password=123456
```

到这里,集成就已经完成了,记得去掉之前配置的 spring.zipkin.base-url。因为我们现在利用 RabbitMq 来发送数据了,所以这个配置就不需要了。

数据发送方已经采用 RabbitMq 来发送调用链数据,但是 Zipkin 服务并不知道 RabbitMq 的信息,所以我们在启动 Zipkin 服务的时候需要指定 RabbitMq 的信息。

```
java -DRABBIT_ADDRESSES=192.168.10.124:5672 - DRABBIT_USER=yinjihuan -DRABBIT_
PASSWORD=123456 -jar zipkin.jar
```

11.3.9 用 Elasticsearch 存储调用链数据

目前我们收集的数据都是存在 Zipkin 服务的内存中,服务一重启这些数据就没了,我们需要将这些数据持久化。我们可以将其存储在 MySQL 中,实际使用中数据量可能会比较大,所以 MySQL 并不是一种很好的选择,可以选择用 Elasticsearch 来存储数据,Elasticsearch 在搜索方面有先天的优势。

启动 Zipkin 的时候指定存储类型为 ES,指定 ES 的 URL 信息:

```
java -DSTORAGE_TYPE=elasticsearch -DES_HOSTS=http://localhost:9200 - DRABBIT_
ADDRESSES=192.168.10.124:5672 -DRABBIT_USER=yinjihuan -DRABBIT_PASSWORD=123456 -jar
zipkin.jar
```

重启服务,然后收集一些数据,我们可以通过两种方式来验证数据是否存储到了 Elasticsearch 中。

可以重启 Zipkin 服务,然后看看数据是否还存在,如果存在则证明数据已经是持久化了。

可以通过查看 Elasticsearch 中的数据来确认数据有没有存储成功,访问 Elasticsearch 的地址查看当前所有的索引信息:http://localhost:9200/_cat/indices。

```
yellow open zipkin:span-2019-01-22 P0QTytShTWmAyZVg61dmRg 5 1 5 0 33.6kb 33.6kb
```

可以看到当前节点下面有哪些索引,如果看到有以 zipkin 开头的就说明索引创建了,接着直接查询这个索引下是否有数据即可认证是否存储成功,访问 http://localhost:9200/ 索引名/_search。

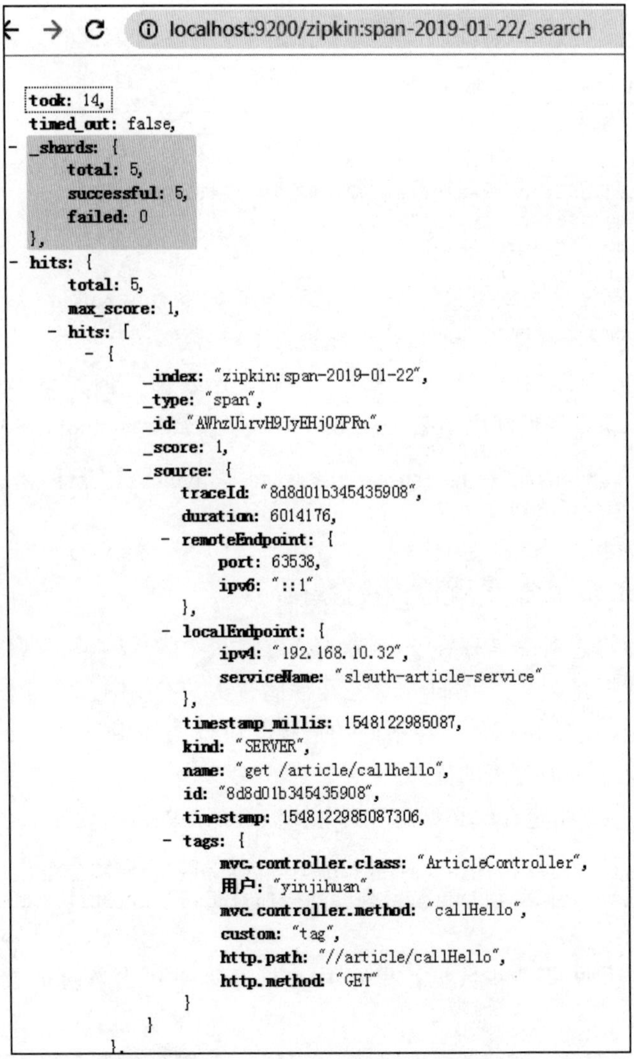

图 11-11　ES 中查看 Zipkin 数据信息

11.4　本章小结

在本章中，我们学习了如何在微服务架构下对各个微服务进行链路跟踪，通过 Spring Cloud Sleuth + Zipkin 我们很容易就能构建出一套完整的调用链跟踪系统。不得不赞叹 Spring Cloud 生态圈的强大。下一章我们将学习微服务之间调用的安全认证机制。

第 12 章 微服务之间调用的安全认证

在微服务架构下,我们的系统根据业务被拆分成了多个职责单一的微服务。每个服务都有自己的一套 API 提供给别的服务调用,那么如何保证安全性呢?不是说你想调用就可以调用,一定要有认证机制,即只有我们内部服务发出的请求,才可以调用我们的接口。

需要注意的是,我们这里讲的是微服务之间调用的安全认证,不是统一在 API 官网认证,这两者需求不一样。API 网关处的统一认证是和业务挂钩的,我们这里是为了防止接口被别人随便调用。当然也可以不用做认证,因为我们的服务都在内网,对外暴露的只有 API 网关,如果有特殊的需求需要暴露,那么验证就必不可少了。

12.1 什么是 JWT

JWT(Json Web Token)是为了在网络应用环境间传递声明而执行的一种基于 Json 的开放标准。JWT 的声明一般被用来在身份提供者和服务提供者间传递被认证的用户身份信息,以便于从资源服务器获取资源。

比如用在用户登录上时,基本思路就是用户提供用户名和密码给认证服务器,服务器验证用户提交信息的合法性;如果验证成功,会产生并返回一个 Token,用户可以使用这个 Token 访问服务器上受保护的资源。

JWT 由三部分构成,第一部分称为头部(Header),第二部分称为消息体(Payload),第三部分是签名(Signature)。一个 JWT 生成的 Token 格式为:

```
token = encodeBase64(header) + '.' + encodeBase64(payload) + '.' + encodeBase64(signature)
```

头部的信息通常由两部分内容组成，令牌的类型和使用的签名算法，比如下面的代码：

```
{ "alg": "HS256", "typ": "JWT" }
```

消息体中可以携带一些你需要的信息，比如用户 ID。因为你得知道这个 Token 是哪个用户的，比如下面的代码：

```
{ "id": "1234567890", "name": "John Doe", "admin": true }
```

签名是用来判断消息在传递的路上是否被篡改，从而保证数据的安全性，格式如下：

```
HMACSHA256( base64UrlEncode(header) + "." + base64UrlEncode(payload), secret)
```

通过这三部分就组成了我们的 Json Web Token。更多介绍请查看 https://jwt.io/introduction/。

12.2 创建统一的认证服务

12.2.1 表结构

认证服务肯定要有用户信息，不然怎么认证是否为合法用户？因为是内部的调用认证，可以简单一点，用数据库管理就是一种方式；或者可以配置用户信息，然后集成分布式配置管理就完美了。本书中的案例把查数据库这一步骤省略了，大家可以自行补充，但是表的设计还是要跟大家讲解的。用户表的形式如图 12-1 所示。

相关的代码如下：

```
create table auth_user( id int(4) not null,
    accessKey varchar(100) not null,
    secretKey varchar(100) not null,
    Primary key (id)
);
Alter table auth_user comment' 认证用户信息表 ';
```

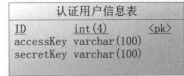

图 12-1 用户表

这里只有简单的几个字段，若大家有别的需求可以自行去扩展。代码中的 accessKey 和 secretKey 是用户身份的标识。

12.2.2 JWT 工具类封装

JWT 的 GitHub 地址是：https://github.com/jwtk/jjwt，依赖配置如代码清单 12-1 所示。

代码清单 12-1　Jwt Maven 依赖

```xml
<dependency>
    <groupId>io.jsonwebtoken</groupId>
    <artifactId>jjwt</artifactId>
    <version>0.7.0</version>
</dependency>
```

用工具类进行认证主要有以下几个方法：
- 生成 Token。
- 检查 Token 是否合法。
- 刷新 RSA 公钥以及私钥。

生成 Token 是在进行用户身份认证之后，通过用户的 ID 来生成一个 Token，这个 Token 采用 RSA 加密的方式进行加密，Token 的内容包括用户的 ID 和过期时间。

检查 Token 则是根据调用方带来的 Token 检查是否为合法用户，就是对 Token 进行解密操作，能解密并且在有效期内表示合法，合法则返回用户 ID。

刷新 RSA 公钥及私钥的作用是防止公钥、私钥泄露，公钥、私钥一般是写死的，不过我们可以做成配置的。集成配置管理中心后，可以对公钥、私钥进行动态修改，修改之后需要重新初始化公钥、私钥的对象信息。

部分代码参考如代码清单 12-2 和代码清单 12-3 所示。

代码清单 12-2　获取 Token

```java
/**
 * 获取 Token
 * @param uid 用户 ID
 * @param exp 失效时间，单位分钟
 * @return
 */
public static String getToken(String uid, int exp) {
    Long endTime = System.currentTimeMillis() + 1000 * 60 * exp;
    return Jwts.builder().setSubject(uid).setExpiration(new Date(endTime))
        .signWith(SignatureAlgorithm.RS512,priKey).compact();
}
```

代码清单 12-3　检查 Token 是否合法

```java
/**
 * 检查 Token 是否合法
 * @param token
 * @return JWTResult
 */
public JWTResult checkToken(String token) {
    try {
        Claims claims = Jwts.parser().setSigningKey(pubKey).
                parseClaimsJws(token).getBody();
        String sub = claims.get("sub", String.class);
        return new JWTResult(true, sub, "合法请求 ",
                    ResponseCode.SUCCESS_CODE.getCode());
    } catch (ExpiredJwtException e) {
        // 在解析 JWT 字符串时，如果'过期时间字段'已经早于当前时间，
        // 将会抛出 ExpiredJwtException 异常，说明本次请求已经失效
        return new JWTResult(false, null, "token 已过期 ",
                    ResponseCode.TOKEN_TIMEOUT_CODE.getCode());
    } catch (SignatureException e) {
        // 在解析 JWT 字符串时，如果密钥不正确，将会解析失败，抛出
        // SignatureException 异常，说明该 JWT 字符串是伪造的
```

```java
        return new JWTResult(false, null, " 非法请求 ",
                    ResponseCode.NO_AUTH_CODE.getCode());
    } catch (Exception e) {
        return new JWTResult(false, null, " 非法请求 ",
                    ResponseCode.NO_AUTH_CODE.getCode());
    }
}
```

完整代码请参考：Spring-Cloud-Book-Code-2/ch-12/auth-common/src/main/java/com/cxytiandi/auth/util/JWTUtils.java。

12.2.3 认证接口

认证接口用于调用方进行认证时，认证通过则返回一个加密的 Token 给对方，对方就可以用这个 Token 去请求别的服务了，如代码清单 12-4 和代码清单 12-5 所示。

代码清单 12-4 认证获取 Token

```java
@PostMapping("/token")
public ResponseData auth(@RequestBody AuthQuery query) throws Exception {
    if (StringUtils.isBlank(query.getAccessKey()) ||
                StringUtils.isBlank(query.getSecretKey())) {
        return ResponseData.failByParam(
                "accessKey and secretKey not null");
    }
    User user = authService.auth(query);
    if (user == null) {
        return ResponseData.failByParam(" 认证失败 ");
    }
    JWTUtils jwt = JWTUtils.getInstance(); return
    ResponseData.ok(jwt.getToken(user.getId().toString()));
}
```

代码清单 12-5 认证参数

```java
/**
 * API 用户认证参数类
 * @author yinjihuan
 *
 */
public class AuthQuery {
    private String accessKey;
    private String secretKey;
    // get set ...
}
```

AuthService 中的 auth 方法就是根据 accessKey 和 secretKey 判断是否有这个用户。

12.3 服务提供方进行调用认证

服务提供方就是 provider。服务消费方消费接口时，provider 需要对其进行身份验证，验证通过才可以让它消费接口。这个过程中用到的过滤器可以写在 Common 包中，凡是服务提供方都需要用到。

认证过滤器的代码如代码清单 12-6 所示。

代码清单 12-6　认证过滤器

```java
/**
 * API 调用权限控制
 * @author yinjihuan
 *
 */
public class HttpBasicAuthorizeFilter implements Filter {
    JWTUtils jwtUtils = JWTUtils.getInstance();
    @Override
    public void init(FilterConfig filterConfig) throws ServletException {
        
    }
    @Override
    public void doFilter(ServletRequest request, ServletResponse response,
        FilterChain chain) throws IOException, ServletException {
        HttpServletRequest httpRequest = (HttpServletRequest)request;
        HttpServletResponse httpResponse = (HttpServletResponse)response;
        httpResponse.setCharacterEncoding("UTF-8");
        httpResponse.setContentType("application/json; charset=utf-8");
        String auth = httpRequest.getHeader("Authorization");
        // 验证 TOKEN
        if (!StringUtils.hasText(auth)) {
            PrintWriter print = httpResponse.getWriter(); print.write(
                JsonUtils.toJson(
                    ResponseData.fail(" 非法请求【缺少 Authorization 信息 ",
                    ResponseCode.NO_AUTH_CODE.getCode())
                )
            );
            return;
        }
        JWTUtils.JWTResult jwt = jwtUtils.checkToken(auth);
        if (!jwt.isStatus()) {
            PrintWriter print = httpResponse.getWriter(); print.write(
                JsonUtils.toJson(
                    ResponseData.fail(jwt.getMsg(), jwt.getCode())
                )
            );
            return;
        }
        chain.doFilter(httpRequest, response);
    }
    @Override
    public void destroy() {
    }
}
```

在上述 Filter 类中对所有请求进行拦截，其调用之前写好的 JwtUtils 来检查 Token 是否合法，合法则放行，不合法则拦截并给出友好提示。

验证用的 Filter 类写好了，接下来就是在需要拦截请求进行验证的服务中注册 Filter。如果不需要验证那就不注册，对业务功能无任何影响。在 Spring Boot 中注册 Filter 是非常简单、方便的，代码如代码清单 12-7 所示。

代码清单 12-7　注册 Filter

```
/**
 * 过滤器配置
 * @author yinjihuan
 *
 **/
@Configuration
public class FilterConfig {
    @Bean
    public FilterRegistrationBean
        filterRegistrationBean(){ FilterRegistrationBean
        registrationBean = new
                                         FilterRegistrationBean();
    HttpBasicAuthorizeFilter httpBasicFilter = new
                                         HttpBasicAuthorizeFilter();
    registrationBean.setFilter(httpBasicFilter);
    List<String> urlPatterns = new ArrayList<String>(1);
    urlPatterns.add("/*"); registrationBean.setUrlPatterns(urlPatterns);
    return registrationBean;
    }
}
```

12.4　服务消费方申请 Token

目前服务提供方已经开启了调用认证，这意味着如果现在直接调用接口会被拦截，所以在调用之前需要进行认证，即获取 Token 并将其放到请求头中与请求头一起传输才可以调用接口。

1. 调用前获取 Token

获取 Token 前我们先定义一个 Feign 的客户端，如代码清单 12-8 所示。

代码清单 12-8　认证 Feign Client

```
/**
 * 认证服务 API 调用客户端
 * @author yinjihuan
 *
 **/
@FeignClient(value = "auth-service", path = "/oauth")
public interface AuthRemoteClient {
/**
 * 调用认证，获取 token
 * @param query
 * @return
 */
```

```
@PostMapping("/token")
ResponseData auth(@RequestBody AuthQuery query);
}
```

通过 AuthRemoteClient 就可以获取 Token。

2. 缓存 Token 信息

如果每次调用接口之前都去认证一次，肯定是不行的，因为这样会导致性能降低，而且 Token 是可以设置过期时间的，完全没必要每次都去重新申请。大家可以将 Token 缓存在本地或者 Redis 中。需要注意的是缓存时间必须小于 Token 的过期时间。

3. 采用定时器刷新 Token

就算获取的 Token 采用缓存来降低申请次数，这种方式也不是最优的方案。如果我们用的是 Feign 来消费接口，那么以下两种方式更好一些：一种方式就是在所有业务代码中调用接口前获取 Token，然后再进行相关设置。另一种是利用 Feign 提供的请求拦截器直接获取 Token，然后再进行相关设置。

采用定时器刷新 Token 是笔者认为最优的方案，其耦合程度很低，只需要添加一个定时任务即可。需要注意的是，定时的时间间隔必须小于 Token 的失效时间，如果 Token 是 24 小时过期，那么你可以 20 个小时定时刷新一次来保证调用的正确性。

定时刷新 Token 的代码如代码清单 12-9 所示。

代码清单 12-9　定时刷新 Token

```
/**
 * 定时刷新 token
 * @author yinjihuan
 *
 **/
@Component
public class TokenScheduledTask {
    private static Logger logger =
            LoggerFactory.getLogger(TokenScheduledTask.class);
    
    public final static long ONE_Minute = 60 * 1000 * 60 * 20;
    
    @Autowired
    private AuthRemoteClient authRemoteClient;
    
    /**
     * 刷新 Token
     */
    @Scheduled(fixedDelay = ONE_Minute)
    public void reloadApiToken() {
        String token = this.getToken();
        while (StringUtils.isBlank(token)) {
            try { Thread.sleep(1000);
                token = this.getToken();
            } catch (InterruptedException e) {
                logger.error("", e);
```

```
            }
        }
        System.setProperty("fangjia.auth.token", token);
}
public String getToken(){
        AuthQuery query = new AuthQuery();
        query.setAccessKey("1");
        query.setSecretKey("1");
        ResponseData response = authRemoteClient.auth(query);
        return response.getData() == null ? "" :
                        response.getData().toString();
    }
}
```

12.5　Feign 调用前统一申请 Token 传递到调用的服务中

如果项目中用的是 HttpClient 或者 RestTemplate 之类的调用接口，则可以在调用之前申请 Token，然后将其塞到请求头中。在 Spring Cloud 中消费接口肯定是用 Feign 来做的，这意味着我们需要对 Feign 进行改造，需要往请求头中塞上我们申请好的 Token。

1. 定义请求拦截器

对于 Token 的传递操作，最好在框架层面进行封装，对使用者透明，这样不影响业务代码，但要求通用性一定要强。我们可以定义一个 Feign 的请求拦截器来统一添加请求头信息，代码如代码清单 12-10 所示。

代码清单 12-10　Feign 拦截器传递 Token

```
/**
 * Feign 请求拦截器
 * @author yinjihuan
 *
 **/
public class FeignBasicAuthRequestInterceptor implements
                                                RequestInterceptor {
    public FeignBasicAuthRequestInterceptor() {}
    
    @Override
    public void apply(RequestTemplate template) {
        template.header("Authorization",
                System.getProperty("fangjia.auth.token"));
    }
}
```

2. 配置拦截器

拦截器需要在 Feign 的配置中定义，如代码清单 12-11 所示。

代码清单 12-11　配置 Feign 拦截器

```java
@Configuration
public class FeignConfiguration {
    /**
     * 日志级别
     * @return
     */
    @Bean
    Logger.Level feignLoggerLevel() {
        return Logger.Level.FULL;
    }

    /**
     * 创建 Feign 请求拦截器，在发送请求前设置认证的 Token，各个微服务将 Token 设置
     * 到环境变量中来达到通用的目的
     * @return
     */
    @Bean
    public FeignBasicAuthRequestInterceptor basicAuthRequestInterceptor() {
        return new FeignBasicAuthRequestInterceptor();
    }
}
```

上面的准备好之后，我们只需要在调用业务接口之前先调用认证接口，然后将获取到的 Token 设置到环境变量中，通过 System.setProperty("fangjia.auth.token",token) 设置值，或者通过定时任务刷新设置。

这样我们就可以通过 System.setProperty("fangjia.auth.token",token) 获取到需要传递的 Token。

12.6　RestTemplate 调用前统一申请 Token 传递到调用的服务中

如果项目中用的 RestTemplate 来调用服务提供的接口，可以利用 RestTemplate 的拦截器来传递 Token，如代码清单 12-12 所示。

代码清单 12-12　RestTemplate 拦截器传递 Token

```java
@Component
public class TokenInterceptor implements ClientHttpRequestInterceptor {

    @Override
    public ClientHttpResponse intercept(HttpRequest request, byte[] body,
ClientHttpRequestExecution execution)
            throws IOException {
        System.err.println("进入 RestTemplate 拦截器 ");
        HttpHeaders headers = request.getHeaders();
            headers.add("Authorization",
System.getProperty("fangjia.auth.token"));
            return execution.execute(request, body);
    }

}
```

将拦截器注入 RestTemplate，如代码清单 12-13 所示。

代码清单 12-13　配置 RestTemplate 拦截器

```
@Configuration
public class BeanConfiguration {

    @Autowired
    private TokenInterceptor tokenInterceptor;

    @Bean
    @LoadBalanced
    public RestTemplate getRestTemplate() {
        RestTemplate restTemplate = new RestTemplate();
        restTemplate.setInterceptors(Collections.singletonList(tokenInterceptor));
        return restTemplate;
    }

}
```

12.7　Zuul 中传递 Token 到路由的服务中

服务之间接口调用的安全认证是通过 Feign 的请求拦截器统一在请求头中添加 Token 信息，实现认证调用。还有一种调用方式也是需要进行认证，就是我们的 API 网关转发到具体的服务，这时候就不能采用 Feign 拦截器的方式进行 Token 的传递。

在 Zuul 中我们可以用 pre 过滤器来做这件事情，在路由之前将 Token 信息添加到请求头中，然后将请求头转发到具体的服务上。

通过 Zuul 的 pre 过滤器进行 Token 的设置，代码如代码清单 12-14 所示。

代码清单 12-14　Zuul 过滤器设置 Token

```
/**
 * 调用服务前添加认证请求头过滤器
 * @author yinjihuan
 *
 **/
public class AuthHeaderFilter extends ZuulFilter {

    public AuthHeaderFilter() {
        super();
    }

    @Override
    public boolean shouldFilter() {
        RequestContext ctx = RequestContext.getCurrentContext();
        Object success = ctx.get("isSuccess");
        return success == null ? true :
                    Boolean.parseBoolean(success.toString());
    }
```

```java
@Override
public String filterType() {
    return "pre";
}

@Override
public int filterOrder() {
    return 5;
}

@Override
public Object run() {
    RequestContext ctx = RequestContext.getCurrentContext();
    ctx.addZuulRequestHeader("Authorization",
            System.getProperty("fangjia.auth.token"));
    return null;
}
}
```

Token 的刷新机制和之前讲的一模一样，还是用那个定时器，直接复制过去即可，但是必须依赖申请 Token 的 Feign 客户端的定义。

12.8　本章小结

在本章内容中，我们主要了解了如何在微服务架构下对服务之间的调用做安全认证，同时介绍了从 API 网关转发过来的认证。本章分享的经验不一定适用于所有的场景，其主要目的是让大家了解如何去做认证，如何把认证这件事情做通用，对开发人员透明，这才是架构师需要考虑的事。

Chapter 13 第 13 章

Spring Boot Admin

Spring Boot 有一个非常好用的监控和管理的源软件,这个软件就是 Spring Boot Admin。该软件能够将 Actuator 中的信息进行界面化的展示,也可以监控所有 Spring Boot 应用的健康状况,提供实时警报功能。

主要的功能点有:
- 显示应用程序的监控状态
- 应用程序上下线监控
- 查看 JVM,线程信息
- 可视化的查看日志以及下载日志文件
- 动态切换日志级别
- Http 请求信息跟踪
- 其他功能点……

GitHub 地址:https://github.com/codecentric/spring-boot-admin

13.1 Spring Boot Admin 的使用方法

13.1.1 创建 Spring Boot Admin 项目

创建一个 Spring Boot 项目,用于展示各个服务中的监控信息,加上 Spring Boot Admin 的依赖,如代码清单 13-1 所示。

代码清单 13-1　Spring Boot Admin 依赖

```xml
<dependency>
    <groupId>org.springframework.boot</groupId>
    <artifactId>spring-boot-starter-web</artifactId>
</dependency>
<dependency>
    <groupId>de.codecentric</groupId>
    <artifactId>spring-boot-admin-starter-server</artifactId>
    <version>2.0.2</version>
</dependency>
```

创建一个启动类，如代码清单 13-2 所示。

代码清单 13-2　Spring Boot Admin 启动类

```java
@EnableAdminServer
@SpringBootApplication
public class App {
    public static void main(String[] args) {
        SpringApplication.run(App.class, args);
    }
}
```

在属性文件中增加端口配置信息：

```
server.port=9091
```

启动程序，访问 Web 地址 http://localhost:9091 就可以看到主页面了，这个时候是没有数据的，如图 13-1 所示。

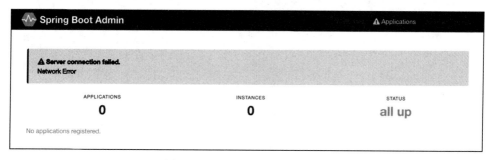

图 13-1　Spring Boot Admin 主页

13.1.2　将服务注册到 Spring Boot Admin

创建一个 Spring Boot 项目，名称为 spring-boot-admin-client。添加 Spring Boot Admin Client 的 Maven 依赖，如代码清单 13-3 所示。

代码清单 13-3　Spring Boot Admin Client 依赖

```xml
<dependency>
    <groupId>de.codecentric</groupId>
```

```
<artifactId>spring-boot-admin-starter-client</artifactId>
<version>2.0.2</version>
</dependency>
```

然后在属性文件中添加下面的配置：

```
server.port=9092
spring.boot.admin.client.url=http://localhost:9091
```

❑ spring.boot.admin.client.url：Spring Boot Admin 服务端地址。

将服务注册到 Admin 之后我们就可以在 Admin 的 Web 页面中看到我们注册的服务信息了，如图 13-2 所示。

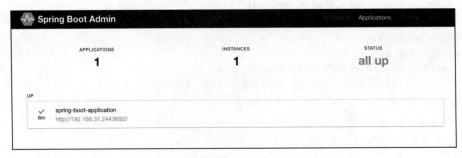

图 13-2　Spring Boot Admin 主页（有数据）

点击实例信息跳转到详细页面，可以查看更多的信息，如图 13-3 所示。

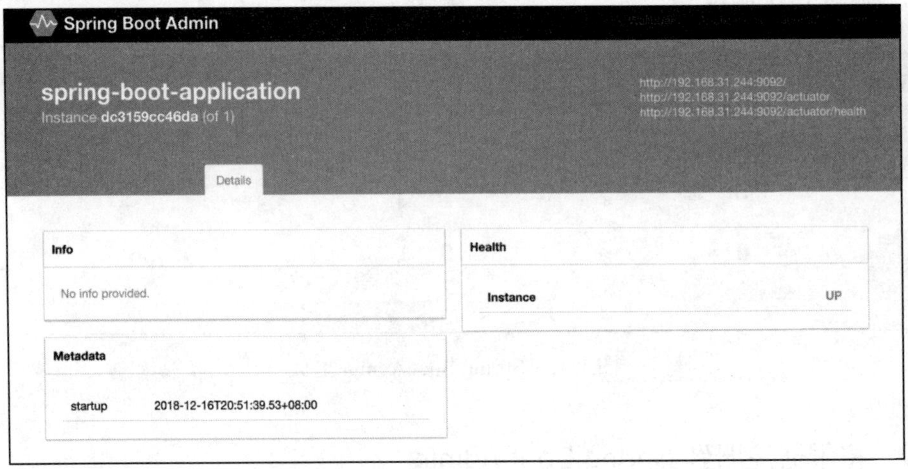

图 13-3　Spring Boot Admin 详情

可以看到详情页面并没有展示丰富的监控数据，这是因为没有将 spring-boot-admin-client 的端点数据暴露出来。

在 spring-boot-admin-client 中加入 actuator 的 Maven 依赖，如代码清单 13-4 所示。

代码清单 13-4　Actuator 依赖

```
<dependency>
    <groupId>org.springframework.boot</groupId>
    <artifactId>spring-boot-starter-actuator</artifactId>
</dependency>
```

然后在属性文件中追加下面的配置：

management.endpoints.web.exposure.include=*

❑ management.endpoints.web.exposure.include：暴露所有的 actuator 端点信息重启 spring-boot-admin-client，我们就可以在详情页面看到更多的数据，如图 13-4 所示。

图 13-4　Spring Boot Admin 详情（有数据）

13.1.3　监控内容介绍

自定义的 Info 信息、健康状态、元数据，如图 13-5 所示。

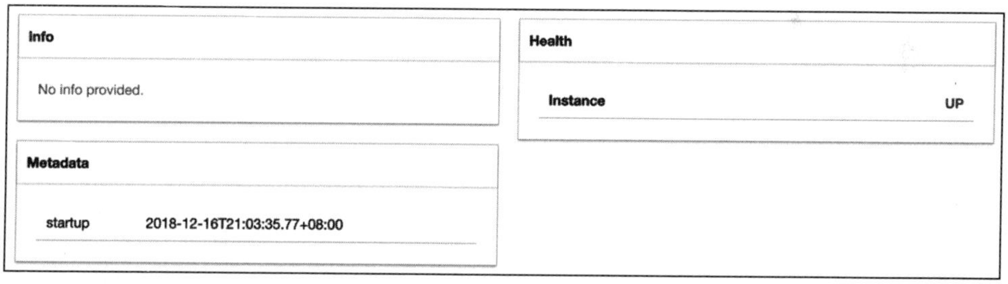

图 13-5　Spring Boot Admin 数据展示（一）

CPU、线程等信息如图 13-6 所示。

内存使用情况如图 13-7 所示。

配置信息如图 13-8 所示。

日志级别调整如图 13-9 所示。

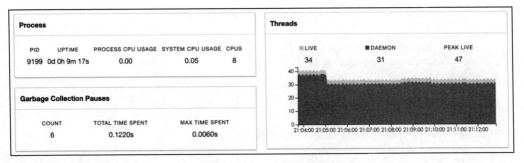

图 13-6　Spring Boot Admin 数据展示（二）

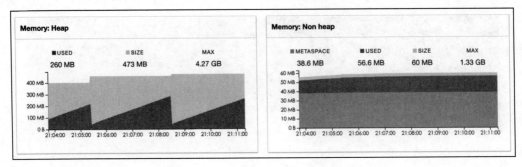

图 13-7　Spring Boot Admin 数据展示（三）

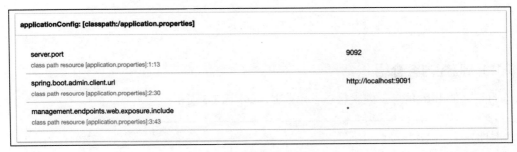

图 13-8　Spring Boot Admin 数据展示（四）

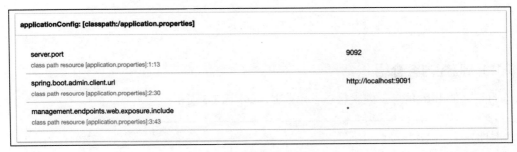

图 13-9　Spring Boot Admin 数据展示（五）

Http 请求信息如图 13-10 所示。

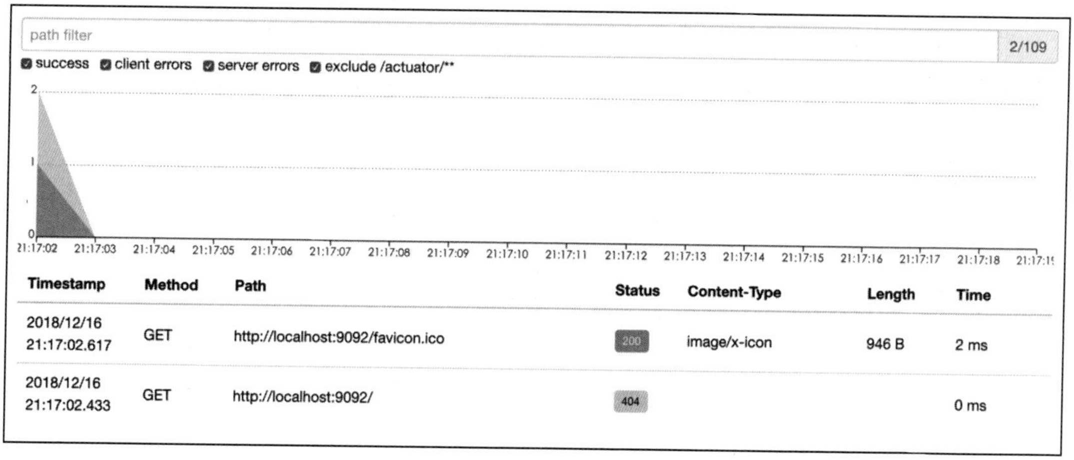

图 13-10 Spring Boot Admin 数据展示（六）

13.1.4 如何在 Admin 中查看各个服务的日志

Spring Boot Admin 提供了基于 Web 页面的方式实时查看服务输出的本地日志，前提是服务中配置了 logging.file。

我们在 spring-boot-admin-client 的属性文件中增加下面的内容：

```
logging.file=/Users/yinjihuan/Downloads/spring-boot-admin-client.log
```

重启服务，就可以在 Admin Server 的 Web 页面中看到新加了一个 Logfile 菜单，如图 13-11 所示。

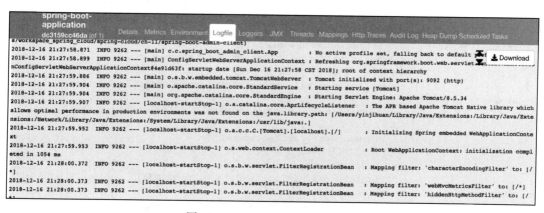

图 13-11 Spring Boot Admin 日志

13.2 开启认证

监控类的数据 Web 管理端最好不要设置成直接通过输入访问地址就可以访问，必须得进行用户认证才行，以保证数据的安全性。Spring Boot Admin 开启认证也可以借助于 spring-boot- starter-security。

加入依赖，如代码清单 13-5 所示。

代码清单 13-5 Security 依赖

```xml
<dependency>
    <groupId>org.springframework.boot</groupId>
    <artifactId>spring-boot-starter-security</artifactId>
</dependency>
```

然后在属性文件里面配置认证信息：

```
spring.security.user.name=yinjihuan
spring.security.user.password=123456
```

自定义安全配置类，如代码清单 13-6 所示。

代码清单 13-6 Security 配置类

```java
@Configuration
    public static class SecurityPermitAllConfig extends WebSecurityConfigurerAdapter {
        private final String adminContextPath;

        public SecurityPermitAllConfig(AdminServerProperties adminServerProperties) {
            this.adminContextPath = adminServerProperties.getContextPath();
        }

        @Override
        protected void configure(HttpSecurity http) throws Exception {
            SavedRequestAwareAuthenticationSuccessHandler successHandler = new SavedRequestAwareAuthenticationSuccessHandler();
            successHandler.setTargetUrlParameter("redirectTo");
            // 静态资源和登录页面可以不用认证
            http.authorizeRequests().antMatchers(adminContextPath + "/assets/**").permitAll()
                .antMatchers(adminContextPath + "/login").permitAll()
                // 其他请求必须认证
                .anyRequest().authenticated()
                // 自定义登录和退出
                .and().formLogin()
                .loginPage(adminContextPath + "/login").successHandler(successHandler).and().logout()
                .logoutUrl(adminContextPath + "/logout")
                // 启用 HTTP-Basic，用于 Spring Boot Admin Client 注册
                .and().httpBasic()
                .and().csrf().disable();
        }
    }
```

重启程序，然后就会发现需要输入用户名和密码才能访问 Spring Boot Admin 的 Web 管理端。

这里需要注意的是，如果 Spring Boot Admin 服务开启了认证，监控的服务中也需要配置对应的用户名和密码，否则会注册失败。

在 spring-boot-admin-client 属性文件中加上用户认证信息：

```
spring.boot.admin.client.username=yinjihuan
spring.boot.admin.client.password=123456
```

账号密码需要跟 Spring Boot Admin Server 一致。

13.3 集成 Eureka

通过上面的学习，已经可以在 Spring Boot Admin 中查看应用中 Actuator 的监控信息了，但是这种方式有一点不好的地方，就是每个被监控的服务都必须配置 Spring Boot Admin 的地址，还得引入依赖。本节我们将 Spring Boot Admin 也注册到 Eureka 中，然后自动获取 Eureka 中注册的服务信息来统一查看。

将之前 spring-boot-admin 项目复制一份，重命名为 spring-boot-admin-eureka，增加 Eureka 的依赖，如代码清单 13-7 所示。

代码清单 13-7　Eureka Client 依赖

```xml
<dependency>
    <groupId>org.springframework.cloud</groupId>
    <artifactId>spring-cloud-starter-netflix-eureka-client</artifactId>
</dependency>
```

在启动类上增加 @EnableDiscoveryClient 注解开启注册功能（见代码清单 13-8）。

代码清单 13-8　增加 Eureka 的 Admin 启动类

```java
@EnableDiscoveryClient
@EnableAdminServer
@SpringBootApplication
public class App {
    public static void main(String[] args) {
        SpringApplication.run(App.class, args);
    }
}
```

配置 Eureka 注册信息：

```
eureka.client.serviceUrl.defaultZone=
                http://yinjihuan:123456@localhost:8761/eureka/
eureka.instance.preferIpAddress=true
eureka.instance.instance-id=
        ${spring.application.name}:${spring.cloud.client.ipAddress}:
        ${server.port}
```

```
eureka.instance.status-page-url=
            http://${spring.cloud.client.ipAddress}:${server.port}
```

重启服务即可，Spring Boot Admin 会监控 Eureka 中的所有服务。之前在监控服务中配置的 admin 的 url 和 client 包的依赖都可以去掉了，这种方式整合 Eureka 的方式更简单、方便。

Spring Boot Admin 本身也会注册到 Eureka，在监控列表中当然也包括对自身监控，可以暴露所有端点信息，不然在页面中无法查看监控数据：

```
management.endpoints.web.exposure.include=*
```

13.4 监控服务

在微服务架构下，服务的数量少则几十，多则上百，所以对服务的监控必不可少。

如果是以前的单体项目，启动了多少个项目是固定的，可以通过第三方监控工具对其进行监控，然后实时告警。在微服务下，由于服务数量太多，并且可以随时扩展，这个时候第三方的监控功能就不适用了，不过我们可以通过 Spring Boot Admin 连接注册中心来查看服务状态，这个只能在页面查看。

很多时候我们更希望能够自动监控，通过邮件告警，比如发出"某某服务下线了"这样的功能。在 Spring Boot Admin 中其实已经有这样的功能了，我们只需要配置一些邮件的信息就可以使用。

13.4.1 邮件警报

引入邮件所需要的依赖，如代码清单 13-9 所示。

代码清单 13-9 邮件依赖

```xml
<dependency>
    <groupId>org.springframework.boot</groupId>
    <artifactId>spring-boot-starter-mail</artifactId>
</dependency>
```

然后在配置文件中增加邮件服务器的信息：

```
spring.mail.host=smtp.qq.com
spring.mail.username=1304489315@qq.com
spring.mail.password=qq  邮箱的授权码
spring.mail.properties.mail.smtp.auth=true
spring.mail.properties.mail.smtp.starttls.enable=true
spring.mail.properties.mail.smtp.starttls.required=true
# 发送给谁
spring.boot.admin.notify.mail.to=yinjihuan@fangjia.com
# 是谁发送出去的
spring.boot.admin.notify.mail.from=1304489315@qq.com
```

配置好之后就可以收到监控邮件了，如图 13-12 所示。

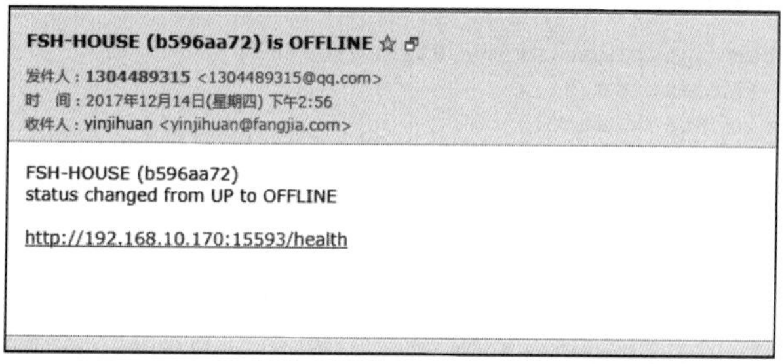

图 13-12　Spring Boot Admin 邮件警报

13.4.2　自定义钉钉警报

目前很多公司都是用钉钉来办公，通过钉钉可以发送监控消息，非常方便。Spring Boot Admin 中默认是没有钉钉警报这个功能的，我们可以自己去扩展使用钉钉来发送监控信息。

首先我们编写一个发送钉钉消息的工具类，如代码清单 13-10 所示。

代码清单 13-10　钉钉消息工具类

```java
public class DingDingMessageUtil {
    public static String access_token = " 填写你自己申请的 token";
    public static void sendTextMessage(String msg) {
        try {
            Message message = new Message();
            message.setMsgtype("text");
            message.setText(new MessageInfo(msg));
            URL url = new URL(
                    "https://oapi.dingtalk.com/robot/send?access_token="
                    + access_token);
            // 建立 http 连接
            HttpURLConnection conn = (HttpURLConnection)
                        url.openConnection();
            conn.setDoOutput(true);
            conn.setDoInput(true);
            conn.setUseCaches(false);
            conn.setRequestMethod("POST");
            conn.setRequestProperty("Charset", "UTF-8");
            conn.setRequestProperty("Content-Type",
                        "application/Json; charset=UTF-8");
            conn.connect();
            OutputStream out = conn.getOutputStream();
            String textMessage = JsonUtils.toJson(message);
            byte[] data = textMessage.getBytes();
            out.write(data);
            out.flush();
            out.close();

            InputStream in = conn.getInputStream();
```

```java
            byte[] data1 = new byte[in.available()];
            in.read(data1);

            System.out.println(new String(data1));
        } catch (Exception e) {
            e.printStackTrace();
        }
    }
}

class Message {
    private String msgtype;
    private MessageInfo text;
    public String getMsgtype() {
        return msgtype;
    }
    public void setMsgtype(String msgtype) {
        this.msgtype = msgtype;
    }
    public MessageInfo getText() {
        return text;
    }
    public void setText(MessageInfo text) {
        this.text = text;
    }
}

class MessageInfo {
    private String content;
    public MessageInfo(String content) {
        this.content = content;
    }
    public String getContent() {
        return content;
    }
    public void setContent(String content) {
        this.content = content;
    }
}
```

通过继承 AbstractStatusChangeNotifier 实现钉钉发送机制，如代码清单 13-11 所示。

代码清单 13-11　自定义钉钉发送机制

```java
public class DingDingNotifier extends AbstractStatusChangeNotifier {

    public DingDingNotifier(InstanceRepository repository) {
        super(repository);
    }

    @Override
    protected Mono<Void> doNotify(InstanceEvent event, Instance instance) {
        String serviceName = instance.getRegistration().getName();
        String serviceUrl = instance.getRegistration().getServiceUrl();
```

```
        String status = instance.getStatusInfo().getStatus();
        Map<String, Object> details = instance.getStatusInfo().getDetails();

        StringBuilder str = new StringBuilder();
        str.append("【" + serviceName + "】");
        str.append("【服务地址】" + serviceUrl);
        str.append("【状态】" + status);
        str.append("【详情】" + JsonUtils.toJson(details));
        return Mono.fromRunnable(() -> {
            DingDingMessageUtil.sendTextMessage(str.toString());
        });
    }
}
```

最后启用 DingDingNotifier 就可以了（见代码清单 13-12）。

代码清单 13-12　启用 DingDingNotifier

```
@Bean
public DingDingNotifier dingDingNotifier() {
    return new DingDingNotifier();
}
```

最终效果如图 13-13 所示。

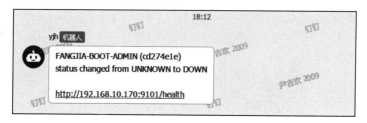

图 13-13　Spring Boot Admin 钉钉警报

目前我们已经配置好了警报功能，当服务上下线的时候就会发送警报，当网络发生波动的时候也有可能会触发警报。当前的警报只会发送一次，也就是说你的服务挂掉之后你会收到一条警报。如果是网络引起的警报也会收到一条警报，这个时候你就无法判断服务是不是真正出问题了。

我们的需求也很简单，当服务真正挂掉的时候，警报可以发送多条，比如每 10 秒发送一条，这样连续性的警报就很容易让维护人员关注和辨别。

可以通过配置 RemindingNotifier 来实现上面的需求：

代码清单 13-13　循环通知配置

```
@Primary
@Bean(initMethod = "start", destroyMethod = "stop")
public RemindingNotifier remindingNotifier(InstanceRepository repository) {
    RemindingNotifier notifier = new RemindingNotifier(dingDingNotifier(repository), repository);
    notifier.setReminderPeriod(Duration.ofSeconds(10));
```

```
notifier.setCheckReminderInverval(Duration.ofSeconds(10));
return notifier;
}
```

这里设置的时间间隔是 10 秒一次，当服务出问题的时候就会每隔 10 秒发送一次警报，直到服务正常才会停止。这个功能还会引发一个别的问题，如果你的服务是运行在 Docker 中，采用动态端口的话，当你每次重新发布服务的时候，端口发生变化，Spring Boot Admin 就会认为你的服务一直处于不可用的状态，这点不是特别好解决，笔者能想到的方法是在正常项目发布成功之后把 Spring Boot Admin 重启下，获取最新的服务信息。

13.5 本章小结

本章我们学习了 Spring Boot Admin 的使用方法，比起 Actuator 直接输出的 Json 格式的数据，Admin 的页面更方便、友好。在微服务架构下，服务的数量越来越多，能够快速查看应用的状态是一件非常节约时间的事情。同时 Admin 还可以集成邮件、钉钉等监控提醒，以便在服务故障的时候能够快速地收到消息。

第 14 章　服务的 API 文档管理

随着互联网技术的发展，现在的网站架构基本都由原来的后端渲染，演变成了前后端分离的形式，App 就是典型的前后端分离。前端和后端的唯一联系变成了 API 接口；API 文档变成了前后端开发人员联系的纽带，变得越来越重要。

API 文档是最能直接看出一个 API 作用的，好比我们的身份证。在软件开发过程中的重要性是毋庸置疑的，目前很多公司存在的问题是文档缺失、版本管理混乱，当接口调整之后往往文档没来得及更新。本章将为大家介绍一个通过代码自动生成文档的框架来代替人工的手写文档。

14.1　Swagger 简介

Swagger 是一个规范且完整的框架，用于生成、描述、调用和可视化 RESTful 风格的 Web 服务。Swagger 的目标是对 REST API 定义一个标准且和语言无关的接口，可以让人和计算机拥有无须访问源码、文档或网络流量监测就可以发现和理解服务的能力。当通过 Swagger 进行正确定义，用户可以理解远程服务并使用最少实现逻辑与远程服务进行交互。与为底层编程所实现的接口类似，Swagger 消除了调用服务时可能会有的猜测。

Swagger 的优势

支持 API 自动生成同步的在线文档：

使用 Swagger 后可以直接通过代码生成文档，不再需要自己手动编写接口文档了，对程序员来说非常方便，可以节约写文档的时间去学习新技术。

提供 Web 页面在线测试 API：

光有文档还不够，Swagger 生成的文档还支持在线测试。参数和格式都定好了，直接在界面上输入参数对应的值即可在线测试接口。

14.2 集成 Swagger 管理 API 文档

14.2.1 项目中集成 Swagger

集成 Swagger 我们使用封装好了的 Starter 包，如代码清单 14-1 所示。

代码清单 14-1　Swagger Starter Maven 依赖

```xml
<!-- Swagger -->
<dependency>
    <groupId>com.spring4all</groupId>
    <artifactId>swagger-spring-boot-starter</artifactId>
    <version>1.7.1.RELEASE</version>
</dependency>
```

在启动类中使用 @EnableSwagger2Doc 开启 Swagger，如代码清单 14-2 所示。

代码清单 14-2　启用 Swagger

```java
@EnableSwagger2Doc
@SpringBootApplication
public class AuthApplication {
    public static void main(String[] args) {
        SpringApplication.run(AuthApplication.class, args);
    }
}
```

14.2.2 使用 Swagger 生成文档

Swagger 是通过注解的方式来生成对应的 API，在接口上我们需要加上各种注解来描述这个接口，关于 Swagger 注解的使用在下章会有详细讲解，本节只是带大家快速使用 Swagger，使用方法如代码清单 14-3 所示。

代码清单 14-3　Swagger 使用

```java
@ApiOperation(value = "新增用户")
@ApiResponses({ @ApiResponse(code = 200, message = "OK", response = UserDto.class) })
@PostMapping("/user")
public UserDto addUser(@RequestBody AddUserParam param) {
    System.err.println(param.getName());
    return new UserDto();
}
```

参数类定义见代码清单 14-4：

代码清单 14-4　Swagger ApiModel 使用

```
@Data
@ApiModel(value = "com.cxytiandi.auth.param.AddUserParam", description = "新增用户参数")
public class AddUserParam {

    @ApiModelProperty(value="ID")
    private String id;

    @ApiModelProperty(value="名称")
    private String name;

    @ApiModelProperty(value="年龄")
    private int age;
}
```

14.2.3　在线测试接口

接口查看地址可以通过服务地址 +/swagger-ui.html 来访问，见图 14-1。

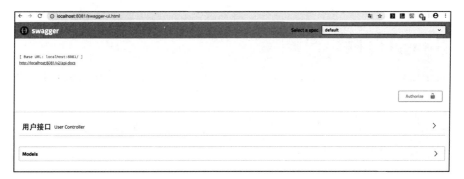

图 14-1　swagger 主页

可以展开看详情，见图 14-2。

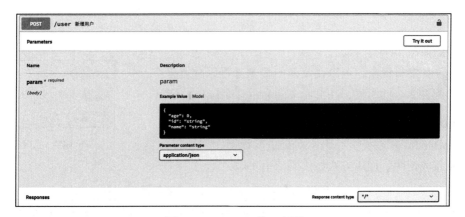

图 14-2　swagger 接口主页

在 param 中输入参数，点击 Try it out 按钮可以调用接口，见图 14-3。

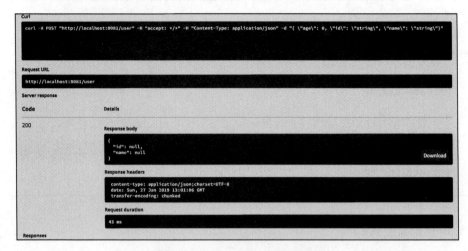

图 14-3　swagger 接口调用结果

14.3　Swagger 注解

Swagger 通过注解的方式对接口进行描述，本节主要讲解一些常用生成接口文档的注解。

1. Api

@Api 用在类上，说明该类的作用。可以标记一个 Controller 类作为 Swagger 文档资源，使用方式如代码清单 14-5 所示。

代码清单 14-5　API 注解使用

```
@Api(tags={"用户接口"})
@RestController
public class UserController {

}
```

效果图如图 14-4 所示。

- tags：接口说明，可以在页面中显示。可以配置多个，当配置多个的时候，在页面中会显示多个接口的信息。

图 14-4　API 描述

2. ApiModel

@ApiModel 用在类上，表示对类进行说明，用于实体类中的参数接收说明。使用方式如代码清单 14-6 所示。

代码清单 14-6　ApiModel 注解使用

```
@ApiModel(value = "com.cxytiandi.auth.param.AddUserParam", description = "新增用户参数")
```

```
public class AddUserParam {
}
```

效果图如图 14-5 所示。

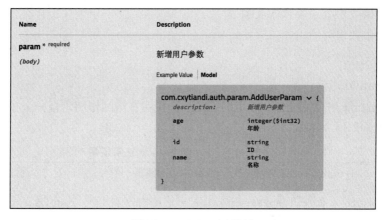

图 14-5　APIModel 描述

3. ApiModelProperty

@ApiModelProperty() 用于字段，表示对 model 属性的说明。使用方式如代码清单 14-7 所示。

代码清单 14-7　ApiModelProperty 注解使用

```
@Data
@ApiModel(value = "com.cxytiandi.auth.param.AddUserParam", description = "新增用户参数 ")
public class AddUserParam {

    @ApiModelProperty(value="ID")
    private String id;

    @ApiModelProperty(value=" 名称 ")
    private String name;

    @ApiModelProperty(value=" 年龄 ")
    private int age;
}
```

效果如图 14-5 右下角。

4. ApiParam

@ApiParam 用于 Controller 中方法的参数说明。使用方式如代码清单 14-8 所示。

代码清单 14-8　ApiParam 注解使用

```
@PostMapping("/user")
public UserDto addUser(@ApiParam(value = " 新增用户参数 ", required = true) @
```

```
RequestBody AddUserParam param) {
        System.err.println(param.getName());
        return new UserDto();
    }
```

效果如图 14-5 中登录参数的展示。
- value：参数说明
- required：是否必填

5. ApiOperation

@ApiOperation 用在 Controller 里的方法上，说明方法的作用，每一个接口的定义。使用方式如代码清单 14-9 所示。

代码清单 14-9　ApiOperation 注解使用

```
@ApiOperation(value = "新增用户", notes="详细描述")

public UserDto addUser(@ApiParam(value = "新增用户参数", required = true) @RequestBody AddUserParam param) {

}
```

效果图如图 14-6 所示。

图 14-6　ApiOperation 描述

- value：接口名称
- notes：详细说明

6. ApiResponse 和 ApiResponses

@ApiResponse 用于方法上，说明接口响应的一些信息；@ApiResponses 组装了多个 @ApiResponse。使用方式如代码清单 14-10 所示。

代码清单 14-10　ApiResponse 与 ApiResponses 注解使用

```
@ApiResponses({ @ApiResponse(code = 200, message = "OK", response = UserDto.class) })
@PostMapping("/user")
public UserDto addUser(@ApiParam(value = "新增用户参数", required = true) @RequestBody AddUserParam param) {

}
```

效果图如图 14-7 所示：

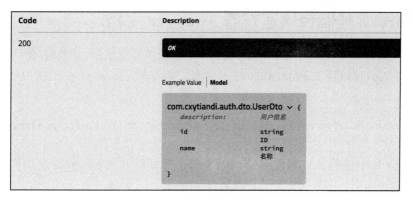

图 14-7　ApiResponse 描述

7. ApiImplicitParam 和 ApiImplicitParams

用于方法上，为单独的请求参数进行说明。使用方式如代码清单 14-11 所示。

代码清单 14-11　ApiImplicitParam 与 ApiImplicitParams 注解使用

```
@ApiImplicitParams({
@ApiImplicitParam(name="id",value="用户 ID",dataType="string", paramType = "query",
required=true, defaultValue="1")
    })
@ApiResponses({ @ApiResponse(code = 200, message = "OK", response = UserDto.
class) })
@GetMapping("/user")
public UserDto getUser(@RequestParam("id")String id) {
return new UserDto();
}
```

效果图如图 14-8 所示。

图 14-8　ApiImplicitParam 描述

- name：参数名，对应方法中单独的参数名称。
- value：参数中文说明。
- required：是否必填。
- paramType：参数类型，取值为 path、query、body、header、form。
- dataType：参数数据类型。
- defaultValue：默认值。

14.4 Eureka 控制台快速查看 Swagger 文档

在服务很多的情况下，我们想通过 Eureka 中注册的实例信息，能够直接跳转到 API 文档页面，这个时候可以定义 Eureka 的 Page 地址。在 application.properties 中增加如下配置即可：

```
eureka.instance.status-page-url=http://${spring.cloud.client.ip-address}:${server.port}/swagger-ui.html
```

在 Eureka Web 控制台就可以直接点击注册的实例跳转到 Swagger 文档页面了，如图 14-9 所示。

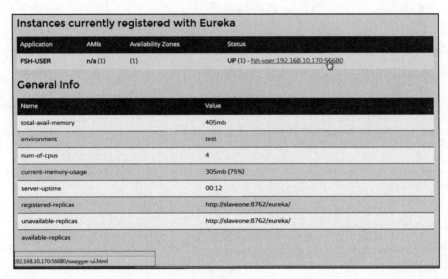

图 14-9　Eureka 自定义 Swagger 主页地址

14.5　请求认证

当我们的服务中有认证的逻辑，程序中会把认证的 Token 设置到请求头中，在用 Swagger 测试接口的时候也需要带上 Token 才能完成接口的测试。

点击 Authorize 按钮（如图 14-10 所示），填写认证信息（如图 14-11 所示）。

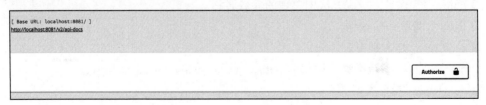

图 14-10　Authorize 入口按钮

图 14-11　Authorize 信息填写

默认的请求头名称是 Token，这里改成了 Authorization，通过配置文件修改：

```
swagger.authorization.key-name=Authorization
```

更多配置使用方式请参考文档：https://github.com/SpringForAll/spring-boot-starter-swagger。

14.6　Zuul 中聚合多个服务 Swagger

在 Zuul 中进行聚合操作的原因是不想每次都去访问独立服务的文档，通过网关统一整合这些服务的文档方便使用。

在网关中加入 Swagger 的 Maven 依赖，如代码清单 14-12 所示。

代码清单 14-12　Swagger Maven 依赖

```xml
<dependency>
    <groupId>io.springfox</groupId>
    <artifactId>springfox-swagger-ui</artifactId>
    <version>2.9.2</version>
</dependency>
<dependency>
    <groupId>io.springfox</groupId>
    <artifactId>springfox-swagger2</artifactId>
    <version>2.9.2</version>
</dependency>
```

自定义配置进行整合，笔者采用了一种比较简单的方式，不是手动的去配置要整合的服务信息，而是直接去读取 Eureka 中的服务信息，只要是 Eureka 中的服务就都能整合进来，如代码清单 14-13 所示。

代码清单 14-13　Swagger 聚合配置类

```java
@EnableSwagger2
@Component
@Primary
public class DocumentationConfig implements SwaggerResourcesProvider {

    @Autowired
```

```java
    private DiscoveryClient discoveryClient;

    @Value("${spring.application.name}")
    private String applicationName;

    @Override
    public List<SwaggerResource> get() {
        List<SwaggerResource> resources = new ArrayList<>();
        // 排除自身,将其他的服务添加进去
        discoveryClient.getServices().stream().filter(s ->
        !s.equals(applicationName)).forEach(name -> {
            resources.add(swaggerResource(name, "/" + name + "/v2/api-docs",
            "2.0"));
        });
        return resources;
    }

    private SwaggerResource swaggerResource(String name, String location,
        String version) {
        SwaggerResource swaggerResource = new SwaggerResource();
        swaggerResource.setName(name);
        swaggerResource.setLocation(location);
        swaggerResource.setSwaggerVersion(version);
        return swaggerResource;
    }

}
```

14.7　本章小结

　　API 文档的管理一直以来就是令人非常头痛的一件事,通过本章的学习,读者可以尝试着用 Swagger 来管理自己的 API 接口,只需要在写代码的时候多花几分钟加几个注解,对于后期的维护绝对是有利的。至此,第三部分的内容已经全部讲解完毕,从下章开始笔者将带领大家进入第四部分——高级篇的学习。

第四部分 *Part 4*

高 级 篇

- 第15章 API网关扩展
- 第16章 微服务之缓存
- 第17章 微服务之存储
- 第18章 微服务之分布式事务解决方案
- 第19章 分布式任务调度
- 第20章 分库分表解决方案
- 第21章 最佳生产实践经验

第 15 章
API 网关扩展

Spring Cloud Zuul 只是为我们提供了一个构建网关的架子，各种高级操作还是得结合自身的业务去做扩展，本章将扩展学习网关中必不可少的一些功能。

15.1 用户认证

在传统的单体项目中，我们对用户的认证通常就在项目里面，当拆分成微服务之后，一个业务操作会涉及多个服务。那么怎么对用户做认证？服务中又是如何获取用户信息的？这些操作都可以在 API 网关中实现。

15.1.1 动态管理不需要拦截的 API 请求

并不是所有的 API 都需要认证，比如登录接口。我们需要一个能够动态添加 API 白名单的功能，凡是在这个白名单当中的，我们就不做认证。这个配置信息需要能够实时生效，这就用上了我们的配置管理 Apollo。

在 API 网关中创建一个 Apollo 的配置类，见代码清单 15-1。

代码清单 15-1　Apollo 配置类定义

```
@Data
@Configuration
public class BasicConf {

    // API 接口白名单，多个用逗号分隔
    @Value("${apiWhiteStr:/zuul-extend-user-service/user/login}")
    private String apiWhiteStr;

}
```

编写认证的 Filter，见代码清单 15-2。

代码清单 15-2　认证过滤器

```java
/**
 * 认证过滤器
 * @author yinjihuan
 *
 **/
public class AuthFilter extends ZuulFilter {

    @Autowired
    private BasicConf basicConf;

    public AuthFilter() {
        super();
    }

    @Override
    public boolean shouldFilter() {
        return true;
    }

    @Override
    public String filterType() {
        return "pre";
    }

    @Override
    public int filterOrder() {
        return 1;
    }

    @Override
    public Object run() {
        RequestContext ctx = RequestContext.getCurrentContext();
        String apis = basicConf.getApiWhiteStr();
        // 白名单，放过
        List<String> whileApis = Arrays.asList(apis.split(","));
        String uri = ctx.getRequest().getRequestURI();
        if (whileApis.contains(uri)) {
            return null;
        }
        // path uri 处理
        for (String wapi : whileApis) {
            if (wapi.contains("{") && wapi.contains(")")) {
                if (wapi.split("/").length == uri.split("/").length) {
                    String reg = wapi.replaceAll("\\{.*}", ".*{1,}");
                    Pattern r = Pattern.compile(reg);
                    Matcher m = r.matcher(uri);
                    if (m.find()) {
```

```
                    return null;
                }
            }
        }
        return null;
    }
}
```

在 Filter 中注入我们的 BasicConf 配置，在 run 方法里面执行判断的逻辑，将配置的白名单信息转成 List，然后判断当前请求的 URI 是否在白名单中，存在则放过。

下面还有一段是 Path URI 的处理，这是解决 /user/{userId} 这种类型的 URI，URI 中有动态的参数，直接匹配是否相等肯定是不行的。

最后配置 Filter 即可启用，如代码清单 15-3 所示。

代码清单 15-3　启用认证过滤器

```
@Bean
public AuthFilter authFilter() {
    return new AuthFilter();
}
```

当有不需要认证的接口时，直接在 Apollo 后台修改一下配置信息即可实时生效。

15.1.2　创建认证的用户服务

用户服务是每个产品必备的一个服务，可以管理这个产品的用户信息。我们用到的用户服务只是演示认证，所以只提供一个登录的接口即可。

登录接口如代码清单 15-4 所示。

代码清单 15-4　用户认证接口

```
/**
 * 用户登录
 * @param query
 * @return
 */
@ApiOperation(value = " 用户登录 ", notes = " 企业用户认证接口，参数为必填项 ")
@PostMapping("/login")
public ResponseData login(@ApiParam(value = " 登录参数 ", required = true) @RequestBody LoginQuery query) {
    if (query == null || query.getEid() == null ||
        StringUtils.isBlank(query.getUid())) {
        return ResponseData.failByParam("eid 和 uid 不能为空 ");
    }
    return ResponseData.ok( enterpriseProductUserService.login(query.getEid(),
query.getUid())
    );
}
```

Service 中的 login 方法用来判断是否成功登录，成功则用 JWT 将用户 ID 加密返回一个 Token。此处只是为了模拟，真实环境中需要去查数据库，如代码清单 15-5 所示。

代码清单 15-5　认证逻辑

```
public String login(Long eid, String uid) {
    JWTUtils jwtUtils = JWTUtils.getInstance();
    if (eid.equals(1L) && uid.equals("1001")) {
        return jwtUtils.getToken(uid);
    }
    return null;
}
```

15.1.3　路由之前的认证

除了我们之前讲解的，一些 API 由于特殊的需求，不需要做认证，我们可以用配置的方式来放行，其余的都需要认证，只有合法登录后的用户才能调用。当用户调用用户服务中的登录接口，登录成功之后就能拿到 Token，在请求其他的接口时带上 Token，就可以在 Zuul 的 Filter 中对这个 Token 进行认证。

验证逻辑和之前的 API 白名单是在一个 Filter 中进行的，在 path uri 处理之后进行认证，如代码清单 15-6 所示。

代码清单 15-6　拦截请求逻辑

```
// 验证 TOKEN
if (!StringUtils.hasText(token)) {
    ctx.setSendZuulResponse(false);
    ctx.set("isSuccess", false);
    ResponseData data = ResponseData.fail(
            "非法请求【缺少 Authorization 信息】",
            ResponseCode.NO_AUTH_CODE.getCode());
    ctx.setResponseBody(JsonUtils.toJson(data));
    ctx.getResponse().setContentType("application/json; charset=utf-8");
    return null;
}

JWTUtils.JWTResult jwt = jwtUtils.checkToken(token);
if (!jwt.isStatus()) {
    ctx.setSendZuulResponse(false);
    ctx.set("isSuccess", false);
    ResponseData data = ResponseData.fail(jwt.getMsg(), jwt.getCode());
    ctx.setResponseBody(JsonUtils.toJson(data));
    ctx.getResponse().setContentType("application/json; charset=utf-8");
    return null;
}
ctx.addZuulRequestHeader("uid", jwt.getUid());
```

从请求头中获取 Token，如果没有就拦截并给出友好提示，设置 isSuccess=false 告诉下面的 Filter 不需要执行了。有 Token 则验证 Token 的合法性，合法则放行，不合法就拦截并给出友好提示。

15.1.4 向下游微服务中传递认证之后的用户信息

传统的单体项目中我们通常都是使用 Session 来存储登录后的用户信息，但这样会导致做了集群后的用户信息有问题，在 A 服务上登录了，下次被转发到 B 服务区，又得重新登录一次。为了解决这个问题，通常采用 Session 共享的方式来解决，比如 Spring Session 这种框架。

在微服务下如何解决这个问题呢？为了提高并发性能，方便快速扩容，服务都被设计成了无状态的，不需要对每个服务都进行用户是否登录的判断，只需要统一在 API 网关中认证好即可。在 API 网关中认证之后如何把用户信息传递给下方的服务就是我们需要关注的了，在 Zuul 中可以将认证之后的用户信息通过请求头的方式传递给下方服务，比如代码清单 15-7 所示的方式。

代码清单 15-7　Zuul 传递参数到后端服务

```
ctx.addZuulRequestHeader("uid", jwt.getUid());
```

在具体的服务中就可以通过 request 对象来获取传递过来的用户信息，如代码清单 15-8 所示。

代码清单 15-8　接收 Zuul 传递过来的参数

```
@GetMapping("/article/callHello")
public String callHello() {
    System.err.println("用户ID:" + request.getHeader("uid"));
    return userRemoteClient.hello();
}
```

15.1.5 内部服务间的用户信息传递

关于用户信息的传递问题，我们知道从 API 网关过来的请求，经过认证之后是可以拿到认证后的用户 ID，这时候我们可以通过 addZuulRequestHeader 的方式将用户 ID 传递到我们转发的服务上去，但如果从网关转发到 A 服务，A 服务需要调用 B 服务的接口，那么我想在 B 服务中也能通过 request.getHeader（"uid"）去获取用户 ID，这个时候该怎么处理？

关于这种需求，我的建议是直接通过网关转发过去的接口。我们可以通过 request.getHeader（"uid"）来获取网关带过来的用户 ID，然后服务之前调用的话可以通过参数的方式告诉被调用的服务，A 服务调用 B 服务的 hello 接口，那么 hello 接口中增加一个 uid 的参数即可，此时的用户 ID 是网关给我们的，已经是认证过的了，可以直接使用。

如果想做成类似于 Session 共享的方式也可以，那么当 A 服务调用 B 服务时，你就得通过在框架层面将用户 ID 传递到 B 服务当中，但是这个不能让每个开发人员去关心，必须封装成统一的处理。

我们可以这样做，首先我们的场景是 API 网关中会通过请求头将用户 ID 传递到转发的服务中，那么我们可以通过过滤器来获取这个值，然后进行传递操作，如代码清单 15-9 所示。

代码清单 15-9　自定义过滤器传递参数

```java
public class HttpHeaderParamFilter implements Filter {

    @Override
    public void init(FilterConfig filterConfig) throws ServletException {
    }

    @Override
    public void doFilter(ServletRequest request, ServletResponse response,
                FilterChain chain) throws IOException, ServletException {
        HttpServletRequest httpRequest = (HttpServletRequest)request;
        HttpServletResponse httpResponse = (HttpServletResponse) response;
        httpResponse.setCharacterEncoding("UTF-8");
        httpResponse.setContentType("application/json; charset=utf-8");
        String uid = httpRequest.getHeader("uid");
        RibbonFilterContextHolder.getCurrentContext().add("uid", uid);
        chain.doFilter(httpRequest, response);
    }

    @Override
    public void destroy() {

    }
}
```

RibbonFilterContextHolder 是通过 InheritableThreadLocal 在线程之间进行数据传递的。这步走完后请求就转发到了我们具体的接口上面，然后这个接口中就会用 Feign 去调用 B 服务的接口，所以接下来需要用 Feign 的拦截器将刚刚获取的用户 ID 重新传递到 B 服务中，如代码清单 15-10 所示。

代码清单 15-10　Feign 拦截器设置参数到请求头中

```java
public class FeignBasicAuthRequestInterceptor implements
                            RequestInterceptor {
    public FeignBasicAuthRequestInterceptor() {

    }

    @Override
    public void apply(RequestTemplate template) {
        Map<String, String> attributes =
            RibbonFilterContextHolder.getCurrentContext().getAttributes();
        for (String key : attributes.keySet()) {
            String value = attributes.get(key);
```

```
            template.header(key, value);
        }
    }
}
```

通过获取 InheritableThreadLocal 中的数据添加到请求头中，这里不用具体的名字去获取数据是为了扩展，这样后面添加任何的参数都能直接传递过去了。

Feign 的拦截器使用需要在 @FeignClient 注解中指定 Feign 的自定义配置，自定义配置类中配置 Feign 的拦截器即可。

拦截器只需要注册下就可以使用了，本套方案不用改变当前任何业务代码，如代码清单 15-11 所示。

代码清单 15-11　注册传递参数过滤器

```
@Bean
public FilterRegistrationBean filterRegistrationBean() {
    FilterRegistrationBean registrationBean = new FilterRegistrationBean();
    HttpHeaderParamFilter httpHeaderParamFilter = new
                                 HttpHeaderParamFilter();
    registrationBean.setFilter(httpHeaderParamFilter);
    List<String> urlPatterns = new ArrayList<String>(1);
    urlPatterns.add("/*");
    registrationBean.setUrlPatterns(urlPatterns);
    return registrationBean;
}
```

15.2　服务限流

高并发系统中有三把利器用来保护系统：缓存、降级和限流。限流的目的是为了保护系统不被大量请求冲垮，通过限制请求的速度来保护系统。在电商的秒杀活动中，限流是必不可少的一个环节。

限流的方式也有多种，可以在 Nginx 层面限流，也可以在应用当中限流，比如在 API 网关中。

15.2.1　限流算法

常见的限流算法有：令牌桶、漏桶。计数器也可以进行限流实现。

1　令牌桶

令牌桶算法是一个存放固定容量令牌的桶，按照固定速率往桶里添加令牌。可以控制流量也可以控制并发量，假如我们想要控制 API 网关的并发量最高为 1000，可以创建一个令牌桶，以固定的速度往桶里添加令牌，超过了 1000 则不添加。

当一个请求到达之后就从桶中获取一个令牌，如果能获取到令牌就可以继续往下请求，获取不到就说明令牌不够，并发量达到了最高，请求就被拦截。

2 漏桶

漏桶是一个固定容量的桶，按照固定的速率流出，可以以任意的速率流入到漏桶中，超出了漏桶的容量就被丢弃，总容量是不变的。但是输出的速率是固定的，无论你上面的水流入的多快，下面的出口只有这么大，就像水坝开闸放水一样，如图 15-1 所示。

图 15-1　漏桶算法图解

15.2.2　单节点限流

单节点限流指的是只对这个节点的并发量进行控制，相对于集群限流来说单节点限流比较简单，稳定性也好，集群限流需要依赖第三方中间件来存储数据，单节点限流数据存储在本地内存中即可，风险性更低。

从应用的角度来说单节点的限流就够用了，如果我们的应用有 3 个节点，总共能扛住 9000 的并发，那么单个节点最大能扛住的量就是 3000，只要单个节点扛住了就没什么问题了。

我们可以用上面讲的令牌桶算法或者漏桶算法来进行单节点的限流操作，算法的实现可以使用 Google Guava 中提供的算法实现类。实际使用中令牌桶算法更适合一些，当然这个得参考业务需求，之所以选择令牌桶算法是因为它可以处理突发的流量，漏桶算法就不行，因为漏桶的速率是固定的。

首先需要依赖 Guava，其实也可以不用，在 Spring Cloud 中好多组件都依赖了 Guava，如果你的项目是 Spring Cloud 技术栈的话可以不用自己配置，间接就已经依赖了，如代码清单 15-12 所示。

代码清单 15-12　Guava Maven 依赖

```
<dependency>
    <groupId>com.google.guava</groupId>
    <artifactId>guava</artifactId>
    <version>18.0</version>
</dependency>
```

Spring Cloud 中依赖 Guava 的组件，如图 15-2 所示。

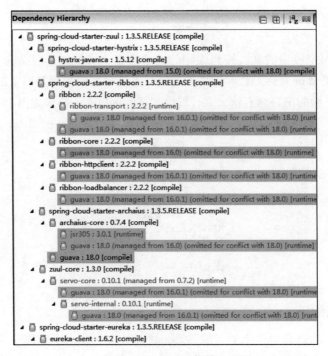

图 15-2 guava 依赖

创建一个限流的过滤器，order 返回 0，执行优先级第一，如代码清单 15-13 所示。

代码清单 15-13   限流过滤器

```
public class LimitFilter extends ZuulFilter {
    public static volatile RateLimiter rateLimiter = 
                                    RateLimiter.create(100.0);
    public LimitFilter() {
        super();
    }
    @Override
    public boolean shouldFilter() {
        return true;
    }

    @Override
    public String filterType() {
        return "pre";
    }

    @Override
    public int filterOrder() {
        return 0;
    }

    @Override
```

```
    public Object run() {
        // 总体限流 rateLimiter.acquire();
        return null;
    }
}
```

注册限流过滤器，见代码清单 15-14。

代码清单 15-14　配置限流过滤器

```
@Bean
public LimitFilter limitFilter() {
    return new LimitFilter();
}
```

上面的方案有一个致命的问题就是速率值是写死的，往往我们需要根据服务器的配置以及当时的并发量来设置一个合理的值，那么就需要速率这个值能够实时修改，并且生效，这时配置中心又派上用场了。

添加 Apollo 的配置，如代码清单 15-15 所示。

代码清单 15-15　限流 Apollo 配置

```
@Data
@Configuration
public class BasicConf {

    @Value("${limitRate:10}")
    private double limitRate;

}
```

有一个问题是当这个值修改的时候需要重新初始化 RateLimiter，在配置类中实现修改回调的方法见代码清单 15-16。

代码清单 15-16　限流 Apollo 配置更新回调

```
@Data
@Configuration
public class BasicConf {

    @Value("${limitRate:10}")
    private double limitRate;

    @ApolloConfig
    private Config config;

    @ApolloConfigChangeListener
    public void onChange(ConfigChangeEvent changeEvent) {
        if (changeEvent.isChanged("limitRate")) {
            // 更新 RateLimiter
            LimitFilter.rateLimiter =
                RateLimiter.create(config.getDoubleProperty("limitRate", 10.0));
        }
```

```
        }
    }
```

我们可以用 ab 来测试一下接口，见代码清单 15-17。

代码清单 15-17　用 ab 测试接口

```
ab -n 1000 -c 30 http://192.168.10.170:2103/fsh-house/house/1
Benchmarking 192.168.10.170 (be patient)
Completed 100 requests
Completed 200 requests
Completed 300 requests
Completed 400 requests
Completed 500 requests
Completed 600 requests
Completed 700 requests
Completed 800 requests
Completed 900 requests
Completed 1000 requests
Finished 1000 requests


Server Software:
Server Hostname:        192.168.10.170
Server Port:            2103

Document Path:          /fsh-house/house/1
Document Length:        796 bytes
Concurrency Level:      30
Time taken for tests:   98.989 seconds
Complete requests:      1000
Failed requests:        6
    (Connect: 0, Receive: 0, Length: 6, Exceptions: 0)
Total transferred:      1001434 bytes
HTML transferred:       833434 bytes
Requests per second:    10.10 [#/sec] (mean) Time per request:     2969.679 [ms] (mean) Time per request:     98.989 [ms] (mean, across all concurrent requests)
Transfer rate:          9.88 [Kbytes/sec] received
```

❑ -n 1000 表示总共请求 1000 次

❑ -c 30 表示并发数量

我们可以看到执行完这 1000 次请求总共花费了 98 秒，Time taken for tests 就是请求所花费的总时间，这是在限流参数为 10 的情况下，我们还可以把参数调到 100 然后测试一下，见代码清单 15-18。

代码清单 15-18　限流参数为 100 时测试

```
ab -n 1000 -c 30 http://192.168.10.170:2103/fsh-house/house/1
Benchmarking 192.168.10.170 (be patient) Completed 100
requests Completed 200
requests Completed 300
requests Completed 400
requests Completed 500
```

```
requests Completed 600
requests Completed 700
requests Completed 800
requests Completed 900
requests Completed 1000 requests Finished 1000 requests Server Software:
Server Hostname:        192.168.10.170
Server Port:            2103
Document Path:          /fsh-house/house/1
Document Length:        7035 bytes
Concurrency Level:      30
Time taken for tests:   9.061 seconds
Complete requests:      1000
Failed requests:        30
                (Connect: 0, Receive: 0, Length: 30, Exceptions: 0)
Total transferred:      7015830 bytes
HTML transferred:       6847830 bytes
Requests per second:    110.37 [#/sec] (mean)
Time per request:       271.821 [ms] (mean)
Time per request:       9.061 [ms] (mean, across all concurrent requests)
Transfer rate:          756.17 [Kbytes/sec] received
```

限流的参数调大后，请求 9 秒就完成了，这就证明我们的限流操作起作用了。

15.2.3 集群限流

集群限流可以借助 Redis 来实现，至于实现的方式也有很多种，下面我们介绍一种比较简单的限流方式。

我们可以按秒来对并发量进行限制，比如整个集群中每秒只能访问 1000 次。我们可以利用计数器来判断，Redis 的 key 为当前秒的时间戳，value 就是访问次数的累加，当次数超出了我们限制的范围内，直接拒绝即可。需要注意的是集群中服务器的时间必须一致才能没有误差，下面我们来看代码。

首先在我们的 API 网关中集成 Redis 的操作，我们引入 Spring Data Redis 来操作 Redis，见代码清单 15-19。

代码清单 15-19　Redis Maven 依赖

```
<dependency>
    <groupId>org.springframework.boot</groupId>
    <artifactId>spring-boot-starter-data-redis</artifactId>
</dependency>
```

属性配置文件中配置 Redis 的连接信息

```
spring.redis.host=192.168.10.47
spring.redis.port=6379
```

集成后就直接可以使用 RedisTemplate 来操作 Redis 了，这里配置了一个 RedisTemplate，key 为 String 类型，value 为 Long 类型，用来计数，见代码清单 15-20。

代码清单 15-20　RedisTemplate 配置

```
@Configuration
public class RedisConfig {

    @Bean(name = "longRedisTemplate")
    public RedisTemplate<String, Long>
        redisTemplate(RedisConnectionFactory
        jedisConnectionFactory) {
    RedisTemplate<String, Long> template =
                    new RedisTemplate<String, Long>();
        template.setConnectionFactory(jedisConnectionFactory);
        template.setKeySerializer(new StringRedisSerializer());
        template.setHashValueSerializer(
            new GenericToStringSerializer< Long >( Long.class ) );
        template.setValueSerializer(
            new GenericToStringSerializer< Long >( Long.class ) );
        return template;
    }
}
```

在之前的限流类的配置中增加集群限流的速率配置，见代码清单 15-21 所示。

代码清单 15-21　集群限流 Apollo 配置

```
@Data
@Configuration
public class BasicConf {

    @Value("${clusterLimitRate:10}")
    private double clusterLimitRate;

}
```

接下来我们改造之前单体限流用的过滤器 LimitFilter，采用 Redis 来进行限流操作，见代码清单 15-22。

代码清单 15-22　集群限流逻辑

```
public class LimitFilter extends ZuulFilter {
    private Logger log = LoggerFactory.getLogger(LimitFilter.class);

    public static volatile RateLimiter rateLimiter = RateLimiter
        .create(100);

    @Autowired
    @Qualifier("longRedisTemplate")
    private RedisTemplate<String, Long> redisTemplate;

    @Autowired
    private BasicConf basicConf;

    public LimitFilter() {
        super();
```

```java
    }

    @Override
    public boolean shouldFilter() {
        return true;
    }

    @Override
    public String filterType() {
        return "pre";
    }

    @Override
    public int filterOrder() {
        return 0;
    }

    @Override
    public Object run() {
        RequestContext ctx = RequestContext.getCurrentContext();
        Long currentSecond = System.currentTimeMillis() / 1000;
        String key = "fsh-api-rate-limit-" + currentSecond;
        try {
            if (!redisTemplate.hasKey(key)) {
                redisTemplate.opsForValue().set(key,
                    0L,
                        100,TimeUnit.SECONDS);
            }
            int rate = basicConf.getClusterLimitRate();
            // 当集群中当前秒的并发量达到了设定的值,不进行处理
            // 注意集群中的网关与所在服务器时间必须同步
            if (redisTemplate.opsForValue().increment(key, 1) > rate) {
                ctx.setSendZuulResponse(false);
                ctx.set("isSuccess", false);
                ResponseData data =
                        ResponseData.fail(" 当前负载太高,请稍后重试 ",
                        ResponseCode.LIMIT_ERROR_CODE.getCode());
                ctx.setResponseBody(JsonUtils.toJson(data));
                ctx.getResponse().setContentType("application/json;
                        charset=utf-8");
                return null;
            }
        } catch (Exception e) {
        log.error(" 集群限流异常 ", e);
            // Redis 挂掉等异常处理,可以继续单节点限流
            // 单节点限流
            rateLimiter.acquire();
        }
        return null;
    }
}
```

我们来看看 run 方法里面的逻辑,首先我们是获取了当前时间的时间戳然后转换成秒,

定义了一个 Redis 的 key。判断这个 key 是否存在，不存在则插入一个，初始值为 0，然后通过 increment 来为这个 key 累加计数，并获取累加之后的值，increment 是原子性的，不会有并发问题，如果当前秒的数量超出了我们设定的值那就说明当前的并发量已经达到了极限值，然后直接拒绝请求。

这里还需要进行异常处理，前文推荐用单节点限流的方式来进行就是因为集群性质的限流需要依赖第三方中间件，如果中间件挂了，那么就会影响现有的业务，这里需要处理的是如果操作 Redis 出异常了怎么办？首先是进行集群的限流，如果 Redis 出现挂了之类的问题，捕获到异常之后立刻启用单节点限流，进行双重保护。当然必须有完整的监控系统，当 Redis 出现问题之后必须马上处理。Redis 在生产环境中必须用集群，当然集群也有可能会出问题，所以单节点限流是一种比较好的方案。

15.2.4 具体服务限流

前面我们学习了如何进行单节点的限流和集群的限流。虽然抗住了整体的并发量，但是会有一个弊端，如果这些并发量都是针对一个服务的，那么这个服务还是会扛不住的，针对具体的服务做具体的限制才是最好的选择。

基于前面的基础，要针对具体的服务做限制是比较简单的事情，针对单节点限流我们的做法如下。

之前是用一个 RateLimiter 来防止整体的并发量，针对具体服务的前期是需要知道当前的请求会被转发到哪个服务里去，知道了这个我们只需要为每个服务创建一个 RateLimiter，不同的服务用不同的 RateLimiter 就可以实现具体服务的限制了。

集群的限流是通过时间的秒作为 key 来计数实现的，如果是针对具体的服务，只需要把服务名称加到 key 中就可以了，即一个服务就是一个 key，限流的操作自然而然是针对具体的服务。

可以用 Zuul 提供的 Route Filter 来做，在 Route Filter 中可以直接获取当前请求是要转发到哪个服务，如代码清单 13-23 所示。

代码清单 15-23　获取路由服务 ID

```
RequestContext ctx = RequestContext.getCurrentContext();
Object serviceId = ctx.get("serviceId");
```

serviceId 就是 Eureka 中注册的服务名称。

15.2.5 具体接口限流

即使我们做了整体的集群限流，如果某个服务的具体限流持续并发量很大且是同一个接口，那么还会影响到其他接口的使用，华章所有的资源都被这一个接口占用了，其他的接口请求过来只能等待或者抛弃，所以我们需要将限流做得更细，可以针对具体的 API 接口进行并发控制。

具体的接口控制并发量我们将这个控制放到具体的服务中,之所以不放到 API 网关去做控制是因为 API 的量太大了,如果统一到 API 网关来控制那么需要配置很多 API 的并发量信息,如果放到具体的服务上,我们可以通过注解的方式在接口的方法上做文章,添加一个注解就可以实现并发控制,还可以结合我们的 Apollo 来做动态修改,当然也可以在 API 网关做,笔者推荐在具体的服务上做。

首先我们定义一个注解,用来标识某个接口需要进行并发控制,这个注解是通用的,可以放在公共的库中。在注解中定义一个 confKey,这个 key 对应的是 Apollo 中的配置 key,也就是说我们这个并发的数字不写死,而是通过 Apollo 来做关联,到时候可以动态修改,实时生效,见代码清单 15-24。

代码清单 15-24　自定义限速注解

```
/**
 * 对 API 进行访问速度限制 <br>
 * 限制的速度值在 Apollo 配置中通过 key 关联
 * @author yinjihuan
 *
 */
@Target(ElementType.METHOD)
@Retention(RetentionPolicy.RUNTIME)
@Documented
public @interface ApiRateLimit {
    /**
     * Apollo 配置中的 key
     * @return
     */
    String confKey();
}
```

接下来我们定义一个启动监听器,这个也是通用的,可以放在公共库中。这个启动监听器的主要作用就是扫描所有的 API 接口类,也就是我们的 Controller。获取 Controller 中所有加了 ApiRateLimit 注解的信息,然后进行初始化操作,控制并发我们这里用 JDK 自带的 Semaphore 来实现,当然你也可以用之前讲的 RateLimiter,见代码清单 15-25。

代码清单 15-25　启动时初始化限速 API 信息

```
@Component
public class InitApiLimitRateListener implements ApplicationContextAware {
    public void setApplicationContext(ApplicationContext ctx) throws BeansException {
        Environment environment = ctx.getEnvironment();
        String defaultLimit = environment.getProperty("open.api.defaultLimit");
        Object rate = defaultLimit == null ? 100 : defaultLimit;
        ApiLimitAspect.semaphoreMap.put("open.api.defaultLimit", new Semaphore(Integer.parseInt(rate.toString())));
        Map<String, Object> beanMap = ctx.getBeansWithAnnotation(RestController.class);
```

```
            Set<String> keys = beanMap.keySet();
            for (String key : keys) {
                Class<?> clz = beanMap.get(key).getClass();
                String fullName = beanMap.get(key).getClass().getName();
                if (fullName.contains("EnhancerBySpringCGLIB") || fullName.
contains("$$")) {
                    fullName = fullName.substring(0, fullName.indexOf("$$"));
                    try {
                        clz = Class.forName(fullName);
                    } catch (ClassNotFoundException e) {
                        throw new RuntimeException(e);
                    }
                }
                Method[] methods = clz.getMethods();
                for (Method method : methods) {
                    if (method.isAnnotationPresent(ApiRateLimit.class)) {
                        String confKey = method.getAnnotation(ApiRateLimit.class).
                        confKey();
                        if (environment.getProperty(confKey) != null) {
                            int limit = Integer.parseInt(environment.
                        getProperty(confKey));
                            ApiLimitAspect.semaphoreMap.put(confKey, new
                        Semaphore(limit));
                        }
                    }
                }
            }
        }
    }
}
```

上面的代码就是初始化的整个逻辑，在最开始的时候就是获取 open.api.defaultLimit 的值，那么这个值会配置在 Apollo 中，如果没有则给予一个默认值。open.api.defaultLimit 是考虑到并不是所有的接口都需要配置具体的限制并发的数量，所以给了一个默认的限制，也就是说没有加 ApiRateLimit 注解的接口就用这个默认的并发限制。

拿到所有的 Controller 类的信息，通过判断类上是否有 RestController 注解来确定这就是一个接口，然后获取类中所有的方法，获取方法上有 ApiRateLimit 注解的 key，通过 key 获取配置的值，然后 new 一个 Semaphore 存入控制并发的切面的 map 中，切面下面会定义。

通过切面来对访问的接口进行并发控制，当然也可以用拦截器、过滤器之类的，切面也是共用的，可以放公共库中，见代码清单 15-26。

代码清单 15-26　限流切面

```
/**
 * 具体 API 并发控制
 * @author yinjihuan
 *
 */
@Aspect
@Order(value = Ordered.HIGHEST_PRECEDENCE)
public class ApiLimitAspect {
    public static Map<String,
```

```java
        Semaphore> semaphoreMap = new
                        ConcurrentHashMap<String, Semaphore>();
    @Around("execution(*
com.cxytiandi.*.*.controller.*.*(..))") public Object
around(ProceedingJoinPoint joinPoint) {
        Object result = null; Semaphore semap = null;
        Class<?> clazz = joinPoint.getTarget().getClass();
        String key = getRateLimitKey(clazz,
                    joinPoint.getSignature().getName());
        if (key != null) {
            semap = semaphoreMap.get(key);
        } else {
            semap = semaphoreMap.get("open.api.defaultLimit");
        }
        try { semap.acquire();
            result = joinPoint.proceed();
        } catch (Throwable e) {
            throw new RuntimeException(e);
        } finally {
            semap.release();
        }
        return result;
    }

    private String getRateLimitKey(
            Class<?> clazz, String methodName) {
        for (Method method : clazz.getDeclaredMethods()) {
            if(method.getName().equals(methodName)){
                if (method.isAnnotationPresent(ApiRateLimit.class)) {
                    String key = method.getAnnotation(
                            ApiRateLimit.class).confKey();
                    return key;
                }
            }
        }
        return null;
    }
}
```

整个切面中的代码量不多,但是作用非常大,所有接口的请求都将会经过它,这是一个环绕通知。

第一行是一个 ConcurrentHashMap,用来存储我们之前在监听器里面初始化好的 Semaphore 对象,需要重点关注的是 around 中的逻辑。首先获取当前访问的目标对象以及方法名称,通过 getRateLimitKey 获取当前访问的方法是否有限制并发的 key,通过 key 从 semaphoreMap 中获取对应的 Semaphore 对象做并发限制。

配置进行并发控制的切面,见代码清单 15-27。

代码清单 15-27 限流切面配置

```java
@Configuration
public class BeanConfig {
    /**
```

```java
 * 具体的 API 并发控制
 * @return
 */
@Bean
public ApiLimitAspect apiLimitAspect() {
    return new ApiLimitAspect();
}
}
```

到这里整个限制的流程就结束了。启动服务，可以用并发测试工具 Apache ab 来测试效果。将并发数量配置为 1，测试请求 1000 次看需要多长时间，然后调大并发数量，再次请求，虽然比较耗时，但我们可以发现并发配置数量越小的耗时时间越长，这就证明并发控制生效了。

目前没有加我们自定义的注解，所有的接口都是用默认的并发控制数量，如果我们想对某个接口单独做并发控制，只需要在方法上加上 ApiRateLimit 注解即可，见代码清单 15-28。

代码清单 15-28　限流注解使用

```java
/**
 * 获取房产信息
 * @param houseId 房产编号
 * @return
 */
@ApiRateLimit(confKey = "open.api.hosueInfo")
@GetMapping("/{houseId}")
public ResponseData hosueInfo(@PathVariable("houseId")Long houseId,
                              HttpServletRequest request) {
    String uid = request.getHeader("uid");
    System.err.println("==="+uid);
    return ResponseData.ok(houseService.getHouseInfo(houseId));
}
```

ApiRateLimit 中配置的 confKey 要和 Apollo 配置中的 key 对应才行。目前限流的信号量对象是在启动时进行初始化的，如果需要实现在 Apollo 中动态新增或者修改配置也能生效的话，需要对配置的修改进行监听，然后动态创建信号量对象添加到 semaphoreMap 中。

15.3　服务降级

当访问量剧增，服务出现问题时，需要做一些处理，比如服务降级。服务降级就是将某些服务停掉或者不进行业务处理，释放资源来维持主要服务的功能。

某电商网站在搞活动时，活动期间压力太大，如果再进行下去，整个系统有可能挂掉，这个时候可以释放掉一些资源，将一些不那么重要的服务采取降级措施，比如登录、注册。登录服务停掉之后就不会有更多的用户抢购，同时释放了一些资源，登录、注册服务就算停掉了也不影响商品抢购。

服务降级有很多种方式，最好的方式就是利用 Docker 来实现。当需要对某个服务进行降级时，直接将这个服务所有的容器停掉，需要恢复的时候重新启动就可以了。

还有就是在 API 网关层进行处理，当某个服务被降级了，前端过来的请求就直接拒绝掉，不往内部服务转发，将流量挡回去。

在 Zuul 中对服务进行动态降级，结合我们的配置中心来做。

定义 Apollo 配置类，存储需要降级的服务信息见代码清单 15-29。

代码清单 15-29　降级 Apollo 配置

```
@Data
@Configuration
public class BasicConf {
    // 降级的服务 ID，多个用逗号分隔
    @Value("${downGradeServiceStr:default}")
    private String downGradeServiceStr;

}
```

编写过滤器来执行降级逻辑，见代码清单 15-30 所示。

代码清单 15-30　降级过滤器

```
public class DownGradeFilter extends ZuulFilter {

    @Autowired
    private BasicConf basicConf;

    public DownGradeFilter() {
        super();
    }

    @Override
    public boolean shouldFilter() {
        RequestContext ctx = RequestContext.getCurrentContext();
        Object success = ctx.get("isSuccess");
        return success == null ? true :
            Boolean.parseBoolean(success.toString());
    }

    @Override
    public String filterType() {
        return "route";
    }

    @Override
    public int filterOrder() {
        return 4;
    }

    @Override
    public Object run() {
        RequestContext ctx = RequestContext.getCurrentContext();
        Object serviceId = ctx.get("serviceId");
```

```java
        if (serviceId != null && basicConf != null) {
            List<String> serviceIds =
                    Arrays.asList( basicConf.getDownGradeServiceStr().split(","));
            if (serviceIds.contains(serviceId.toString())) {
                ctx.setSendZuulResponse(false); ctx.set("isSuccess", false);
                ResponseData data = ResponseData.fail(" 服务降级中 ",
                        ResponseCode.DOWNGRADE.getCode());
                ctx.setResponseBody(JsonUtils.toJson(data));
                ctx.getResponse().setContentType(
                        "application/json; charset=utf-8");
                return null;
            }
        }
        return null;
    }
}
```

主要逻辑在 run 方法中，通过 RequestContext 获取即将路由的服务 ID，通过配置信息获取降级的服务信息，如果当前路由的服务在其中，就直接拒绝，返回对应的信息让客户端做对应的处理。

当需要降级的时候，直接在 Apollo 的后台改一下配置就可以马上生效，当然也可以做成自动的，比如监控某些指标，流量、负载等，当达到某些指标后就自动触发降级。

15.4　灰度发布

灰度发布（又名金丝雀发布）是指在黑与白之间，能够平滑过渡的一种发布方式。在其上可以进行 A/B testing，即让一部分用户继续用产品特性 A，一部分用户开始用产品特性 B，如果用户对 B 没有什么反对意见，那么逐步扩大范围，把所有用户都迁移到 B 上面来。灰度发布可以保证整体系统的稳定，在初始灰度的时候就可以发现、调整问题，以保证其影响度。

15.4.1　原理讲解

灰度发布的原理其实就是对请求进行分流，可以让指定的用户访问指定的具有新功能的服务，其他的用户还是使用老的服务。既然是对请求进行分流，那么这个还是可以在 API 网关中统一处理，网关是对外的入口，当用户的请求过来时，我们可以将特定的用户请求转发到我们刚刚发布好的具有新功能的服务上去。

核心点还是在转发上做文章，那么就必须要对 Ribbon 进行改造了，因为 Zuul 中使用 Ribbon 来发现需要转发的实例，要想实现请求的分流来做灰度发布，就必须改造 Ribbon，不是改造源码，开源的框架扩展性都非常好，Ribbon 已经为我们提供了一个非常方便的扩展，就是自定义负载均衡策略，通过自定义负载均衡策略我们就可以在里面加上灰度发布的逻辑。

  灰度发布只是在系统需要发布新功能时才会用到，并且需要轮流切换，首先将 A 机器上的服务变成灰度发布的状态，隔离所有请求，然后重新发布，验证好了之后重新发布另外机器上的服务。需要用到我们的 Apollo 配置中心来管理需要进行灰度发布的服务信息以及用户信息，这样才可以做到轮流切换。

  总结下来我们只需要实现两点就可以达到灰度发布的效果，分别是：

  （1）将灰度的服务从正常的服务中移除，这样 Ribbon 在进行 Server 选择的时候就不会选择到已经被设置成灰度发布的 Server。

  （2）获取当前请求的用户 ID，如果这个用户是我们已经配置成灰度发布用户中的一员，那就从所有可用的服务中去对比灰度发布的服务，能找到那就直接返回，这样就能针对指定的用户使用我们配置的灰度服务了。

15.4.2 根据用户做灰度发布

  首先创建一个 Apollo 配置文件，用来存储需要进行灰度发布的服务信息以及用户信息，也就是说这个配置中的灰度发布服务只能由配置中的用户访问，别的用户是不能访问的，以此来达到分流的目的，见代码清单 15-31。

代码清单 15-31 灰度发布 Apollo 配置

```
@Data
@Configuration
public class BasicConf {

    @Value("${grayPushServers:default}")
    private String grayPushServers;

    @Value("${grayPushUsers:default}")
    private String grayPushUsers;

}
```

  创建灰度发布的过滤器，用于将配置信息传递到自定义的负载均衡类中去，见代码清单 15-32。

代码清单 15-32 灰度发布过滤器

```
public class GrayPushFilter extends ZuulFilter {
    @Autowired
    private BasicConf basicConf;

    public GrayPushFilter() {
        super();
    }

    @Override
```

```java
public boolean shouldFilter() {
    RequestContext ctx = RequestContext.getCurrentContext();
    Object success = ctx.get("isSuccess");
    return success == null ? true :
                    Boolean.parseBoolean(success.toString());
}

@Override
public String filterType() {
    return "route";
}

@Override
public int filterOrder() {
    return 6;
}

@Override
public Object run() {
    RequestContext ctx = RequestContext.getCurrentContext();
    // AuthFilter 验证成功之后设置的用户编号
    String loginUserId = ctx.getZuulRequestHeaders().get("uid");
    RibbonFilterContextHolder.clearCurrentContext();
    RibbonFilterContextHolder.getCurrentContext().add("userId",
            loginUserId);
    // 灰度发布的服务信息
    RibbonFilterContextHolder.getCurrentContext().add("servers",
            basicConf.getGrayPushServers());
    // 灰度发布的用户 ID 信息
    RibbonFilterContextHolder.getCurrentContext().add("userIds",
            basicConf.getGrayPushUsers());
    return null;
}

}
```

　　RibbonFilterContextHolder 是基于 InheritableThreadLocal 来传输数据的工具类，为什么要用 InheritableThreadLocal 而不是 ThreadLocal？在 Spring Cloud 中我们用 Hystrix 来实现断路器，默认是用信号量来进行隔离的，信号量的隔离方式用 ThreadLocal 在线程中传递数据是没问题的，当隔离模式为线程时，Hystrix 会将请求放入 Hystrix 的线程池中执行，这时候某个请求就由 A 线程变成 B 线程了，ThreadLocal 必然没有效果了，这时候就用 InheritableThreadLocal 来传递数据。

　　接下来就是重头戏了，自然是定义我们的负载均衡策略，在里面加上灰度发布的逻辑，这里是基于 RoundRobinRule 规则来进行改造的，完整代码请参考：GrayPushRule.java，这边只贴出部分重点代码。

　　代码清单 15-33 是从可用的 Server 中移除已经被设置成灰度发布的服务，这样就可以保证某个服务被设置成灰度发布后，不会被正常的用户访问到了。

代码清单 15-33　移除已经被设置成灰度发布的服务

```java
private List<Server> removeServer(List<Server> allServers,
                        String servers) {
    List<Server> newServers = new ArrayList<Server>();
    List<String> grayServers = Arrays.asList(servers.split(","));
    for (Server server : allServers) {
        String hostPort = server.getHostPort();
        if (!grayServers.contains(hostPort)) {
            newServers.add(server);
        }
    }
    return newServers;
}
```

使用代码清单 15-34 的示例。

代码清单 15-34　选择可用的服务

```java
public Server choose(ILoadBalancer lb, Object key) {
    String curUserId =
        RibbonFilterContextHolder.getCurrentContext().get("userId");
    String userIds =
        RibbonFilterContextHolder.getCurrentContext().get("userIds");
    String servers =
        RibbonFilterContextHolder.getCurrentContext().get("servers");

    List<Server> reachableServers = lb.getReachableServers();
    List<Server> allServers = lb.getAllServers();
    // 移除已经设置为灰度发布的服务信息
    reachableServers = removeServer(reachableServers, servers);
    allServers = removeServer(allServers, servers);
    // ....
}
```

代码清单 15-35 是对具体用户选择灰度服务的逻辑。

代码清单 15-35　具体用户选择灰度服务的逻辑

```java
public Server choose(ILoadBalancer lb, Object key) {
    // 获取当前用户和灰度的服务配置信息，当用户符合灰度发布的规则后，返回该灰度服务给用户
    String curUserId =
        RibbonFilterContextHolder.getCurrentContext().get("userId");
    String userIds =
        RibbonFilterContextHolder.getCurrentContext().get("userIds");
    String servers =
        RibbonFilterContextHolder.getCurrentContext().get("servers");
    List<String> grayServers = Arrays.asList(servers.split(","));
    if (StringUtils.isNotBlank(userIds) &&
                StringUtils.isNotBlank(curUserId)) {
        String[] uids = userIds.split(",");
        if (Arrays.asList(uids).contains(curUserId)) {
            List<Server> allServers = lb.getAllServers();
            for (Server server : allServers) {
                if (grayServers.contains(server.getHostPort())) {
                    return server;
```

```
            }
          }
        }
      }
    }
```

最后需要启动自定义的负载均衡策略，在属性文件中配置如下：

```
zuul-extend-article-service.ribbon.NFLoadBalancerRuleClassName=com.cxytiandi.
zuul_demo.rule.GrayPushRule
```

zuul-extend-article-service 是服务名称，针对具体的服务配置具体的负载策略。

15.4.3 根据 IP 做灰度发布

根据用户来进行灰度测试基本上已经够用了，有的时候我们可能有一些特殊的需求，比如需要不登录进行测试，那么就不能按用户来分流了，我们可以用 IP 来进行分流，因为前面已经讲过了用户分流，所以本节就不具体讲解 IP 分流了。

可以定义一个配置，用来标识是按用户分流还是 IP 分流，然后走各自的分流流程。IP 分流其实跟用户分流一样，只需要添加一个 IP 的配置，然后判断当前请求的 IP。如果是在灰度发布的 IP 中的话就返回该灰度发布的服务，流程和代码都一样，唯一不一样的就是一个是按用户 ID（代码清单 15-35 中的 curUserId），一个是按 IP（需要获取访问用户所在 IP）。

15.5 本章小结

本章我们对 API 网关进行了扩展来适应不同的需求，API 网关在微服务架构中是非常重要的部分，通过网关我们可以做很多事情，本章只是讲解了一部分在网关中比较实用的内容。

本章的侧重点是带领大家通过手动去实现限流、灰度等高级功能。在实际工作中，如果没有特殊的需求，可以不用自己去实现这些功能，可以使用社区中已经开源了的框架来实现，笔者在这里给大家推荐一个 Zuul 中限流的框架和灰度发布的框架。

- 限流：https://github.com/marcosbarbero/spring-cloud-zuul-ratelimit。
- 灰度：https://github.com/Nepxion/Discovery。

下章我们将学习缓存的使用。

第 16 章 微服务之缓存

缓存也是高并发系统的三把利器之一,这足以说明其重要性。缓存有很多种,可以缓存在客户端,也可以缓存在服务端,本章我们主要讲解服务端的缓存方式。在日常的开发中,获取一些数据可能特别费时,频繁查数据库会导致磁盘和 CPU 负载过高,缓解的方法就是将数据缓存在内存中,当下次有相同的请求过来时就直接返回内存中的数据。利用缓存可以提升用户体验,减轻数据库压力。

16.1 Guava Cache 本地缓存

16.1.1 Guava Cache 简介

Guava Cache 是一个全内存的本地缓存实现,它提供了线程安全的实现机制。整体上来说 Guava Cache 是本地缓存的不二之选,因为其简单易用,性能好。Guava Cache 不是一个单独的缓存框架,而是 Guava 中的一个模块。

Guava Cache 的优点体现在三个方面:
- ❏ 本地缓存,读取效率高,不受网络因素影响。
- ❏ 拥有丰富的功能,操作简单。
- ❏ 线程安全。

Guava Cache 的不足之处也体现在三个方面:
- ❏ 缓存为本地缓存,不能持久化数据。
- ❏ 单机缓存,受机器内存限制,当应用重启数据时会丢失。
- ❏ 分布式部署时无法保证数据的一致性。

16.1.2 代码示例

下面我们通过 CacheBuilder 构建一个缓存对象，设置写入数据 1 分钟后过期，在 load 方法中加载数据库的数据，然后通过 CacheBuilder 对象的 get 方法获取数据。如果缓存中存在数据则从缓存中获取数据返回，如果缓存中不存在对应的数据则执行 load 中的逻辑，从数据库中查询数据并缓存，见代码清单 16-1。

代码清单 16-1　CacheBuilder 使用

```
LoadingCache<String, Person> cahceBuilder = CacheBuilder.newBuilder()
        .expireAfterWrite(1, TimeUnit.MINUTES)
        .build(new CacheLoader<String, Person>() {
            @Override
            public Person load(String key) throws Exception {
                return dao.findById(id);
            }
        });
public Person get(String id) throws Exception {
    return cahceBuilder.get(id);
}
```

16.1.3 回收策略

Guava Cache 是本地缓存，对于数据的缓存一定要有限制，不能盲目缓存数据，我们可以通过配置一些回收策略来进行缓存的回收。

CacheBuilder 为基于时间的回收提供了两种方式，见代码清单 16-2。

❑ expireAfterAccess(long, TimeUnit)

当缓存项在指定的时间段内没有被读或写就会被回收。这种回收策略类似于基于容量回收策略。

❑ expireAfterWrite(long, TimeUnit)

当缓存项在指定的时间段内没有更新就会被回收。如果我们认为缓存数据在一段时间后不再可用，那么就可以使用该种策略。

代码清单 16-2　CacheBuilder 回收策略

```
CacheBuilder.newBuilder()
    .expireAfterWrite(1, TimeUnit.MINUTES)
    .expireAfterAccess(1, TimeUnit.MINUTES)
```

CacheBuilder 提供了显示移除的三种方式：

❑ CacheBuilder.invalidate(key) 单个移除

❑ CacheBuilder.invalidteAll(keys) 批量移除

❑ CacheBuilder.invalidateAll() 移除全部

CacheBuilder 还提供了通过设置最大容量来进行移除的方式，当超出指定的容量后缓存将尝试回收最近没有使用或总体上很少使用的缓存项，见代码清单 16-3。

代码清单 16-3　CacheBuilder 缓存容量

```
CacheBuilder.newBuilder().maximumSize(10)
```

16.2　Redis 缓存

Redis 是一个开源的使用 ANSI C 语言编写、支持网络、可基于内存亦可持久化的日志型、Key-Value 数据库，并提供多种语言的 API。Redis 是一个高性能的 key-value 数据库，同时支持多种存储类型，包括 String（字符串）、List（链表）、Set（集合）、Zset（sorted set——有序集合）和 Hash（哈希类型）。

16.2.1　用 Redistemplate 操作 Redis

在 Java 中操作 Redis 我们可以用 Jedis，也可以用 Spring Data Redis。本节我们基于 Spring Data Redis 操作 Redis，Spring Data Redis 也是基于 Jedis 来实现的，它在 Jedis 上面封装了一层，让我们操作 Redis 更加简单。

关于在 Spring Boot 中集成 Spring Data Redis 不做过多讲解，本节主要讲怎么用 Redistemplate 操作 Redis。

Redistemplate 是一个泛型类，可以指定 Key 和 Value 的类型，我们以字符串操作来讲解，可以直接用 StringRedisTemplate 来操作。

在使用的类中直接注入 StringRedisTemplate 即可，见代码清单 16-4。

代码清单 16-4　注入 StringRedisTemplate

```
@Autowired
private StringRedisTemplate stringRedisTemplate;
```

StringRedisTemplate 中提供了很多方法来操作数据，主要有以下几种：

- opsForValue：操作 Key Value 类型
- opsForHash：操作 Hash 类型
- opsForList：操作 List 类型
- opsForSet：操作 Set 类型
- opsForZSet：操作 opsForZSet 类型

下面我们以 Key Value 类型来讲解，设置一个缓存，缓存时间为 1 小时，见代码清单 16-5。

代码清单 16-5　StringRedisTemplate 设置缓存

```
stringRedisTemplate.opsForValue().set("key", "猿天地", 1, TimeUnit.HOURS);
```

获取缓存，见代码清单 16-6。

代码清单 16-6　StringRedisTemplate 获取缓存

```
String value = stringRedisTemplate.opsForValue().get("key");
```

删除缓存，见代码清单 16-7。

代码清单 16-7　StringRedisTemplate 删除缓存

```
stringRedisTemplate.delete("key");
```

判断一个 key 是否存在，见代码清单 16-8。

代码清单 16-8　StringRedisTemplate 判断 key 是否存在

```
boolean exists = stringRedisTemplate.hasKey("key");
```

如果你不喜欢用这些封装好的方法，想要用最底层的方法来操作也是可以的。通过 StringRedisTemplate 可以拿到 RedisConnection，见代码清单 16-9。

代码清单 16-9　获取 RedisConnection

```
RedisConnection connection =
        stringRedisTemplate.getConnectionFactory().getConnection();
```

16.2.2　用 Repository 操作 Redis

凡是 Spring Data 系列的框架，都是一种风格，我们都可以用 Repository 方式来操作数据。下面我们看下怎么使用 Repository。

定义一个数据存储的实体类，@Id 类似于数据库中的主键，能够自动生成，RedisHash 是 Hash 的名称，相当于数据库的表名，见代码清单 16-10。

代码清单 16-10　数据实体类定义

```
@Data
@RedisHash("persons")
public class Person {
    @Id
    String id;
    String firstname;
    String lastname;

}
```

定义 Repository 接口，见代码清单 16-11。

代码清单 16-11　Repository 定义

```
public interface PersonRepository extends CrudRepository<Person, String> {

}
```

使用接口对数据进行增删改查操作，见代码清单 16-12。

代码清单 16-12　Repository 测试操作数据

```
@Autowired
PersonRepository repo;
public void basicCrudOperations() {
    Person person = new Person(" 尹吉欢 ", "yinjihuan");
    repo.save(person);
    repo.findOne(person.getId());
    repo.count();
    repo.delete(person);
}
```

数据保存到 Redis 中会变成两部分，一部分是一个 set，里面存储的是所有数据的 ID 值，如图 16-1 所示。

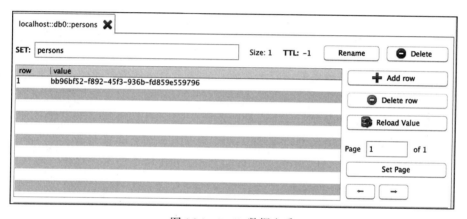

图 16-1　Redis 数据查看

另一部分是一个 Hash，存储的是具体每条数据，如图 16-2 所示。

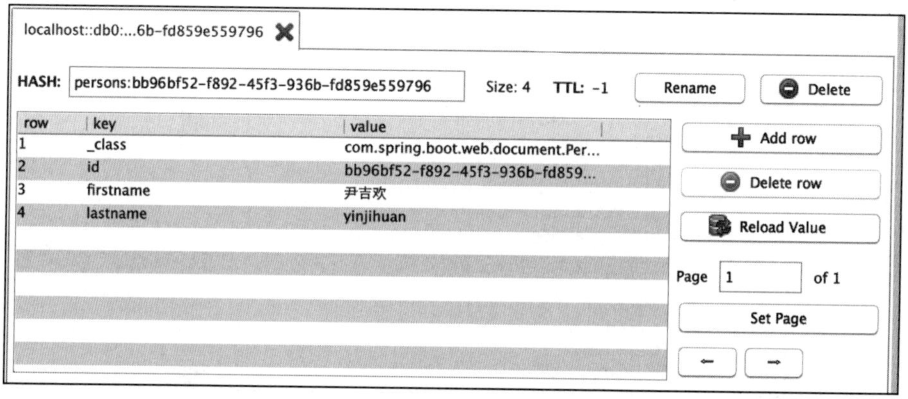

图 16-2　Redis Hash 数据查看

更详细的使用方法可以查看官网的文档：http://projects.spring.io/spring-data-redis/。

16.2.3　Spring Cache 缓存数据

一般的缓存逻辑都是代码清单 16-13 这样的方式，首先判断缓存中是否有数据，有就获取数据返回，没有就从数据库中查数据，然后缓存进去，再返回。

代码清单 16-13　业务逻辑缓存数据

```
public Person get(String id) {
    Person person =
    repo.findOne(id);
    if (person !=null) {
        return person;
    }
    person = dao.findById(id);
    repo.save(person);
    return person;
}
```

首先这种方式在逻辑上是肯定没有问题的，大部分人也都是这么用的，不过当这种代码充满整个项目的时候，看起来就非常别扭了，感觉有点多余，不过通过 Spring Cache 就能解决这个问题。我们不需要关心缓存的逻辑，只需要关注从数据库中查询数据，将缓存的逻辑交给框架来实现。

Spring Cache 利用注解方式来实现数据的缓存，还具备相当的灵活性，能够使用 SpEL（Spring Expression Language）来定义缓存的 key，还能定义多种条件判断。

Spring Cache 的注解定义在 spring-context 包中，如图 16-3 所示。

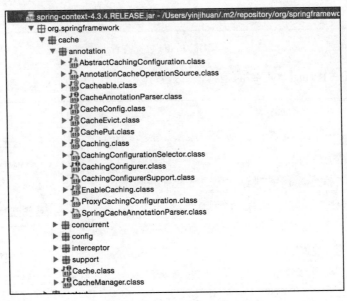

图 16-3　Spring Cache 注解

常用的注解有 @Cacheable、@CachePut、@CacheEvict。

- @Cacheable：用于查询的时候缓存数据。
- @CachePut：用于对数据修改的时候修改缓存中的数据。
- @CacheEvict：用于对数据删除的时候清除缓存中的数据。

首先我们配置一下 Redistemplate，设置下序列化方式为 JSON，这样存在于 Redis 中的数据查看起来就比较方便了，见代码清单 16-14。

代码清单 16-14　Redistemplate 配置

```
@Configuration
@EnableCaching
public class RedisConfig {

    @Bean
    public RedisTemplate<String, String>
            redisTemplate(RedisConnectionFactory factory) {
        RedisTemplate<String, String> redisTemplate = new
                        RedisTemplate<String, String>();
        redisTemplate.setConnectionFactory(factory);
        redisTemplate.afterPropertiesSet();
        setSerializer(redisTemplate);
        return redisTemplate;
    }

    private void setSerializer(RedisTemplate<String, String> template) {
        Jackson2JsonRedisSerializer jackson2JsonRedisSerializer = new
                Jackson2JsonRedisSerializer(Object.class);
        ObjectMapper om = new ObjectMapper();
        om.setVisibility(PropertyAccessor.ALL,
                JsonAutoDetect.Visibility.ANY);
        om.enableDefaultTyping(ObjectMapper.DefaultTyping.NON_FINAL);
        jackson2JsonRedisSerializer.setObjectMapper(om);
        template.setKeySerializer(new StringRedisSerializer());
        template.setValueSerializer(jackson2JsonRedisSerializer);
    }

}
```

除了 Json 序列化，还有很多其他的序列化方式，读者可以根据自己的需求来设置，序列化的类在 Spring-Data-Redis 包中，如图 16-4 所示。

除了配置序列化方式，我们还可以配置 CacheManager 来设置缓存的过期时间，见代码清单 16-15。

代码清单 16-15　CacheManager 配置

```
@Bean
public CacheManager cacheManager(RedisConnectionFactory factory) {
    RedisCacheConfiguration cacheConfiguration =
    RedisCacheConfiguration.defaultCacheConfig()
            .entryTtl(Duration.ofDays(1)).disableCachingNullValues()
            .serializeValuesWith(
    RedisSerializationContext.SerializationPair
            .fromSerializer(new
```

```
            GenericJackson2JsonRedisSerializer()));
    return RedisCacheManager.builder(factory)
            .cacheDefaults(cacheConfiguration).build();
}
```

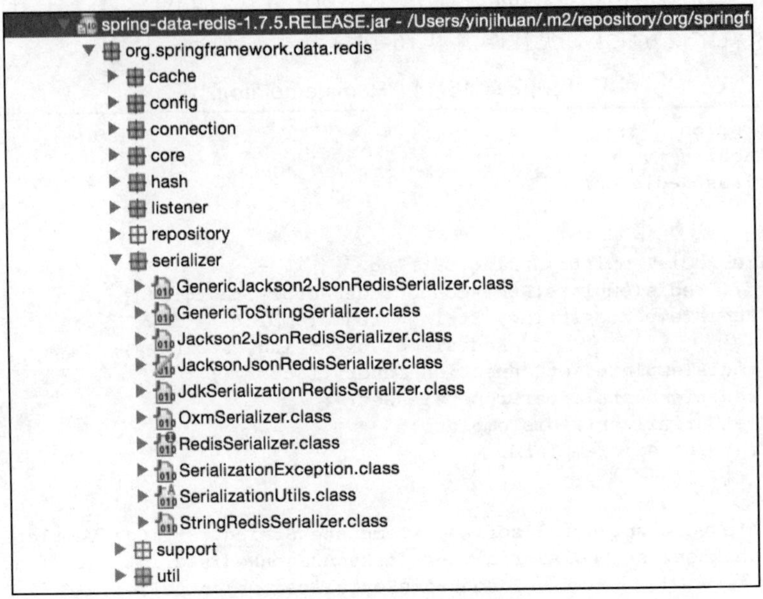

图 16-4　Spring Cache 序列化

还可以配置缓存 Key 的自动生成方式，这里是用类名 + 方法名 + 参数来生成缓存的 Key，只有这样才能让 Key 具有唯一性，当然你也可以使用默认的 org.springframework. cache.interceptor.SimpleKeyGenerator，见代码清单 16-16。

代码清单 16-16　KeyGenerator 配置

```
@Bean
public KeyGenerator keyGenerator() {
    return new KeyGenerator() {
        @Override
        public Object generate(Object target, Method method,
                        Object... params)
        { StringBuilder sb = new
        StringBuilder();
        sb.append(target.getClass().getName());
        sb.append(":" + method.getName());
        for (Object obj : params)
        { sb.append(":" +
        obj.toString());
        }
        return sb.toString();
        }
    };
}
```

接下来，我们改造一下上面定义的 get 方法，用注解的方式来使用缓存，见代码清单 16-17。

代码清单 16-17　缓存使用

```
@Cacheable(value="get", key="#id")
public Person get(String id) {
    return findById(id);
}
```

@Cacheable 中的 value 我们可以定义成与方法名称一样。标识这个方法的缓存 key，会在 Redis 中存储一个 Zset，Zset 的 key 就是我们定义的 value 的值，Zset 中会存储具体的每个缓存的 key，也就是当调用 get("1001") 的时候，Zset 中就会存储 1001，同时 Redis 中会有一个单独的 String 类型的数据，Key 是 1001，如图 16-5 所示。

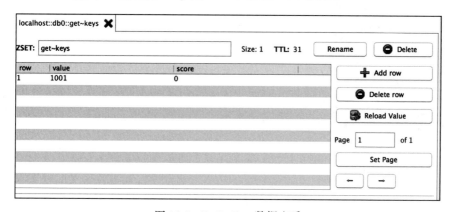

图 16-5　Redis Zset 数据查看

#id 是 SpEL 的语法，通过参数名来定义缓存 key，上面的 key 如果直接用参数 id 来定义的话会出问题的，比如当另一个缓存方法的参数也是 1001 的时候，这个 key 就会冲突。所以我们最好还是定义一个唯一的前缀，然后再加上参数，这样就不会有冲突了，比如：key="'get'+#id"，如图 16-6 所示。

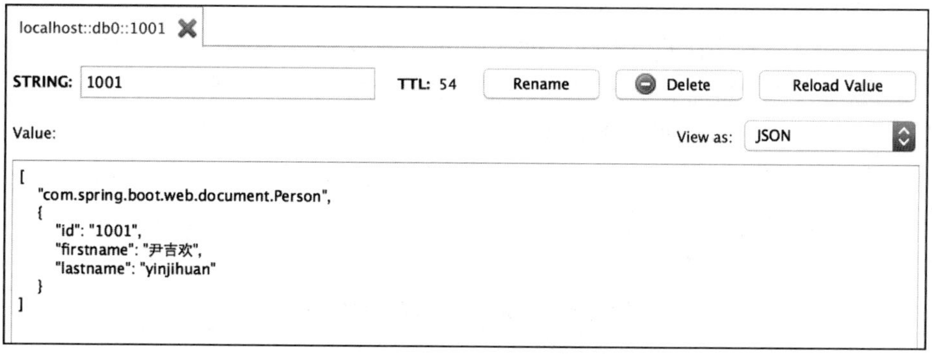

图 16-6　Redis String 数据查看

除了用 SpEL 来自定义 key，我们刚刚其实配置了一个 keyGenerator，它就是用来生成 key 的，使用方法如代码清单 16-18 所示。

代码清单 16-18　keyGenerator 自动生成缓存的 Key

```
@Cacheable(value="get", keyGenerator="keyGenerator")
public Person get(String id) {
    return findById(id);
}
```

指定 keyGenerator 后，就可以不用配置 key，通过 keyGenerator 会自动生成缓存的 key，生成的规则就是我们配置中自己定义的，我们看一下图 16-7 中使用我们自定义的 keyGenerator 之后，存储在 Redis 中的数据的 key 是什么样子。

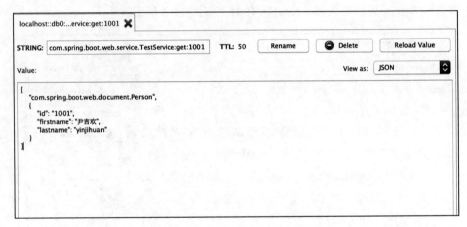

图 16-7　Redis keyGenerator 数据查看

从图中可以看到，key 是很长的一个字符串，规则也就是我们自定义的类名 + 方法名 + 参数。

@CachePut、@CacheEvict 的用法和 @Cacheable 一样，本节不做演示。

16.2.4　缓存异常处理

在用注解进行自动缓存的过程中，包括 Redis 的链接都是框架自动完成的，在缓存过程中如果 Redis 连接不上出现了异常，这时候整个请求都将失败。缓存是一种辅助的手段，就算不能用，也不能影响正常的业务逻辑，如果我们直接用 Redis 的连接或者 Redistemplate 来操作的话可以通过异常捕获来解决这个问题，在用注解进行自动缓存的时候我们需要定义异常处理类来对异常进行处理。

如代码清单 16-19 所示。

代码清单 16-19　缓存异常处理

```
@Configuration
public class CacheAutoConfiguration extends CachingConfigurerSupport {
```

```java
    private Logger logger =
            LoggerFactory.getLogger(CacheAutoConfiguration.class);
    /**
     * redis 数据操作异常处理,这里的处理:在日志中打印出错误信息,但是放行
     * 保证 redis 服务器出现连接等问题的时候不影响程序的正常运行,使得能够出问题时不用缓存,
       继续执行业务逻辑去查询 DB
     *
     *      @return
    */
    @Bean
    public CacheErrorHandler errorHandler() {
        CacheErrorHandler cacheErrorHandler = new CacheErrorHandler() {

            @Override
            public void handleCacheGetError(RuntimeException e, Cache
                    cache, Object key, Object value) {
                logger.error("redis 异常: key=[{}]", key, e);
            }

            @Override
            public void handleCacheEvictError(RuntimeException e, Cache
                    cache, Object key) {
                logger.error("redis 异常: key=[{}]", key, e);
            }

            @Override
            public void handleCacheClearError(RuntimeException e, Cache
                    cache) {
                logger.error("redis 异常: ", e);
            }

            @Override
            public void handleCacheClearError(
                    RuntimeException e, Cache cache) {
                logger.error("redis 异常: ", e);
            }
        };
        return cacheErrorHandler;
    }
}
```

通过上面的处理,即使 Redis 挂掉了,程序连接不上时也不会影响业务功能,而是会继续执行查询数据库的操作。

16.2.5 自定义缓存工具类

在代码清单 16-13 中,我们首先判断缓存中是否有数据,如果没有就从数据库中查询,然后再缓存进行,这样操作比较麻烦,还得写判断。使用注解的方式相对来说就简单多了,如果你不想用注解的方式,还是想在代码层面自己做缓存控制,那么我们可以自己封装一个工具类来避免写大量的判断操作。笔者以字符串操作为例,不涉及反序列化为对象的封装,封装缓存的基本操作,读者可以自行扩展。

首先定义一个缓存操作的接口,提供获取缓存,删除缓存操作,见代码清单 16-20。

代码清单 16-20　缓存接口定义

```java
public interface CacheService {
    /**
     * 设置缓存
     * @param key          缓存 KEY
     * @param value        缓存值
     * @param timeout      缓存过期时间
     * @param timeUnit     缓存过期时间单位
     */
    public void setCache(String key, String value,
    long timeout, TimeUnit timeUnit);

    /**
     * 获取缓存
     * @param key 缓存 KEY
     * @return
     */
    public String getCache(String key);

    public <V, K> String getCache(K key, Closure<V, K> closure);

    public <V, K> String getCache(K key, Closure<V, K> closure,
            long timeout, TimeUnit timeUnit);

    /**
     * 删除缓存
     * @param key 缓存 KEY
     */
    public void deleteCache(String key);
}
```

实现类如代码清单 16-21 所示。

代码清单 16-21　缓存接口实现

```java
@Service
public class CacheServiceImpl implements CacheService {

    @Autowired
    private StringRedisTemplate stringRedisTemplate;

    private long timeout = 1L;

    private TimeUnit timeUnit = TimeUnit.HOURS;

    @Override
    public void setCache(String key, String value,
            long timeout, TimeUnit timeUnit) {
        stringRedisTemplate.opsForValue().set(key, value,
                timeout, timeUnit);
    }

    @Override
    public String getCache(String key) {
        return stringRedisTemplate.opsForValue().get(key);
```

```
    }

    @Override
    public void deleteCache(String key) {
        stringRedisTemplate.delete(key);
    }

    @Override
    public <V, K> String getCache(K key, Closure<V, K> closure) {
        return doGetCache(key, closure, this.timeout, this.timeUnit);
    }

    @Override
    public <V, K> String getCache(K key, Closure<V, K> closure, long timeout,
    TimeUnit timeUnit) {
        return doGetCache(key, closure, timeout, timeUnit);
    }

    private <K, V> String doGetCache(K key, Closure<V, K> closure,
        long timeout, TimeUnit timeUnit) {
        String ret = getCache(key.toString());
        if (ret == null) {
            Object r = closure.execute(key);
            setCache(key.toString(), r.toString(), timeout, timeUnit);
            return r.toString();
        }
        return ret;
    }
}
```

定义一个方法回调的接口，用于执行回调的业务逻辑。

代码清单 16-22　方法回调接口

```
public interface Closure<O, I> {
    public O execute(I input);
}
```

下面我们对这个缓存操作类的代码进行讲解。简单的 set 和 get 缓存不做过多讲解，因为和直接使用 RedisTemplate 没什么区别，本节主要讲的是基于方法的回调实现缓存。我们的目的也很简单，就是先去判断缓存中是否存在，不存在的话则从数据库查询，然后将插入到缓存中的逻辑统一，不用每个方法中都去写这个判断的逻辑。

方法的回调实现是基于 Closure 接口来做的，使用方法见代码清单 16-23。

代码清单 16-23　缓存回调使用

```
@Autowired
private CacheService cacheService;

public String get() {
    String cacheKey = "1001";
    return cacheService.getCache(cacheKey, new Closure<String, String>() {
        @Override
```

```java
    public String execute(String id) {
        // 执行你的业务逻辑
        return userService.getById(id);
    }
});
}
```

通过这样的封装，我们就不用在每个缓存的地方都去判断了，当缓存中有值的时候，getCache 方法会根据缓存的 key 去缓存中获取，然后返回；如果没有值的话会执行 execute 中的逻辑获取数据，然后缓存起来再返回。

16.3 防止缓存穿透方案

16.3.1 什么是缓存穿透

缓存可以说是我们对数据库的一道保护墙，缓存穿透就是冲破了我们的保护墙，每个缓存都有一个缓存的 Key，当相同的 Key 过来时，我们就直接取缓存中的数据返回给调用方，而不用去查询数据库，如果调用方传来的永远都是我们缓存中不存在的 Key，这样每次都需要去数据库中查询一次，就会导致数据库压力增大，这样缓存就失去意义了，这就是所谓的缓存穿透。

16.3.2 缓存穿透的危害

我们已经了解了什么是缓存穿透，其危害显而易见，当大量的请求过来时，首先会从缓存中去寻找数据，当缓存中没有对应的数据时又转到了数据库中去寻找，瞬时数据库的压力会很大，相当于没有用到缓存，同时还增加了去缓存中查找数据的时间。

16.3.3 解决方案

缓存穿透有几种解决方案：

- 如果查询数据库也为空的时候，把这个 key 缓存起来，这样在下次请求过来的时候就可以走缓存了。当然这种方案有个弊端，那就是请求过来的 key 必须大部分相同，如果受到攻击的话，每次的 key 肯定不是固定的，只要不固定 key，这个方案就没用。
- 可以用缓存 key 的规则来做一些限制，当然这种只适合特定的使用场景，比如我们查询商品信息，我们把商品信息存储在 Mongodb 中，Mongodb 有一个 _id 是自动生成的，它有一定的生成规则，如果是直接根据 id 查询商品，在查询之前我们可以对这个 id 做认证，看是不是符合规范，当不符合的时候就直接返回默认的值，既不用去缓存中查询，也不用操作数据库了。这种方案可以解决一部分问题，使用场景比较少。

❑ 利用布隆过滤器来实现对缓存 key 的检验，需要将所有可能缓存的数据 Hash 到一个足够大的 BitSet 中，在缓存之前先从布隆过滤器中判断这个 key 是否存在，然后做对应的操作。

16.3.4 布隆过滤器介绍

布隆过滤器（Bloom Filter）是 1970 年由布隆提出的。它实际上是一个很长的二进制向量和一系列随机映射函数。布隆过滤器可以用于检索一个元素是否在一个集合中。它的优点是空间效率和查询时间都远远超过一般的算法，缺点是有一定的误识别率且删除困难。

布隆过滤器的使用场景比较多，比如我们现在讲的防止缓存穿透、垃圾邮件的检测等。Google chrome 浏览器使用 Bloom Filter 识别恶意链接，Goolge 在 BigTable 中也使用 Bloom Filter 以避免在硬盘中寻找不存在的条目。我公司使用布隆过滤器来对爬虫抓取的 Url 进行重复检查等。

16.3.5 代码示例

不得不说 Google Guava 真是一个万能的库，很多东西都封装好了，Bloom Filter 也有封装好的实现，我们直接使用即可。

下面我们通过一个小案例来看看 BloomFilter 怎么使用，见代码清单 16-24。

代码清单 16-24　BloomFilter 使用

```java
public static void main(String[] args) {
    // 总数量
    int total = 1000000;
    BloomFilter<String> bf =
        BloomFilter.create(Funnels.stringFunnel(Charsets.UTF_8), total);
    // 初始化 10000 条数据到过滤器中
    for (int i = 0; i < total; i++) {
        bf.put("" + i);
    }
    // 判断值是否存在过滤器中
    int count = 0;
    for (int i = 0; i < total + 10000; i++) {
        if (bf.mightContain("" + i)) {
            count++;
        }
    }
    System.out.println(" 匹配数量 " + count);
}
```

通过 BloomFilter.create 创建一个布隆过滤器，初始化 1000000 条数据到过滤器中，然后在初始化数据的基础上加上 10000 条，分别去过滤器中检查是否存在，按照正常的逻辑来说，匹配的数量肯定是 1000000，事实上输出的结果如下：

匹配数量 1000309

大家肯定很好奇，明明多加的那 10000 条数据是不存在的，为什么匹配出的数量多出来 309 条？那是因为布隆过滤器是存在一定错误率的，我们可以调节布隆过滤器的错误率，在 create 的时候可以指定第 3 个参数来指定错误率，见代码清单 16-25。

代码清单 16-25　指定错误率

```
BloomFilter<String> bf = BloomFilter.create(Funnels.stringFunnel(Charsets.UTF_8), total, 0.0003);
```

错误率调节是一个 double 类型的参数，默认值是 0.03，值越小错误率越小，同时存储空间会越大，这个可以根据需求去调整。那么错误率是怎么计算的呢，我们总共是 1010000 条数据去测试是否匹配，默认值是 0.03，那么错误率就是 1010000×(0.03/100)=303，刚刚测试的错误数量是 309，可见处于这个范围内。

那么调整之后的错误率有没有效果呢，我们重新执行下程序看看结果是否跟我们预想的一样，如果有效果的话，错误数量应该是 1010000×(0.0003/100)=3.03，可以允许错误数量在 3 到 4 个之间。

匹配数量 1000004

利用布隆过滤器我们可以预先将缓存的数据存储到过滤器中，比如用户 ID。当根据 ID 来查询数据的时候，我们先从过滤器中判断是否存在，存在的话就继续下面的流程，不存在直接返回空即可，因为我们认为这是一个非法的请求。

缓存穿透不能完全解决，我们只能将其控制在一个可以容忍的范围内，如果是用 Spring Cache 来缓存的话我们可能还用不了布隆过滤器，如果想要结合 Spring Cache 来使用的话我们必须对其扩展才行。

16.4　防止缓存雪崩方案

16.4.1　什么是缓存雪崩

缓存雪崩就是在某一时刻，大量缓存同时失效导致所有请求都去查询数据库，导致数据库压力过大，然后挂掉的情况。缓存穿透比较严重的时候也会导致缓存雪崩的发生。

16.4.2　缓存雪崩的危害

缓存雪崩最乐观的情况是存储层能抗住，但是用户体验会受到影响，数据返回慢，当压力过大时会导致存储层直接挂掉，整个系统都受影响。对于要做到 99.99% 高可用的产品，是绝对不允许缓存雪崩的发生。

16.4.3　解决方案

这里总结了几种解决方案：

- 缓存存储高可用。比如 Redis 集群，这样就能防止某台 Redis 挂掉之后所有缓存丢失导致的雪崩问题。
- 缓存失效时间要设计好。不同的数据有不同的有效期，尽量保证不要在同一时间失效，统一去规划有效期，让失效时间分布均匀即可。
- 对于一些热门数据的持续读取，这种缓存数据也可以采取定时更新的方式来刷新缓存，避免自动失效。
- 服务限流和接口限流。如果服务和接口都有限流机制，就算缓存全部失效了，但是请求的总量是有限制的，可以在承受范围之内，这样短时间内系统响应慢点，但不至于挂掉，影响整个系统。
- 从数据库获取缓存需要的数据时加锁控制，本地锁或者分布式锁都可以。当所有请求都不能命中缓存，这就是我们之前讲的缓存穿透，这时候要去数据库中查询，如果同时并发的量大，也是会导致雪崩的发生，我们可以在对数据库查询的地方进行加锁控制，不要让所有请求都过去，这样可以保证存储服务不挂掉。

16.4.4 代码示例

这里对加锁的方式进行代码讲解，见代码清单 16-26。

代码清单 16-26　缓存加锁

```
public Person get(String id) {
    Person person = repo.findOne(id);
    if (person != null) {
        return person;
    }
    synchronized (this) {
        person = dao.findById(id);
        repo.save(person);
    }
    return person;
}
```

上面是最简单的方式，直接用代码同步块来加锁，当然我们也可以用 Lock 来加锁，加锁的本质还是控制并发量，不要让所有请求瞬时压到数据库上面去，加了锁就意味着性能要丢失一部分。其实我们可以用信号量来做，就是限制并发而已，信号量可以让多个线程同时操作，只要在数据库能够抗住的范围内即可。

16.4.5 分布式锁方式

加锁除了用 Jvm 提供的锁，我们还可以用分布式锁来解决缓存雪崩的问题，分布式锁常用的有两种，基于 Redis 和 Zookeeper 的实现。当你从网上搜分布式锁的时候，出来一大堆实现的文章，我个人不建议自己去实现这种功能，用开源的会好点，在这里我给大家推荐一个基于 Redis 实现的分布式锁。

Redisson 是一个在 Redis 的基础上实现的 Java 驻内存数据网格（In-Memory Data Grid）。它不仅提供了一系列的分布式的 Java 常用对象，还提供了许多分布式服务（包括 BitSet、Set、Multimap、SortedSet、Map、List、Queue、BlockingQueue、Deque、BlockingDeque、Semaphore、Lock、AtomicLong、CountDownLatch、Publish/Subscribe、Bloom filter、Remote service、Spring cache、Executor service、Live Object service、Scheduler service）。Redisson 提供了使用 Redis 最简单和便捷的方法。Redisson 的宗旨是促进使用者对 Redis 的关注分离（Separation of Concern），从而让使用者能够将精力更集中地放在处理业务逻辑上。

Redisson 的 GitHub 地址：https://github.com/redisson/redisson。

Redisson 跟 Jedis 差不多，都是用来操作 Redis 的框架，Redisson 中提供了很多封装，有信号量、布隆过滤器等。分布式锁只是其中一个，感兴趣的读者可以自行深入研究。

代码示例见代码清单 16-27。

代码清单 16-27 Redis 分布式锁使用

```
RLock lock = redisson.getLock("anyLock");
// 最常见的使用方法 lock.lock();
// 支持过期解锁功能
// 10 秒钟以后自动解锁
// 无须调用 unlock 方法手动解锁
lock.lock(10, TimeUnit.SECONDS);
// 尝试加锁，最多等待 100 秒，上锁以后 10 秒自动解锁
boolean res = lock.tryLock(100, 10, TimeUnit.SECONDS);
...
lock.unlock();
```

16.5 本章小结

本章主要讲解了缓存的使用方式、使用过程中会遇到的一些问题，以及解决这些问题的方法。同时还介绍了两个非常好用的 Redis 客户端框架，分别是 Spring Data Redis 和 Redisson。相信通过本章的学习，读者已经对缓存有了一个非常深刻的了解。

在实际工作中如果用注解的方式来进行数据的缓存，笔者在这里给大家推荐另外一个缓存的框架——jetcache（https://github.com/alibaba/jetcache），支持方法级别的缓存时间设置，二级缓存等实用的功能。

第 17 章 微服务之存储

在微服务架构下，推荐每个服务都有自己独立的数据库、缓存、搜索等，这样做的优点是能够让服务之间的耦合度降低，同时可以让不同的服务根据不同的业务需求选择自己合适的存储方式。搜索服务可以用 Elasticsearch，日志服务可以用 Mongodb，业务数据可以用 MySQL，缺点就是对于事务的处理比较麻烦。所以我们尽量避免分布式事务，采用合理的设计。

17.1 存储选型

关于数据库的选择每个公司都不太一样，说说我的选择吧。业务数据肯定是用 MySQL，如果资金允许也可以用 Oracle；搜索服务用 Elasticsearch 来构建；大数据量的基础数据，采用 Mongodb 存储，缓存用 Redis 即可。一个中小型的互联网公司用这些组件基本上就足够了。微服务的好处在这里就体现出来了，每个服务都可以根据自己的业务选择最合适的存储方式。

下面笔者通过自己的技术网站业务来进行存储选型的讲解，总共有三个业务点，分别是：

❑ 猿币充值

猿币充值是一个涉及金钱的业务操作，像这种需求一定要有事务来保证整个操作的正确性，不能出现用户把钱付了，猿币没加上去的情况。这种业务需求我们就可以用 MySQL 来存储数据，存储引擎使用 InnoDB（MySQL 提供了具有提交、回滚和崩溃恢复能力的事务安全存储引擎）。

❑ 文章搜索

文章搜索在一个博客网站中是必须要有的一个功能，最简单的一点就是根据文章标题去搜索，稍微复杂点的可以进行多维度搜索，包括标题、发布用户、发布时间、文章内容等。这种搜索的业务需求我们可以用 Elasticsearch 来进行数据存储和搜索，用传统的关系型数据库显然是不适合的，因为很多个字段的搜索意味着在大数据量的情况下需要建立多个索引；还有就是全文搜索，这种需求就应该用专门做搜索数据库来实现。

❏ 文章评论

文章评论比较适合用 Mongodb，如果我们用 Mysql 来实现必然会存在两张表——一张评论表，一张评论回复表。当我们查询一篇文章的评论信息时就需要查询这两张表的数据来进行展示。如果我们用 Mongodb 就可以使用内嵌文档的方式将一篇文章的评论数据放在一起，显示的时候只需要查询一个集合，当然也要根据业务场景来决定，因为 Mongodb 中一个文档的大小是有限制的，最大 16M。像新浪微博这种评论的量显然就不太适合了，一条微博的评论能达到上百万，如果是小型网站的评论倒可以用这种方式。

17.2　Mongodb

在 Java 中使用 Mongodb 可以直接用 Mongodb Driver 操作，为了提高开发效率，简化查询，Spring 为我们提供了更好的选择，那就是 Spring Data Mongodb。

17.2.1　集成 Spring Data Mongodb

在 Spring Boot 中集成 Mongodb 只需要引入依赖即可实现集成，见代码清单 17-1。

代码清单 17-1　Mongodb Maven 配置

```xml
<dependency>
    <groupId>org.springframework.boot</groupId>
    <artifactId>spring-boot-starter-data-mongodb</artifactId>
</dependency>
```

配置 Mongodb 的连接信息，完整的配置信息可以查看 Mongodb 的配置类 org.springframework.boot.autoconfigure.mongo.MongoProperties。

在 application.properties 中增加如下配置，因为我没有开启认证，所以没有配置用户名和密码的信息。

```
spring.data.mongodb.database=test spring.data.mongodb.host=localhost spring.data.mongodb.port=27017
```

17.2.2　添加数据操作

首先创建数据实体类，见代码清单 17-2。

代码清单 17-2　定义 Mongodb 集合对应实体类

```java
@Document(collection = "article_info")
public class Article {
```

```
@Id
private String id;

@Field("title")
private String title;

@Field("url")
private String url;

@Field("author")
private String author;

@Field("tags")
private List<String> tags;

@Field("visit_count")
private Long visitCount;

@Field("add_time")
private Date addTime;

// 省略 get set 方法
}
```

实体类中的注解解释如下:

❑ Document 注解标识是一个文档,等同于 MySQL 中的表,collection 值表示 Mongodb 中集合的名称,不写的话就默认为实体类名 article。

❑ Id 注解为主键标识。

❑ Field 注解为字段标识,指定值为字段名称。这里边有个小技巧,之所以 Spring Data Mongodb 中有这样的注解,是为了让用户能够自定义字段名称,可以和实体类不一致;还有个好处就是可以用缩写,比如 username 我们可以配置成 unane 或者 un,这样会节省存储空间,mongodb 的存储方式是 key value 形式的,每个 key 都会重复存储,key 其实就占了很大一份存储空间。

单条数据添加见代码清单 17-3。

代码清单 17-3　单条数据添加

```
// 循环添加
for (int i = 0; i < 10; i++) {
    Article article = new Article();
    article.setTitle("MongoTemplate 的基本使用 ");
    article.setAuthor("yinjihuan");
    article.setUrl("http://cxytiandi.com/blog/detail/" + i);
    article.setTags(Arrays.asList("java", "mongodb", "spring"));
    article.setVisitCount(0L);
    article.setAddTime(new Date());
    mongoTemplate.save(article);
}
```

批量添加见代码清单 17-4。

代码清单 17-4　批量添加

```
// 批量添加
List<Article> articles = new ArrayList<>(10);
for (int i = 0; i < 10; i++) {
    Article article = new
    Article();
    article.setTitle("MongoTemplate 的基本使用 ");
    article.setAuthor("yinjihuan");
    article.setUrl("http://cxytiandi.com/blog/detail/" + i);
    article.setTags(Arrays.asList("java", "mongodb", "spring"));
    article.setVisitCount(0L);
    article.setAddTime(new Date());
    articles.add(article);
}
mongoTemplate.insert(articles, Article.class);
```

MongoTemplate 对象直接通过 @Autowired 注入即可使用。

17.2.3　索引使用

在 Spring Data Mongodb 中创建索引是非常方便的，直接在对应的实体类中用注解标识即可。

要给某个字段加索引就在字段上面加上 @Indexed 注解，里面可以填写对应的参数，在插入数据的时候，框架会自动根据配置的注解创建对应的索引。

比如，唯一索引的参数就是 unique=true，以后台方式创建索引的参数是 background=true。

然后是组合索引的创建，要在类的上面定义 @CompoundIndexes 注解，参数是 @CompoundIndex 注解数组，可以传多个。

name 表示索引的名称，def 表示组合索引的字段和索引存储升序（1）或者降序（-1），见代码清单 17-5。

代码清单 17-5　索引定义

```
@Document
@CompoundIndexes({
@CompoundIndex(name = "city_region_idx", def = "{'city': 1, 'region': 1}")
})
public class Person {
    private String id;
    @Indexed(unique=true)
    private String name;
    
    @Indexed(background=true)
    private int age;
    
    private String city;
    
    private String region;
}
```

查看索引信息可以通过 mongo 的命令行去查看，命令为：db.person.getIndexes()，索引信息如代码清单 17-6 所示。

代码清单 17-6　查询集合中的索引

```
[
    {
        "v" : 1,
        "key" : {
            "_id" : 1
        },
        "name" : "_id_",
        "ns" : "cxytiandi.person"
    },
    {
        "v" : 1,
        "key" : {
            "city" : 1,
            "region" : 1
        },
        "name" : "city_region_idx",
        "ns" : "cxytiandi.person"
    },
    {
        "v" : 1,
        "unique" : true, "key" : {
            "name" : 1
        },
        "name" : "name",
        "ns" : "cxytiandi.person"
    },
    {
        "v" : 1,
        "key" : {
            "age" : 1
        },
        "name" : "age",
        "ns" : "cxytiandi.person",
        "background" : true
    }
]
```

也可以通过代码去查看索引信息：

```
ListIndexesIterable<Document> list = mongoTemplate.getCollection("person").listIndexes();
for (Document document : list) {
    System.out.println(document.toJson());
}
```

17.2.4　修改数据操作

修改第一条 author 为 yinjihuan 的数据中的 title 和 visitCount，见代码清单 17-7。

代码清单 17-7　根据条件修改

```
Query query = Query.query(Criteria.where("author").is("yinjihuan")); Update
update = Update.update("title", "MongoTemplate")
                        .set("visitCount", 10);
mongoTemplate.updateFirst(query, update, Article.class);
```

修改全部符合条件的数据，见代码清单 17-8。

代码清单 17-8　修改全部符合条件的数据

```
query = Query.query(Criteria.where("author").is("yinjihuan"));
update = Update.update("title", "MongoTemplate").set("visitCount", 10);
mongoTemplate.updateMulti(query, update, Article.class);
```

特殊更新，更新 author 为 jason 的数据，如果没有 author 为 jason 的数据则以此条件创建一条新的数据，当没有符合条件的文档，就以这个条件和更新文档为基础创建一个新的文档，如果找到匹配的文档就正常更新，见代码清单 17-9。

代码清单 17-9　特殊更新，有则修改数据，无则添加一条数据

```
query = Query.query(Criteria.where("author").is("jason"));
update = Update.update("title", "MongoTemplate").set("visitCount", 10);
mongoTemplate.upsert(query, update, Article.class);
```

更新条件不变，更新字段改成了集合中不存在的，如果用 set 方法更新的 key 不存在则创建一个新的 key，见代码清单 17-10。

代码清单 17-10　特殊更新，有则修改字段，无则添加一个字段

```
query = Query.query(Criteria.where("author").is("jason"));
update = Update.update("title", "MongoTemplate").set("money", 100);
mongoTemplate.updateMulti(query, update, Article.class);
```

update 的 inc 方法用于累加操作，将 money 在之前的基础上加上 100，见代码清单 17-11。

代码清单 17-11　数字累加操作

```
query = Query.query(Criteria.where("author").is("jason"));
update = Update.update("title", "MongoTemplate").inc("money", 100);
mongoTemplate.updateMulti(query, update, Article.class);
```

update 的 rename 方法用于修改 key 的名称，见代码清单 17-12。

代码清单 17-12　修改字段的名称

```
query = Query.query(Criteria.where("author").is("jason"));
update = Update.update("title", "MongoTemplate")
                        .rename("visitCount", "vc");
mongoTemplate.updateMulti(query, update, Article.class);
```

update 的 unset 方法用于删除 key，见代码清单 17-13。

代码清单 17-13　删除字段

```
query = Query.query(Criteria.where("author").is("jason"));
```

```
update = Update.update("title", "MongoTemplate").unset("vc");
mongoTemplate.updateMulti(query, update, Article.class);
```

update 的 pull 方法用于删除 tags 数组中的 java，见代码清单 17-14。

代码清单 17-14　删除数组中的值

```
query = Query.query(Criteria.where("author").is("yinjihuan"));
update = Update.update("title", "MongoTemplate").pull("tags", "java");
mongoTemplate.updateMulti(query, update, Article.class);
```

17.2.5　删除数据操作

删除 author 为 yinjihuan 的数据，见代码清单 17-15。

代码清单 17-15　按条件删除数据

```
Query query = Query.query(Criteria.where("author").is("yinjihuan"));
mongoTemplate.remove(query, Article.class);
```

如果实体类中没配集合名词，可在删除的时候单独指定 article_info，见代码清单 17-16。

代码清单 17-16　按条件删除数据并制定集合名称

```
query = Query.query(Criteria.where("author").is("yinjihuan"));
mongoTemplate.remove(query, "article_info");
```

查询出符合条件的第一个结果，并将符合条件的数据删除，只会删除第一条，见代码清单 17-17。

代码清单 17-17　按条件删除符合条件的第一条数据

```
query = Query.query(Criteria.where("author").is("yinjihuan")); Article article =
mongoTemplate.findAndRemove(query, Article.class);
```

查询出符合条件的所有结果，并将符合条件的所有数据删除，见代码清单 17-18。

代码清单 17-18　按条件删除符合条件的全部数据

```
query = Query.query(Criteria.where("author").is("yinjihuan"));
List<Article> articles =
            mongoTemplate.findAllAndRemove(query, Article.class);
```

删除集合，可传实体类，也可以传名称，见代码清单 17-19。

代码清单 17-19　删除整个集合

```
mongoTemplate.dropCollection(Article.class); mongoTemplate.dropCollection
("article_info");
```

删除数据库，见代码清单 17-20。

代码清单 17-20　删除数据库

```
mongoTemplate.getDb().dropDatabase();
```

17.2.6 查询数据操作

根据作者查询所有符合条件的数据，见代码清单 17-21。

代码清单 17-21　查询所有符合条件的数据

```
Query query = Query.query(Criteria.where("author").is("yinjihuan"));
List<Article> articles = mongoTemplate.find(query, Article.class);
```

只查询符合条件的第一条数据，见代码清单 17-22。

代码清单 17-22　查询符合条件的第一条数据

```
query = Query.query(Criteria.where("author").is("yinjihuan"));
Article article = mongoTemplate.findOne(query, Article.class);
```

查询集合中所有数据，不加条件，见代码清单 17-23。

代码清单 17-23　查询集合中的所有数据

```
articles = mongoTemplate.findAll(Article.class);
```

查询符合条件的数量，见代码清单 17-24。

代码清单 17-24　查询符合条件的数量

```
query = Query.query(Criteria.where("author").is("yinjihuan"));
long count = mongoTemplate.count(query, Article.class);
```

根据主键 ID 查询，见代码清单 17-25。

代码清单 17-25　根据主键 ID 查询

```
article = mongoTemplate.findById(new ObjectId("57c6e1601e4735b2c306cdb7"),
Article.class);
```

in 查询，见代码清单 17-26。

代码清单 17-26　in 查询

```
List<String> authors = Arrays.asList("yinjihuan", "jason");
query = Query.query(Criteria.where("author").in(authors));
articles = mongoTemplate.find(query, Article.class);
```

ne (!=) 查询，见代码清单 17-27。

代码清单 17-27　不等于查询

```
query = Query.query(Criteria.where("author").ne("yinjihuan"));
articles = mongoTemplate.find(query, Article.class);
```

lt(<) 查询访问量小于 10 的文章，见代码清单 17-28。

代码清单 17-28　小于查询

```
query = Query.query(Criteria.where("visitCount").lt(10));
articles = mongoTemplate.find(query, Article.class);
```

范围查询，大于 5 小于 10，见代码清单 17-29。

代码清单 17-29　范围查询

```
query = Query.query(Criteria.where("visitCount").gt(5).lt(10));
articles = mongoTemplate.find(query, Article.class);
```

模糊查询，author 中包含 a 的数据，见代码清单 17-30。

代码清单 17-30　模糊查询

```
query = Query.query(Criteria.where("author").regex("a"));
articles = mongoTemplate.find(query, Article.class);
```

数组查询，查询 tags 里数量为 3 的数据，见代码清单 17-31。

代码清单 17-31　数组查询

```
query = Query.query(Criteria.where("tags").size(3));
articles = mongoTemplate.find(query, Article.class);
```

or 查询，查询 author=jason 或者 visitCount=0 的数据，见代码清单 17-32。

代码清单 17-32　or 查询

```
query =
        Query.query(Criteria.where("").orOperator(
        Criteria.where("author").is("jason"),
        Criteria.where("visitCount").is(0)));
articles = mongoTemplate.find(query, Article.class);
```

17.2.7　GridFS 操作

Mongodb 除了能够存储大量的数据外，还内置了一个非常好用的文件系统。基于 Mongodb 集群的优势，GridFS 当然也是分布式的，而且备份也方便。当用户把文件上传到 GridFS 后，文件会被分割成大小为 256KB 的块，并单独存放。

GridFsTemplate 对象直接通过 @Autowired 注入即可使用。

上传文件，见代码清单 17-33。

代码清单 17-33　上传文件

```
public static void uploadFile() throws Exception {
    File file = new File("/Users/yinjihuan/Downlaods/logo.png");
    InputStream content = new FileInputStream(file);
    // 存储文件的额外信息，比如用户 ID，后面要查询某个用户的所有文件时就可以直接查询
    DBObject metadata = new BasicDBObject("userId", "1001"); GridFSFile
gridFSFile = gridFsTemplate.store(
            content, file.getName(), "image/png", metadata);
    String fileId = gridFSFile.getId().toString();
    System.out.println(fileId);
}
```

根据文件 ID 查询文件，见代码清单 17-34。

代码清单 17-34　根据文件 ID 查询文件

```java
public static GridFSFile getFile(String fileId) throws Exception {
    return
        gridFsTemplate.findOne( Query.query(Criteria.where("_id").is(fileId)));
}
```

根据文件 ID 删除文件，见代码清单 17-35。

代码清单 17-35　根据文件 ID 删除文件

```java
public static void removeFile(String fileId) throws Exception {
    gridFsTemplate.delete(Query.query(Criteria.where("_id").is(fileId)));
}
```

下载文件，见代码清单 17-36。

代码清单 17-36　下载文件

```java
@RequestMapping(value = "/image/{fileId}")
@ResponseBody
public void getImage(@PathVariable String fileId,
                     HttpServletResponse response) {
    try {
        GridFSFile gridfs = gridFsTemplate.findOne(
            Query.query(Criteria.where("_id").is(fileId)));
        response.setHeader("Content-Disposition", "attachment;filename=\"" +
            gridfs.getFilename() + "\"");
        GridFSBucket gridFSBucket = GridFSBuckets.create(mongoTemplate.getDb());
        GridFSDownloadStream gridFSDownloadStream =
            gridFSBucket.openDownloadStream(gridfs.getObjectId());
        GridFsResource resource = new GridFsResource(gridfs,gridFSDownloadStream);
        InputStream inp = resource.getInputStream();
        OutputStream out = response.getOutputStream();

        IOUtils.copy(inp, out);
    } catch (Exception e) {
        e.printStackTrace();
    }
}
```

Controller 中想直接访问存储的文件也很简单，直接通过文件 ID 查询该文件，然后直接输出到 response 就可以了，记得要设置 ContentType。

17.2.8　用 Repository 方式操作数据

前几节我们都在学习使用 MongoTemplate 来操作数据库，其实 data 框架提供了很多种方式，MongoTemplate 只是其中一种，本节我们来学习下使用 Repository 操作数据库。

Repository 操作数据只需要定义一个接口，按照一定的规则去定义方法名称就可以了，不需要写方法的实现，对于一些简单的操作是非常方便的，可以提高开发效率，见代码清单 17-37。

代码清单 17-37　Repository 操作数据库

```java
@Repository("ArticleRepositor")
public interface ArticleRepositor extends
                PagingAndSortingRepository<Article, String> {
    // 分页查询
    public Page<Article> findAll(Pageable pageable);

    // 根据 author 查询
    public List<Article> findByAuthor(String author);

    // 根据作者和标题查询
    public List<Article> findByAuthorAndTitle(String author, String title);

    // 忽略参数大小写
    public List<Article> findByAuthorIgnoreCase(String author);

    // 忽略所有参数大小写
    public List<Article> findByAuthorAndTitleAllIgnoreCase(String author, String title);

    // 排序
    public List<Article> findByAuthorOrderByVisitCountDesc(String author);

    public List<Article> findByAuthorOrderByVisitCountAsc(String author);

    // 自带排序条件
    public List<Article> findByAuthor(String author, Sort sort);
}
```

我们可以看到接口中定义了很多种查询方式，通过上面的示例我们可以发现规律，这里所有的查询方法都以 find 开头，比如说 findAll() 表示查询所有。

如果我们要根据某个字段去查询就使用 findByAuthor()，author 就是你要查询的字段，如果多个字段的话就是 findBy 字段 1 And 字段 2。

还有排序、忽略大小写、模糊查询等都有类似的语法。看起来真的很简单，只要掌握它的规律就行，即使你完全不懂 Mongodb 的语法也能去操作 Mongodb。

下面我会给出调用示例，非常简洁明了。

查询所有，见代码清单 17-38。

代码清单 17-38　查询所有

```java
private static void findAll() {
    Iterable<Article> articles = articleRepositor.findAll();
    articles.forEach(article ->{
        System.out.println(article.getId());
    });
}
```

根据作者查询，见代码清单 17-39。

代码清单 17-39　根据作者查询

```java
private static void findByAuthor() {
    List<Article> articles = articleRepositor.findByAuthor("jason");
    articles.forEach(article ->{
        System.out.println(article.getId());
    });
}
```

分别根据作者和标题查询，见代码清单 17-40。

代码清单 17-40　分别根据作者和标题查询

```java
private static void findByAuthorAndTitle() {
    List<Article> articles =
            articleRepositor.findByAuthorAndTitle( "yinjihuan",
            "MongoTemplate 的基本使用 ");
    articles.forEach(article ->{
        System.out.println(article.getId());
    });
}
```

根据作者查询，忽略大小写，见代码清单 17-41。

代码清单 17-41　根据作者查询，忽略大小写

```java
private static void findByAuthorIgnoreCase() { List<Article> articles =
            articleRepositor.findByAuthorIgnoreCase("JASON");
    articles.forEach(article ->{
        System.out.println(article.getId());
    });
}
```

忽略所有参数的大小写，见代码清单 17-42。

代码清单 17-42　忽略所有参数的大小写

```java
private static void findByAuthorAndTitleAllIgnoreCase() {
    List<Article> articles = articleRepositor
            .findByAuthorAndTitleAllIgnoreCase( "JASON",
            "MONGOTEMPLATE 的基本使用 ");
    articles.forEach(article ->{
        System.out.println(article.getId());
    });
}
```

根据作者查询，以访问次数降序排序，见代码清单 17-43。

代码清单 17-43　根据作者查询，以访问次数降序排序

```java
private static void findByAuthorOrderByVisitCountDesc() {
    List<Article> articles = articleRepositor
            .findByAuthorOrderByVisitCountDesc("yinjihuan");
    articles.forEach(article ->{
        System.out.println(article.getAuthor());
    });
}
```

根据作者查询，以访问次数升序排序，见代码清单17-44。

代码清单17-44　根据作者查询，以访问次数升序排序

```
private static void findByAuthorOrderByVisitCountAsc() {
    List<Article> articles = articleRepositor.
            findByAuthorOrderByVisitCountAsc("yinjihuan");
    articles.forEach(article ->{
        System.out.println(article.getAuthor());
    });
}
```

自带排序条件，见代码清单17-45。

代码清单17-45　自带排序条件

```
private static void findByAuthorBySort() {
    List<Article> articles =
            articleRepositor.findByAuthor( "yinjihuan",
            new Sort(Direction.ASC, "VisitCount"));
    articles.forEach(article ->{ System.out.println(article.getAuthor());
    });
}
```

分页查询所有，并且排序，见代码清单17-46。

代码清单17-46　分页查询所有，并且排序

```
private static void findByPage() { int page = 1;
    int size = 2;
    Pageable pageable = new PageRequest(page, size,
            new Sort(Direction.ASC, "VisitCount"));
    Page<Article> pageInfo = articleRepositor.findAll(pageable);
    // 总数量
    System.out.println(pageInfo.getTotalElements());

    // 总页数
    System.out.println(pageInfo.getTotalPages());
    for (Article article : pageInfo.getContent()) {
        System.out.println(article.getAuthor());
    }
}
```

笔者只是列出来一些最基本的用法，还有很多用法详见官方文档上的示例，如图17-1和图17-2所示。

Keyword	Sample	Logical result
After	findByBirthdateAfter(Date date)	{"birthdate" : {"$gt" : date}}
GreaterThan	findByAgeGreaterThan(int age)	{"age" : {"$gt" : age}}
GreaterThanEqual	findByAgeGreaterThanEqual(int age)	{"age" : {"$gte" : age}}
Before	findByBirthdateBefore(Date date)	{"birthdate" : {"$lt" : date}}
LessThan	findByAgeLessThan(int age)	{"age" : {"$lt" : age}}

图17-1　方法名查询示例（一）

LessThanEqual	findByAgeLessThanEqual(int age)	{"age" : {"$lte" : age}}
Between	findByAgeBetween(int from, int to)	{"age" : {"$gt" : from, "$lt" : to}}
In	findByAgeIn(Collection ages)	{"age" : {"$in" : [ages…]}}
NotIn	findByAgeNotIn(Collection ages)	{"age" : {"$nin" : [ages…]}}
IsNotNull, NotNull	findByFirstnameNotNull()	{"firstname" : {"$ne" : null}}
IsNull, Null	findByFirstnameNull()	{"firstname" : null}
Like, StartingWith, EndingWith	findByFirstnameLike(String name)	{"firstname" : name} (name as regex)
Containing on String	findByFirstnameContaining(String name)	{"firstname" : name} (name as regex)
NotContaining on String	findByFirstnameNotContaining(String name)	{"firstname" : { "$not" : name}} (name as regex)
Containing on Collection	findByAddressesContaining(Address address)	{"addresses" : { "$in" : address}}
NotContaining on Collection	findByAddressesNotContaining(Address address)	{"addresses" : { "$not" : { "$in" : address}}}
Regex	findByFirstnameRegex(String firstname)	{"firstname" : {"$regex" : firstname }}

图 17-1 （续）

(No keyword)	findByFirstname(String name)	{"firstname" : name}
Not	findByFirstnameNot(String name)	{"firstname" : {"$ne" : name}}
Near	findByLocationNear(Point point)	{"location" : {"$near" : [x,y]}}
Near	findByLocationNear(Point point, Distance max)	{"location" : {"$near" : [x,y], "$maxDistance" : max}}
Near	findByLocationNear(Point point, Distance min, Distance max)	{"location" : {"$near" : [x,y], "$minDistance" : min, "$maxDistance" : max}}
Within	findByLocationWithin(Circle circle)	{"location" : {"$geoWithin" : {"$center" : [[x, y], distance]}}}
Within	findByLocationWithin(Box box)	{"location" : {"$geoWithin" : {"$box" : [[x1, y1], x2, y2]}}}
IsTrue, True	findByActiveIsTrue()	{"active" : true}
IsFalse, False	findByActiveIsFalse()	{"active" : false}
Exists	findByLocationExists(boolean exists)	{"location" : {"$exists" : exists }}

图 17-2　方法名查询示例（二）

17.2.9　自增 ID 实现

很多人在使用 Mongodb 的时候都会遇到一个自增 ID 的问题，Mongodb 中的主键 ID 是 ObjectId，而不是像 Mysql 中那种数字类型的自增 ID。

像 Mysql 这种数据库是内部实现了自增 ID，笔者将带领读者实现一个自增 ID 的方式。我们可以自己维护每个集合的 ID 增加记录来实现，通过自定义一个获取自增 ID 的方法，然后每次插入的时候就去获取下一个 ID，再插入到集合中。

我们既然用了 Spring Data Mongodb 这个框架，就要基于这个框架来实现一套逻辑，而且每次插入都要自己去手动的调用方法获取一次 ID，这样是不是太繁琐了？

封装的目的就是为了使用起来更加简单，我们采用监听模式，在数据插入到集合之前，我们通过反射将 ID 设置到保存的对象中来实现自动设置，对写代码的工程师们来说完全透明。

首先我们定义一个用于存储每个集合的 ID 记录，记录每个集合的自增 ID 到了多少，见代码清单 17-47。

代码清单 17-47　自增序列存储集合

```java
@Document(collection = "sequence")
public class SequenceId {
    @Id
    private String id;

    @Field("seq_id")
    private long seqId;

    @Field("coll_name")
    private String collName;
}
```

- seqId：自增 ID 值
- collName：集合名称

下面我们定义个注解来标识此字段要自动增长 ID。有些场景下可能不需要自动增长，需要自动增长的时候我们需要加上这个注解，见代码清单 17-48。

代码清单 17-48　自增注解定义

```java
@Retention(RetentionPolicy.RUNTIME)
@Target({ ElementType.FIELD })
public @interface GeneratedValue {

}
```

接下来定义我们测试的实体类，注意自增 ID 的类型不要定义成 Long 这种包装类，mongotemplate 的源码里面对主键 ID 的类型有限制，见代码清单 17-49。

代码清单 17-49　自增注解使用

```java
@Document
public class Student {
    @GeneratedValue
    @Id
    private long id;
```

```
    private String name;
}
```

接下来定义监听器来生成 ID，见代码清单 17-50。

代码清单 17-50　自增序列生成逻辑

```java
public class SaveMongoEventListener extends AbstractMongoEventListener<Object> {
    @Resource
    private MongoTemplate mongoTemplate;

    @Override
    public void onBeforeConvert(BeforeConvertEvent<Object> event) {
        Object source = event.getSource();
        if(source != null)
            { ReflectionUtils.doWithFields(source.getClass(),
                new ReflectionUtils.FieldCallback() {
            public void doWith(Field field)
                throws IllegalArgumentException, IllegalAccessException
                { ReflectionUtils.makeAccessible(field);
                if (field.isAnnotationPresent(GeneratedValue.class)) {
                    // 设置自增 ID field.set(source,
                        getNextId(source.getClass().getSimpleName()));
                }
            }
        });
    }
}

/**
 * 获取下一个自增 ID
 * @author yinjihuan
 * @param collName 集合名
 * @return
 */
private Long getNextId(String collName) {
    Query query = new Query(Criteria.where("collName").is(collName));
    Update update = new Update();
    update.inc("seqId", 1);
    FindAndModifyOptions options = new FindAndModifyOptions();
    options.upsert(true);
    options.returnNew(true);
    SequenceId seqId = mongoTemplate.findAndModify(
                query, update, options, SequenceId.class);
    return seqId.getSeqId();
    }
}
```

findAndModify() 是原子操作，所以不用担心并发问题。配置监听器的实例即可启动监听器，XML 方式配置如下：

```
<bean class="com.cxytiandi.mongo.autoid.SaveMongoEventListener"></bean>
```

Spring Boot 中可以用 @Bean 注解配置。

17.2.10 批量更新扩展

用过 Mongodb 的读者都知道，以 Java 驱动的语法举例，插入式有 insert 方法的，支持插入集合，也就是批量插入。

但是 update 方法却只能执行一个更新条件，参数不支持传集合进去，这就意味着 Java 驱动是不支持批量更新的。

当然原生的语法是支持的，只是驱动没有封装而已，官方文档也是推荐用 db.runCommand() 来实现的。

下面的语法中我们可以看到 updates 是个数组，可以执行多条更新语句，但是我们一般是在项目中使用，如果封装这个方法就和批量插入一样，我们就用 Spring Data Mongodb 来做下封装。

首先定义一个封装更新参数的类，见代码清单 17-51。

代码清单 17-51　批量更新参数

```java
public class BathUpdateOptions { private Query  query; private Update update;
    private boolean upsert = false; private boolean multi = false;
}
```

支持传入 MongoTemplate 和集合名称来进行批量更新操作，需指定 options 和 ordered，见代码清单 17-52。

代码清单 17-52　批量更新

```java
public static int bathUpdate(MongoTemplate mongoTemplate, String collName,
        List<BathUpdateOptions> options, boolean ordered) {
    DBObject command = new BasicDBObject();
    command.put("update", collName);
    List<BasicDBObject> updateList = new ArrayList<BasicDBObject>();
    for (BathUpdateOptions option : options) {
        BasicDBObject update = new BasicDBObject();
        update.put("q", option.getQuery().getQueryObject());
        update.put("u", option.getUpdate().getUpdateObject());
        update.put("upsert", option.isUpsert());
        update.put("multi", option.isMulti());
        updateList.add(update);
    }
    command.put("updates", updateList);
    command.put("ordered", ordered);
    
    Document commandResult = mongoTemplate.getDb().runCommand((Bson) command);
    return Integer.parseInt(commandResult.get("n").toString());
}
```

如果使用原始的 js 语句来执行批量更新的话语法如下：

```
db.runCommand( {
    update: "article_info",
    updates: [
        {
            q: { author: "jason" },
            u: { $set: { title: " 批量更新 " } },
            multi: true
        },
        {
            q: { author: "yinjihuan"},
            u: { $set: { title: " 批量更新 " }},
            upsert: true
        }
    ],
    ordered: false
} )
```

我们封装后的使用方式如代码清单 17-53 所示。

代码清单 17-53　批量更新使用方式

```
List<BathUpdateOptions> list = new ArrayList<BathUpdateOptions>();
list.add(
        new BathUpdateOptions( Query.query(Criteria.where("author").is("yinjihuan")),
Update.update("title", " 批量更新 "), true, true
        )
);

list.add(
        new BathUpdateOptions( Query.query(Criteria.where("author").is("jason")),
Update.update("title", " 批量更新 "), true, true
        )
);
int n = MongoBaseDao.bathUpdate(mongoTemplate, Article.class, list);
System.out.println(" 受影响的行数: "+n);
```

官方文档地址：http://docs.mongodb.org/manual/reference/command/update/#bulk-update。要深入学习 Spring Data Mongodb 可以关注笔者的网站 http://cxytiandi.com/。

17.3　Mysql

Mysql 对于 Java 开发人员来说是非常熟悉的，大部分的公司都使用 Mysql。在许多年前很多公司用 Hibernate 来操作数据库，现在最火的莫过于 Mybatis 了。不过笔者不太喜欢用 Mybatis，在 Spring 中已经提供了一个很好的操作 Mysql 的方式，那就是 Spring JdbcTemplate。

17.3.1　集成 Spring JdbcTemplate

为了能够让 JDBC 操作数据库更加简洁，Spring 在 JDBCAPI 上定义了一个抽象层，以此建立一个 JDBC 框架，这就是我们的 JdbcTemplate。

在 Spring Boot 中集成 JdbcTemplate 只需要加入下面的依赖即可，见代码清单 17-54。

代码清单 17-54　JdbcTemplate Maven 依赖

```xml
<dependency>
    <groupId>org.springframework.boot</groupId>
    <artifactId>spring-boot-starter-jdbc</artifactId>
</dependency>
```

接下来就是配置数据库连接池的信息了，至于用什么数据库连接池读者可以自己选择。可以用默认的 Tomcat Pool，也可以用 Druid 等。

```
spring.datasource.url=jdbc:mysql://localhost:3306/test
spring.datasource.username=root
spring.datasource.password=
spring.datasource.driverClassName=com.mysql.jdbc.Driver
spring.datasource.max-active=20
spring.datasource.max-idle=8
spring.datasource.min-idle=8
spring.datasource.initial-size=10
```

17.3.2　JdbcTemplate 代码示例

直接在 Dao 中注入 JdbcTemplate 就可以操作数据库了，见代码清单 17-55。

代码清单 17-55　JdbcTemplate 使用

```java
@Autowired
private JdbcTemplate jdbcTemplate;

public Long count() {
    return jdbcTemplate.queryForObject(
            "select count(*) from Student", Long.class);
}
```

通过 JdbcTemplate 的 queryForObject 方法获取单个值，比如 count 查询。
JdbcTemplate 主要提供以下五类方法：
❏ execute 方法：可以用于执行任何 SQL 语句，一般用于执行 DDL 语句。
❏ update 方法及 batchUpdate 方法：update 方法用于对语句执行新增、修改、删除等。
❏ batchUpdate 方法用于执行批处理相关语句。
❏ query 方法及 queryForXXX 方法：用于执行查询相关语句。
❏ call 方法：用于执行存储过程、函数相关语句。

17.3.3　封装 JdbcTemplate 操作 Mysql 更简单

JdbcTemplate 给我们提供了很多简便的操作数据库的方法，很多时候我们希望一些基础的方法直接就可以使用，不想写 SQL，比如 save、update、remove、findById 等。

这些操作我们可以自己封装一下，让 JdbcTemplate 使用起来更方便，单表操作尽量不用写 SQL 就能完成，笔者自己封装了一个比较简单的框架——JdbcTemplate 的增强版。

GitHub 地址：https://github.com/yinjihuan/smjdbctemplate。JdbcTemplate 的增强版相比 SpringJdbcTemplate 的优势如下：

- 重新定义了 CxytiandiJdbcTemplate 类，集成自 JdbcTemplate。
- 没有改变原始 JdbcTemplate 的功能。
- 增加了 Orm 框架必备的操作对象来管理数据。
- 简单的数据库操作使用 CxytiandiJdbcTemplate 提高效率。
- 支持分布式主键 ID 的自动生成。

17.3.4 扩展 JdbcTemplate 使用方式

接下来我们看一下怎么使用扩展之后的 JdbcTemplate。由于 jar 包没有发布到中央仓库，如果想使用可以自行下载源码编译下，maven 依赖如代码清单 17-56 所示。

代码清单 17-56　扩展 JdbcTemplate Maven 依赖

```xml
<!-- jdbc orm -->
<dependency>
        <groupId>com.github.yinjihuan</groupId>
        <artifactId>smjdbctemplate</artifactId>
        <version>1.1</version>
</dependency>

<!-- 仓库地址 -->
<repositories>
    <repository>
        <id>jitpack.io</id>
        <url>https://jitpack.io</url>
    </repository>
</repositories>
```

在 Spring Boot 中配置增强版的 CxytiandiJdbcTemplate，构造函数中的 com.fangjia.model.ld.po 是表对应的实体类所在的包名，见代码清单 17-57。

代码清单 17-57　扩展 JdbcTemplate 配置

```java
@Configuration
public class BeanConfig {
    /**
     * JDBC
     * @return
     */
    @Bean(autowire=Autowire.BY_NAME)
    public CxytiandiJdbcTemplate cxytiandiJdbcTemplate() {
        return new CxytiandiJdbcTemplate("com.cxytiandi.mysql.po");
    }
}
```

定义数据表对应的 PO 类、表名和字段名以注解中的 value 为准，见代码清单 17-58。

代码清单 17-58　PO 类定义

```java
@TableName(value="loudong", desc=" 楼栋表 ", author="yinjihuan")
public class LouDong implements Serializable {
    private static final long serialVersionUID = -6690784263770712827L;

    @Field(value="id", desc=" 主键 ID")
    private String id;

    @Field(value="name", desc=" 小区名称 ")
    private String name;

    @Field(value="city", desc=" 城市 ")
    private String city;

    @Field(value="region", desc=" 区域 ")
    private String region;

    @Field(value="ld_num", desc=" 楼栋号 ")
    private String ldNum;

    @Field(value="unit_num", desc=" 单元号 ")
    private String unitNum;

    public LouDong() {
        super();
    }

    // 省略 get,set 方法
    public final static String[] SHOW_FIELDS =
            new String[]{ "city", "region", "name", "ld_num" };

    public final static String[] QUERRY_FIELDS =
            new String[]{ "city", "region", "name" };

    public final static Orders[] ORDER_FIELDS =
            new Orders[] { new Orders("id", Orders.OrderyType.ASC) };
}
```

在 Service 里面通过继承 EntityService 就可以对单表进行一些基础的操作了，见代码清单 17-59。

代码清单 17-59　Service 类定义

```java
@Service
public class LdServiceImpl extends EntityService<LouDong>
                                            implements LdService {

}
```

查询总数量，见代码清单 17-60。

代码清单 17-60　查询总数量

```
public long count() {
    return super.count();
}
```

查询所有数据并排序，见代码清单 17-61。

代码清单 17-61　查询所有数据并排序

```
public List<LouDong> findAll() {
    return super.list(LouDong.ORDER_FIELDS);
}
```

根据城市查询，见代码清单 17-62。

代码清单 17-62　根据城市查询

```
public List<LouDong> find(String city) {
    return super.list("city", city);
}
```

根据城市区域查询，见代码清单 17-63。

代码清单 17-63　根据城市区域查询

```
public List<LouDong> find(String city, String region) {
    return super.list(new String[]{"city", "region"},
            new Object[] {city, region});
}
```

根据城市区域名称查询，显示指定字段，见代码清单 17-64。

代码清单 17-64　根据城市区域名称查询，显示指定字段

```
public List<LouDong> find(String city, String region, String name) {
    return super.list(LouDong.SHOW_FIELDS, LouDong.QUERRY_FIELDS,
            new Object[] {city, region, name});
}
```

分页排序查询所有，见代码清单 17-65。

代码清单 17-65　分页排序查询所有

```
public List<LouDong> findAll(PageQueryParam page) {
    return super.listForPage(page.getStart(), page.getLimit(), LouDong.ORDER_FIELDS);
}
```

根据城市判断是否存在数据，见代码清单 17-66。

代码清单 17-66　根据城市判断是否存在数据

```
public boolean exists(String city) {
    return super.exists("city", city);
}
```

根据名称 in 查询，见代码清单 17-67。

代码清单 17-67　根据名称 in 查询

```
public List<LouDong> in(String[] names) {
    return super.in(new String[]{"city", "region"}, "name", names);
}
```

根据 ID 获取数据，见代码清单 17-68。

代码清单 17-68　根据 ID 获取数据

```
public LouDong get(String id) {
    return super.getById("id", id);
}
```

根据名称删除数据，见代码清单 17-69。

代码清单 17-69　根据名称删除数据

```
@Transactional
public void delete(String name) {
    super.deleteById("name", name);
}
```

保存数据，见代码清单 17-70。

代码清单 17-70　保存数据

```
public void save(LouDong louDong) {
    super.save(louDong);
}
```

批量保存数据，见代码清单 17-71。

代码清单 17-71　批量保存数据

```
public void saveList(List<LouDong> list) {
    super.batchSave(list);
}
```

更新数据，见代码清单 17-72。

代码清单 17-72　更新数据

```
public void update(LouDong louDong) {
    super.update(louDong, "id");
}
```

批量更新数据，见代码清单 17-73。

代码清单 17-73　批量更新数据

```
public void updateList(List<LouDong> list){
    super.batchUpdateByContainsFields(list, "id", "city");
}
```

除了继承 EntityService 之外，还可以使用原来的 JdbcTemplate 来操作，或者使用增强版的 CxytiandiJdbcTemplate 来操作。EntityService 中的所有方法其实都是基于 CxytiandiJdbcTemplate 的，只不过包装了一层，然而 CxytiandiJdbcTemplate 是基于 JdbcTemplate 来封装的，这个层级关系要清楚，所以我们除了可以使用原生的 JdbcTemplate 类，还可以使用增强版的 CxytiandiJdbcTemplate。

17.3.5　常见问题

1. 除了继承 EntityService 还能用什么办法？

其实可以直接注入 JdbcTemplate 来操作数据库，笔者这里只是对 JdbcTemplate 进行了扩展，当然也可以直接注入扩展之后的 CxytiandiJdbcTemplate 来操作，见代码清单 17-74。

代码清单 17-74　CxytiandiJdbcTemplate

```
@Autowired
private CxytiandiJdbcTemplate jdbcTemplate;
```

2. 怎么使用支持分布式主键 ID 的自动生成？

只需要在对应的注解字段加上 @AutoId 注解即可，注意此字段的类型必须为 String 或者 Long，需要关闭数据库的自增功能。ID 算法用的是 ShardingJdbc 中的 ID 算法，在分布式环境下并发会出现 ID 相同的问题，需要为每个节点配置不同的 wordid，通过 -Dsharding-jdbc.default.key.generator.worker.id=wordid 设置，见代码清单 17-75：

代码清单 17-75　分布式主键 ID 使用

```
@AutoId
@Field(value="id", desc=" 主键 ID")
private String id;
```

3. 怎样不用注解做字段名映射？

通过 @Field 注解方式可以允许数据库中的字段名称跟实体类的名称不一致，如果觉得通过注解的方式来映射太麻烦了，也可以按下面的方式使用：

```
CREATE TABLE `Order`(
    id bigint(64) not null,
    shopName varchar(20) not null,
    PRIMARY KEY (`id`)
) ENGINE=InnoDB DEFAULT CHARSET=utf8;
```

实体类定义，只需要类名跟表名一致，属性名和字段名一致，如代码清单 17-76。

代码清单 17-76　查询实体定义

```
public class Order {

    private Long id;

    private String shopName;
```

```
        // get set...
    }
```

4. 连表查询的结果如何定义对应的实体类？

sql 语句：select tab1.name,tab2.shop_name from tab1,tab2

查询出的结果肯定是 name 和 shop_name 这两个字段，这种情况你可以直接定义一个类，然后写上这两个字段对应的属性，shop name 是有下划线定义的字段，所以我们在实体类中需要用注解来映射，如代码清单 17-77 所示。

代码清单 17-77 别名实体类定义

```
public class Order {

    private Long name;

    @Field(value="shop_name", desc=" 商品名称 ")
    private String shopName;
    // get set...
}
```

如果不想使用注解那就在 sql 语句中为字段添加别名：select tab1.name,tab2.shop_name as shopName from tab1,tab2，如代码清单 17-78 所示。

代码清单 17-78 实体类定义

```
public class Order {

    private Long name;

    private String shopName;

    // get set...

}
```

5. 为何要封装？

有很多人问为什么要封装一个操作数据库的 ORM 框架，为什么不直接用 Jpa 或者 Mybatis。这个问题我是这么理解的，框架有很多，每个人可以根据自己的喜好来使用，可以用开源的，也可以用自己封装的，其实笔者也不算重复造轮子，因为 JdbcTemplate 已经封装且很好用了，笔者只是在上面做了一些小小的扩展而已，也没有说要跟 Mybatis 这些框架去比较，笔者就是喜欢直接在代码中写 SQL，JdbcTemplate 符合个人的开发风格，就这么简单。

6. 如何快速生成表对应的 PO 类？

当表比较多的时候，每个表都要对应一个实体类，手动去创建虽然简单，但是也耗费时间，在 CxytiandiJdbcTemplate 中提供了一个 generatePoClass 的方法，可以基于当前程序连接的数据库生成数据库中所有表的 PO 类，生成完成后直接复制到项目中即可使用。大部分常用的类型生成应该是支持的，如果有些生成不了，自己可以手动改下，如代码清单 17-79 所示。

代码清单 17-79　生成 PO 类

```
super.getJdbcTemplate().generatePoClass(
                "com.cxytiandi.po", "yinjihuan",
                "/Users/Yinjihuan/Downloads/java");
```

- 第一个参数 com.cxytiandi.po 是 PO 类的包名。
- 第二个参数 yinjihuan 是 PO 类的创建者。
- 第三个参数 /Users/Yinjihuan/Downloads/java 是 PO 类保存的路径。

17.4　Elasticsearch

Elasticsearch 在前面章节中已经介绍过了，本节就不再赘述。除了为日志管理提供搜索服务，在实际的项目过程中，有很多业务需求也是需要搜索功能的，那么如何快速使用呢？本节主要讲解如何在 Spring Boot 项目中快速使用 Elasticsearch。

17.4.1　集成 Spring Data Elasticsearch

首先还是添加 maven 依赖，见代码清单 17-80。

代码清单 17-80　Elasticsearch Maven 依赖

```
<dependency>
    <groupId>org.springframework.boot</groupId>
    <artifactId>spring-boot-starter-data-elasticsearch</artifactId>
</dependency>
```

在 application.properties 中配置 Elasticsearch 的连接信息：

```
spring.data.elasticsearch.cluster-name=elasticsearch spring.data.elasticsearch.cluster-nodes=localhost:9300
```

17.4.2　Repository 示例

Elasticsearch 的操作也分为两种方式，一种是 Repository，另一种是 Elasticsearch-Template，无论哪种方式，我们首先都需要定义一个 Elasticsearch 对应的实体类，用来描述索引的信息，见代码清单 17-81。

代码清单 17-81　Elasticsearch 实体类定义

```
@Data
@Document(indexName = "cxytiandi", type = "article")
public class Article {
```

```
@Id
@Field(type = FieldType.Integer)
private Integer id;

@Field(type = FieldType.Keyword)
private String sid;

@Field(type = FieldType.Keyword,  analyzer = "ik_max_word",
    searchAnalyzer = "ik_max_word")
private String title;

@Field(type = FieldType.Keyword)
private String url;

@Field(type = FieldType.Keyword)
private String content;
}
```

Document 注解可以指定索引的名称 indexName 及索引的类型 type。

Field 注解中指定了数据的类型，是否使用分词器，及是否需要存储等信息。

定义一个自己的 Repository 同时继承最基础的 CrudRepository，见代码清单 17-82。

代码清单 17-82　Elasticsearch CrudRepository

```
@Repository
public interface ArticleRepository extends CrudRepository<Article, Long> {
    List<Article> findByTitleContaining(String title);
}
```

CrudRepository 中已经定义了很多基本的操作方法，如图 17-3 所示。

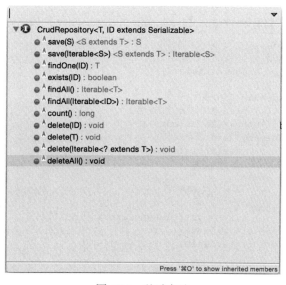

图 17-3　基础方法

除了 CrudRepository，其实还有很多 Repository 可以让我们直接使用，通过查找 Repository 接口的实现类就可以看出来，如图 17-4 所示。

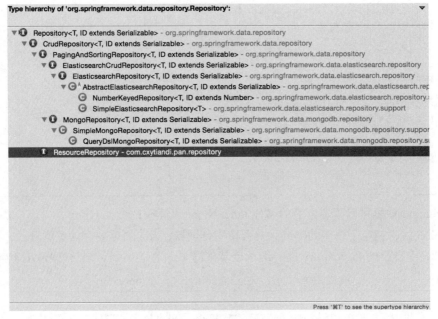

图 17-4　Repository 子类

关于 Repository 方式的使用就不做过多讲解了，这个和我们讲 MongoDB 的时候是一样的，你可以根据一定的规则定义方法名来操作数据，也可以基于 Repository 提供的基础方法去操作，下面给出几个测试代码，见代码清单 17-83。

代码清单 17-83　Elasticsearch Repository 测试代码

```
@Test
public void testAdd() {
    Article article = new Article();
    article.setId(1);
    article.setSid("dak219dksd");
    article.setTitle("java 如何突破重围 ");
    article.setUrl("http://baidu.com");
    article.setContent("java 及的垃圾的  的垃圾大家导入大大大 ");
    articleRepository.save(article);
}

@Test
public void testList() {
    Iterable<Article> list = articleRepository.findAll();
    for (Article article : list) {
        System.out.println(article.getTitle());
    }
}
@Test
```

```java
public void testQuery() {
    Iterable<Article> list = 
            articleRepository.findByTitleContaining("java");
    for (Article article : list) {
        System.out.println(article.getTitle());
    }
}
```

17.4.3 ElasticsearchTemplate 示例

简单的模糊查询，见代码清单 17-84。

代码清单 17-84　ElasticsearchTemplate 模糊查询

```java
public List<Article> queryByTitle(String title){
    return elasticsearchTemplate.queryForList(
          new CriteriaQuery(Criteria.where("title").contains(title)), Article.class);
}
```

多个字段查询，相当于 SQL 中的 select * from article where title like ' %keyword% ' and sid = sid，见代码清单 17-85。

代码清单 17-85　ElasticsearchTemplate 多字段查询

```java
public List<Article> query(String keyword, String sid) {
    NativeSearchQueryBuilder query = new NativeSearchQueryBuilder();
    query.withIndices("cxytiandi");
    query.withTypes("article");
    query.withHighlightFields(new 
    HighlightBuilder.Field("title").preTags("<font 
                style='color:red;'>").postTags("</font>"));
    query.withQuery( QueryBuilders.boolQuery()
        .must(QueryBuilders.matchQuery("title",keyword))
        .must(QueryBuilders.matchQuery("sid", sid))
    );
    return buildResult(query);
}
```

OR 查询，相当于 SQL 中的 select * from article where title like ' %keyword% ' or sid = sid，见代码清单 17-86。

代码清单 17-86　ElasticsearchTemplate OR 查询

```java
public List<Article> queryByOr(String keyword, String sid) {
    NativeSearchQueryBuilder query = new NativeSearchQueryBuilder();
    query.withIndices("cxytiandi");
    query.withTypes("article");
    query.withHighlightFields(new 
    HighlightBuilder.Field("title").preTags("<font 
                style='color:red;'>").postTags("</font>"));
    query.withQuery( QueryBuilders.bool
        Query()
```

```
        .must(QueryBuilders.matchQuery("title",keyword))
        .should(QueryBuilders.matchQuery("sid", sid))
    );
    return buildResult(query);
}
```

根据标题全文检索,高亮显示分词结果,见代码清单17-87。

代码清单17-87 ElasticsearchTemplate 全文检索

```
public List<Article> query(String keyword) {
    NativeSearchQueryBuilder query = buildQuery(keyword);
    return buildResult(query);
}
```

根据标题全文检索,高亮显示分词结果,分页查询,见代码清单17-88。

代码清单17-88 ElasticsearchTemplate 分页全文检索

```
public List<Article> queryByPage(String keyword, int page, int limit) {
    NativeSearchQueryBuilder query = buildQuery(keyword);
    query.withPageable(new PageRequest(page, limit));
    return buildResult(query);
}
```

标题检索结果总数量,见代码清单17-89。

代码清单17-89 ElasticsearchTemplate 标题检索结果总数量

```
public Long queryTitleCount(String keyword) {
    NativeSearchQueryBuilder query =
    buildQuery(keyword); return
    elasticsearchTemplate.count(query.build());
}
```

构造查询条件,见代码清单17-90。

代码清单17-90 ElasticsearchTemplate 构造查询条件

```
private NativeSearchQueryBuilder buildQuery(String keyword) {

    NativeSearchQueryBuilder query = new NativeSearchQueryBuilder();
    query.withIndices("cxytiandi");
    query.withTypes("article");
    query.withHighlightFields(new HighlightBuilder.Field("title")
            .preTags("<font style='color:red;'>").postTags("</font>"));

    query.withQuery(QueryBuilders.boolQuery()
        .must(QueryBuilders.matchQuery("title",keyword)));

    return query;
}
```

构造查询结果,见代码清单17-91。

代码清单 17-91　ElasticsearchTemplate 构造查询结果

```java
    private List<Article> buildResult(NativeSearchQueryBuilder query) {
        return elasticsearchTemplate.query(query.build(), new
                            ResultsExtractor<List<Article>>() {
            @Override
            public List<Article> extract(SearchResponse response) {
                List<Article> list = new ArrayList<Article>();
                for (SearchHit hit : response.getHits()) {
                    Article r = new Article();
                    r.setId(Integer.parseInt(hit.getId()));
                    r.setTitle(hit.getHighlightFields()
                        .get("title").fragments()[0].toString());
                    r.setUrl(hit.getSource().get("url").toString());
                    r.setContent(hit.getSource().get("content").toString());
                    list.add(r);

                }
                return list;
            }
        });
    }
```

测试代码如代码清单 17-92 所示。

代码清单 17-92　ElasticsearchTemplate 测试代码

```java
    @Test
    public void testQueryByPage() {
        Iterable<Article> list = articleTemplate.queryByPage("java", 0, 10);
        for (Article article : list) {
            System.out.println(article.getTitle());
        }
    }

    @Test
    public void testQueryByTitle() {
        List<Article> list = articleTemplate.query("java");
        for (Article article : list) {
            System.out.println(article.getTitle());
        }
    }

    @Test
    public void testQueryTitleCount() {
        System.out.println(articleTemplate.queryTitleCount("java"));
    }

    @Test
    public void testQueryBySid() {
        List<Article> list = articleTemplate.query("java", "dak219dksd");
        for (Article article : list) {
            System.out.println(article.getTitle());
        }
    }
```

```
@Test
public void testQueryByOr() {
    List<Article> list = articleTemplate.queryByOr("java", "dad");
    for (Article article : list) {
        System.out.println(article.getTitle());
    }
}
```

17.4.4 索引构建方式

很多时候我们需要将 MySQL 中的数据或者 MongoDB 等其他数据库中的数据导入到 Elasticsearch 中，建立索引信息，然后进行搜索。关于索引的构建方式分为两种：一种是我们自己写程序去同步数据到 Elasticsearch 中，另一种就是用一些第三方的工具来做数据同步。

将 MySQL 中的数据同步到 Elasticsearch 可以用 elasticsearch-jdbc（https://github.com/jprante/elasticsearch-jdbc）。

将 Mongodb 中的数据同步到 Elasticsearch 可以用 mongo-connector（https://github.com/mongodb-labs/mongo-connector）。

本节主要讲解用代码的方式来同步数据构建索引，可以分为两种：一种是用 Elasticsearch-Template 来实现，另一种是用 transport client 来实现。

本节主要学习 ElasticsearchTemplate 方式，用 elasticsearchTemplate 的 bulkIndex 来构建索引，bulkIndex 相当于数据库中的批量操作，比逐条插入操作的性能好很多。在 CrudRepository 中已经封装了一个 save 方法，我们直接使用即可，底层也是基于 bulkIndex 来实现的，首先我们看下构建索引的业务代码，见代码清单 17-93。

代码清单 17-93　ElasticsearchTemplate 构建索引

```
Long totalRecords = mongoTemplate.count(new Query(), Resource.class);
int pages = (int) (totalRecords / 10000 + (totalRecords % 10000 > 0 ? 1 : 0));
System.out.println(" 共 " + pages + " 页 ");
for(int i = 1; i <= pages; i++ ) {
    System.out.println(" 开始处理第 " + i + " 页 ");
    Query query = new Query();
    query.limit(10000);
    query.skip(PageBean.page2Start(i, 10000));
    List<Resource> list = mongoTemplate.find(query, Resource.class);
    List<Article> datas = new ArrayList<>();
    for (Resource resource : list) {
        if (!articleRepository.exists(resource.getId())) {
            Article r = new Article();
            // 构造 Article 对象，省略 set 值的方法
            datas.add(r);
        }
    }
    if (datas.size() > 0) {
```

```
        articleRepository.save(datas);
    }
}
```

逻辑其实很简单，就是从 MongoDB 中查询数据，然后封装成 Elasticsearch 实体对象，保存进去即可，这里使用批量处理的方式，10000 条数据保存一次，性能比较好。

刚刚说到了 save 方法也是基于 bulkIndex 来实现的，我们看下源码就能知道了。AbstractElasticsearchRepository 中的 save 方法的源码如代码清单 17-94 所示。

代码清单 17-94　ElasticsearchTemplate save 源码

```
@Override
public <S extends T> Iterable<S> save(Iterable<S> entities) {
    Assert.notNull(entities, "Cannot insert 'null' as a List.");
    List<IndexQuery> queries = new ArrayList<IndexQuery>();
    for (S s : entities) {
        queries.add(createIndexQuery(s));
    }
    elasticsearchOperations.bulkIndex(queries);
    elasticsearchOperations.refresh(entityInformation.getIndexName());
    return entities;
}
```

从源码可以看出，根据传进来的数据集合封装成 IndexQuery，然后用 bulkIndex 执行。构建 IndexQuery 对象代码，如代码清单 17-95 所示。

代码清单 17-95　ElasticsearchTemplate IndexQuery 源码

```
private IndexQuery createIndexQuery(T entity) {
    IndexQuery query = new IndexQuery();
    query.setObject(entity);
    query.setId(stringIdRepresentation(extractIdFromBean(entity)));
    query.setVersion(extractVersionFromBean(entity));
    query.setParentId(extractParentIdFromBean(entity));
    return query;
}
```

17.5　本章小结

本章主要讲解了存储的技术选型，针对不同的业务需求选择不同的存储方案。可以选择关系型数据库、NoSQL、搜索框架。微服务能够让每个服务都做自己擅长的事情，选择最合适自己的存储方案。

第 18 章

微服务之分布式事务解决方案

事务是一组单元化的操作,这组操作可以保证要么全部成功,要么全部失败;或者只要有一个失败的操作,就会把其他已经成功的操作回滚,以此来保证数据的完整性。

分布式事务的产生就是为了能够解决分布式环境下数据的一致性问题,单一数据库可以通过 ACID 来保证自身的事务处理,但在分布式环境下,涉及的就是不同的服务不同的数据库,仅靠单一的事务处理已经满足不了需求。

随着业务的发展,数据量的增加,数据库往往会做分库分表,那就会存在同时操作两个不同库中的表的情况。在这种情况下,要想保证数据的一致性就必须用到分布式事务,不然 A 库操作成功,B 库操作失败,数据就会不一致。

除了数据库本身的拆分会需要分布式事务来解决数据的一致性,在微服务架构下,系统本身被分成 n 个服务,每个服务都有自己独立的数据库,也会存在同时操作不同服务的数据的情况,因此也需要一套机制来保证数据的一致性。

18.1 两阶段型

二阶段提交(Two-phase Commit)是指在计算机网络以及数据库领域内,为了使基于分布式系统架构下的所有节点在进行事务提交时保持一致性而设计的一种算法(Algorithm)。

通常,二阶段提交也被称为是一种协议(Protocol)。在分布式系统中,每个节点虽然可以知晓自己的操作是成功还是失败,却无法知道其他节点操作的成功或失败。当一个事务跨越多个节点时,为了保持事务的 ACID 特性,需要引入一个作为协调者的组件来统一掌控所有节点(称作参与者)的操作结果并最终指示这些节点是否要将操作结果真正提交(比如将更新后的数据写入磁盘等）。因此，二阶段提交的算法思路可以概括为：参与者将操作成败通知协调者，再由协调者根据所有参与者的反馈情况决定各参与者是提交操作还是中止操作。

18.2 TCC 补偿型

TCC（Try-Confirm-Cancel）也是分布式事务中比较常用的一种方式，通过 TCC 的名称可以知道，TCC 分别对应 Try、Confirm 和 Cancel 三种操作，这三种操作的业务含义如下：

- Try：预留业务资源
- Confirm：确认执行业务操作
- Cancel：取消执行业务操作

在一个跨服务的业务操作中，首先通过 Try 锁住服务中的业务资源进行资源预留，只有资源预留成功了，后续的操作才能正常进行。Confirm 操作是在 Try 之后进行，对 Try 阶段锁定的资源进行业务操作。Cancel 则是在所有操作失败时的回滚操作。TCC 的操作都需要业务方提供对应的功能，在开发成本上比较高。

推荐几个 TCC 的框架：

- https://github.com/prontera/spring-cloud-rest-tcc
- https://github.com/changmingxie/tcc-transaction
- https://github.com/liuyangming/ByteTCC
- https://github.com/QNJR-GROUP/EasyTransaction
- https://github.com/yu199195/happylifeplat-tcc

18.3 最终一致性

最终一致性是比较常用的一种方式，与 TCC 方式相比，成本也较低，通过结合 MQ 来实现异步处理。由于 MQ 不支持事务，所以我们需要自己编写一些代码结合 MQ 来实现。本节将基于 ActiveMq 来讲解，也让大家多学习一个 MQ 的使用。消息队列也可以换成别的 MQ，最重要的是理解原理。

完整代码参考：https://github.com/yinjihuan/spring-cloud。

- transaction-mq-client：可靠消息服务，Feign 客户端。
- transaction-mq-service：可靠消息服务，提供接口。
- transaction-mq-task：负责发送消息。

18.3.1 原理讲解

我们以跨系统的修改操作来进行原理讲解，在 fsh-house-service 中对房产信息进行修改——修改房产名称，在修改成功之后需要通知 fsh-substitution-service 进行名称的修改，这种业务场景就是一个典型的分布式事务，如图 18-1 所示。过程中出现的情况会有很多种，我们来分析下面这三种情况：

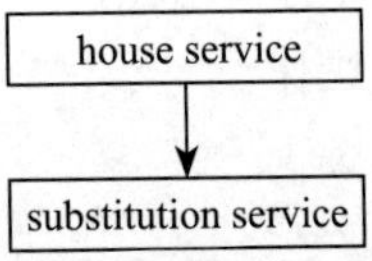

（1）house 服务中修改成功，调用 substitution 服务接口修改成功，整个操作全部成功。

（2）house 服务中修改成功，调用 substitution 服务接口修改失败，数据不一致。

图 18-1 直接调用接口

（3）house 服务中修改失败，由于进行了异常处理，会继续调用 substitution 服务接口修改成功，数据不一致。

首先我们来看第一种情况，两个系统的操作都成功，这也是我们最希望发生的情况。第二种和第三种都是会出现失败的情况，只有一个系统操作成功，另一个操作失败，导致数据不一致。解决这类问题我们可以改造下接口消费方式，用 MQ 来解耦，通过消息机制来处理这类业务，见图 18-2。

如果直接在 house 服务中修改，通过往 MQ 中发送一条修改的消息，然后由 substitution 服务消费 MQ 中的消息，做对应的处理。但也有可能发生异常情况，假设对 house 服务修改成功，然后发送消息，有可能出现消息发送失败，或是消息到了 MQ 中，但是 substitution 消费时失败等异常情况，这些情况都有可能导致数据不一致。

图 18-2 通过 MQ 解耦

接下来我们就基于 MQ 来构建可靠性消息服务来实现数据的最终一致性。封装可靠性消息服务的目的就是为了解决有可能出现的异常情况，就算在操作的过程中发生异常，借助一些补偿机制，只要数据最终达到一致性即可。

接下来我们来梳理下一个大致的流程：

（1）在 house 服务中进行修改操作。如果修改成功则调用可靠性消息服务发送修改操作，如果修改失败则进行事务回滚，不发送消息给可靠性消息服务，这样就能保证在 house 服务中的操作是没问题的。

（2）当可靠性消息服务收到消息之后，首先需要将消息存储起来，这里只负责消息的接收，不负责具体发送逻辑。对于具体的发送逻辑，我们单独用一个程序来进行发送操作，这个发送的程序就是把没有消费的消息读取出来，然后发送给我们的 MQ。

（3）substitution 消费 MQ 里的消息，当消息消费完后，如果消费成功，就告诉可靠性消息服务该条消息已经正常消费，如果消费失败，可以不用通知可靠性消息服务，负责发送消息的程序会对没有正常消费的消息进行重新发送，直到消息被正确消费。当然重试也是有次数限制的，不能无限发送，当发送次数达到特定值后，我们可以认为这条消息已经死亡，因为没有消费者能够进行消费，这时我们可以通过后台对死亡消息进行管理，比如手动重新发送一次，流程图见图 18-3。

第 18 章 微服务之分布式事务解决方案

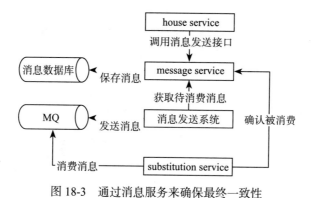

图 18-3 通过消息服务来确保最终一致性

18.3.2 创建可靠性消息服务

创建一个 Spring Cloud 的可靠性消息服务，简称为 transaction-mq-service，pom 依赖如代码清单 18-1 所示。

代码清单 18-1 消息服务 maven 依赖

```xml
<parent>
    <groupId>org.springframework.boot</groupId>
    <artifactId>spring-boot-starter-parent</artifactId>
    <version>2.0.6.RELEASE</version>
    <relativePath />
</parent>

<dependencies>
    <dependency>
        <groupId>org.springframework.cloud</groupId>
        <artifactId>spring-cloud-starter-netflix-eureka-client</artifactId>
    </dependency>
    <dependency>
        <groupId>com.github.yinjihuan</groupId>
        <artifactId>smjdbctemplate</artifactId>
        <version>1.1</version>
    </dependency>
    <dependency>
        <groupId>com.alibaba</groupId>
        <artifactId>druid-spring-boot-starter</artifactId>
        <version>1.1.10</version>
    </dependency>
    <dependency>
        <groupId>mysql</groupId>
        <artifactId>mysql-connector-java</artifactId>
    </dependency>
</dependencies>

<dependencyManagement>
    <dependencies>
        <dependency>
            <groupId>org.springframework.cloud</groupId>
```

```xml
            <artifactId>spring-cloud-dependencies</artifactId>
            <version>Finchley.SR2</version>
            <type>pom</type>
            <scope>import</scope>
        </dependency>
    </dependencies>
</dependencyManagement>
```

主要就是依赖了 Eureka，然后就是操作 MySQL 需要用的 jar。

属性文件配置如下：

```
spring.application.name=transaction-mq-service
server.port=3101
eureka.client.serviceUrl.defaultZone=http://yinjihuan:123456@localhost:8761/eureka/
eureka.instance.preferIpAddress=true
eureka.instance.instance-id=${spring.application.name}:${spring.cloud.client.ipAddress}:${spring.application.instance_id:${server.port}}
spring.datasource.druid.url=jdbc:mysql://localhost:3306/ds_0?useSSL=false
spring.datasource.druid.username=root
spring.datasource.druid.password=123456
spring.datasource.druid.driver-class-name=com.mysql.jdbc.Driver
```

18.3.3 消息存储表设计

要想将消息存储起来，将其保存到数据库中，只需要设计一个消息表即可，表结构如下：

```sql
CREATE TABLE `transaction_message` (
    `id` bigint(64) NOT NULL,
    `message` varchar(1000) NOT NULL COMMENT '消息内容，以 JSON 数据存储',
    `queue` varchar(50) NOT NULL COMMENT '队列名称',
    `send_system` varchar(20) NOT NULL COMMENT '发送消息的系统',
    `send_count` int(4) NOT NULL DEFAULT '0' COMMENT '重复发送消息次数',
    `c_date` datetime NOT NULL COMMENT '创建时间',
    `send_date` datetime DEFAULT NULL COMMENT '最近发送消息时间',
    `status` int(4) NOT NULL DEFAULT '0' COMMENT '状态：0等待消费1已消费2已死亡',
    `die_count` int(4) NOT NULL DEFAULT '0' COMMENT '死亡次数条件，由使用方决定，默认为发送 10 次还没被消费则标记死亡，人工介入',
    `customer_date` datetime DEFAULT NULL COMMENT '消费时间',
    `customer_system` varchar(50) DEFAULT NULL COMMENT '消费系统',
    `die_date` datetime DEFAULT NULL COMMENT '死亡时间',
    PRIMARY KEY (`id`)
) ENGINE=InnoDB DEFAULT CHARSET=utf8;
```

表结构对应的实体类如代码清单 18-2 所示。

代码清单 18-2　消息实体类

```java
@TableName(value="transaction_message", desc=" 事务消息表 ", author="yinjihuan")
public class TransactionMessage {
    @AutoId
    @Field(value = "id", desc = " 消息 ID")
```

```java
    private Long id;

    @Field(value = "message", desc = " 消息内容 ")
    private String message;

    @Field(value = "queue", desc = " 队列名称 ")
    private String queue;

    @Field(value = "send_system", desc = " 发送消息的系统 ")
    private String sendSystem;

    @Field(value = "send_count", desc = " 重复发送消息次数 ")
    private int sendCount;

    @Field(value = "c_date", desc = " 创建时间 ")
    private Date createDate;

    @Field(value = "send_date", desc = " 最近发送消息时间 ")
    private Date sendDate;

    @Field(value = "status", desc = " 状态：0 等待消费 1 已消费 2 已死亡 ")
    private int status = TransactionMessageStatusEnum.WATING.getStatus();
    @Field(value = "die_count", desc = " 死亡次数条件，由使用方决定，默认为发送 10 次还
没被消费则标记死亡，人工介入 ")
    private int dieCount = 10;

    @Field(value = "customer_date", desc = " 消费时间 ")
    private Date customerDate;

    @Field(value = "customer_system", desc = " 消费系统 ")
    private String customerSystem;

    @Field(value = "die_date", desc = " 死亡时间 ")
    private Date dieDate;
}
```

18.3.4 提供服务接口

服务接口对外提供服务，包含所有对消息的操作，下面列举了几个常用的接口，读者可以根据自己的需求做扩展。

接口提供好之后，我们单独为这个消息服务创建一个基于 Feign 的调用客户端，使用方只需要引入即可调用消息服务提供的接口，源码参考：transaction-mq-client。

发送消息，只存储到消息表中，由具体的发送线程执行发送逻辑，见代码清单 18-3。

代码清单 18-3　发送消息

```java
@PostMapping("/send")
public boolean sendMessage(@RequestBody TransactionMessage message) {
    return transactionMessageService.sendMessage(message);
}
@Transactional(rollbackFor = Exception.class)
@Override
```

```java
public boolean sendMessage(TransactionMessage message) {
    if (check(message)) { super.save(message);
        return true;
    }
    return false;
}
private boolean check(TransactionMessage message) {
    if (!StringUtils.hasText(message.getMessage())
        || !StringUtils.hasText(message.getQueue())
        || !StringUtils.hasText(message.getSendSystem())) {
        return false;
    }
    if (message.getCreateDate() == null) {
        return false;
    }
    return true;
}
```

批量发送消息，只存储到消息表中，由具体的发送线程执行发送逻辑，见代码清单18-4。

代码清单18-4　批量发送消息

```java
@PostMapping("/sends") public boolean sendMessage(
            @RequestBody List<TransactionMessage> messages) {
    return transactionMessageService.sendMessage(messages);
}
@Transactional(rollbackFor = Exception.class)
@Override
public boolean sendMessage(List<TransactionMessage> messages) {
    for (TransactionMessage message : messages) {
        if (!check(message)) {
            return false;
        }
    }
    super.batchSave(messages);
    return true;
}
```

确认消息被消费，见代码清单18-5。

代码清单18-5　确认消息被消费

```java
@PostMapping("/confirm/customer") public boolean confirmCustomerMessage(
        @RequestParam("customerSystem")String customerSystem,
        @RequestParam("messageId")Long messageId) {
    return transactionMessageService
        .confirmCustomerMessage(customerSystem, messageId);
}
@Transactional(rollbackFor = Exception.class)
@Override
public boolean confirmCustomerMessage(
            String customerSystem, Long messageId) {
    TransactionMessage message = super.getById("id", messageId);
    if (message == null) {
        return false;
    }
```

```java
        message.setCustomerDate(new Date());
        message.setStatus(TransactionMessageStatusEnum.OVER.getStatus());
        message.setCustomerSystem(customerSystem);
        super.updateByContainsFields(message, "id",
                TransactionMessage.UPDATE_FIELDS);
        return true;
    }
```

查询最早没有被消费的消息,见代码清单 18-6。

代码清单 18-6　查询最早没有被消费的消息

```java
@GetMapping("/wating")
public List<TransactionMessage>
        findByWatingMessage(@RequestParam("limit")int limit) {
    return transactionMessageService.findByWatingMessage(limit);
}
@Override
public List<TransactionMessage> findByWatingMessage(int limit) {
    if (limit > 1000) {
        limit = 1000;
    }
    return super.listForPage("status",
        TransactionMessageStatusEnum.WATING.getStatus(), 0, limit,
        TransactionMessage.ID_ORDERS);
}
```

确认消息死亡,见代码清单 18-7。

代码清单 18-7　确认消息死亡

```java
@PostMapping("/confirm/die") public boolean confirmDieMessage(
        @RequestParam("messageId")Long messageId) {
    return transactionMessageService.confirmDieMessage(messageId);
}

@Transactional(rollbackFor = Exception.class)
@Override
public boolean confirmDieMessage(Long messageId) {
    TransactionMessage message = super.getById("id",
    messageId); if (message == null) {
        return false;
    }
    message.setStatus(TransactionMessageStatusEnum.DIE.getStatus());
    message.setDieDate(new Date());
    super.updateByContainsFields(message, "id",
                    TransactionMessage.UPDATE_FIELDS2);
    return true;
}
```

累加发送次数,见代码清单 18-8。

代码清单 18-8　累加发送次数

```java
@PostMapping("/incrSendCount")
public boolean incrSendCount(@RequestParam("messageId")Long messageId,
        @RequestParam("sendDate")String sendDate) {
```

```java
        try {
            if (StringUtils.isBlank(sendDate)) {
                return transactionMessageService
                        .incrSendCount(messageId, new Date());
            } else {
                return transactionMessageService.incrSendCount( messageId, DateUtils.
str2Date(sendDate));
            }
        } catch (ParseException e) {
            e.printStackTrace();
            return false;
        }
    }
    @Override
    public boolean incrSendCount(Long messageId, Date sendDate) {
        TransactionMessage message = super.getById("id",
        messageId); if (message == null) {
            return false;
        }
        message.setSendDate(sendDate);
        message.setSendCount(message.getSendCount() + 1);
        super.updateByContainsFields(
        message, "id", new String[] {"send_count", "send_date"});
        return false;
    }
```

重新发送当前已死亡的消息,见代码清单 18-9。

代码清单 18-9 重新发送当前已死亡的消息

```java
@GetMapping("/send/retry")
public boolean retrySendDieMessage() {
    return transactionMessageService.retrySendDieMessage();
}
@Override
public boolean retrySendDieMessage() {
    super.updateByContainsFields(
        new String[] { "status", "send_count" }, "status",
        new Object[] { TransactionMessageStatusEnum.WATING.getStatus(), 0,
        TransactionMessageStatusEnum.DIE.getStatus() });
    return true;
}
```

分页查询具体状态的消息,见代码清单 18-10。

代码清单 18-10 分页查询具体状态的消息

```java
@PostMapping("/query")
public List<TransactionMessage> findMessageByPage(
                    @RequestBody MessageQuery query) {
    return transactionMessageService.findMessageByPage(query,
        TransactionMessageStatusEnum.parse(query.getStatus()));
}
@Override
public List<TransactionMessage> findMessageByPage(PageQueryParam query,
        TransactionMessageStatusEnum status) {
```

```
        return super.listForPage("status", status.getStatus(),
            query.getStart(), query.getLimit(),
            TransactionMessage.ID_ORDERS);
    }
```

18.3.5 创建消息发送系统

当某个服务调用可靠性消息服务的接口时，进行消息的发送操作。由于我们是在 MQ 的基础上包装了一层，发送消息的时候首先是将消息内容持久化到数据库中，然后再单独通过一个消息发送系统将消息具体分发到 MQ 中，本节我们将创建一个独立发送消息的系统。

消息发送系统源码地址如下：

transaction-mq-task

首先我们创建一个 maven 项目，这个项目依赖的 jar 如代码清单 18-11 所示。

代码清单 18-11 消息发送系统 maven 依赖

```xml
<dependency>
    <groupId>com.fangjia</groupId>
    <artifactId>transaction-mq-client</artifactId>
    <version>1.0</version>
</dependency>
<!-- lock -->
<dependency>
    <groupId>org.redisson</groupId>
    <artifactId>redisson-spring-boot-starter</artifactId>
    <version>3.10.2</version>
</dependency>
<dependency>
    <groupId>org.springframework.boot</groupId>
    <artifactId>spring-boot-starter-activemq</artifactId>
</dependency>
```

maven 项目主要依赖 3 个 jar 包：第一个是我们消息服务的 Feign 客户端，可以直接调用消息服务提供的接口；第二个是一个基于 Redis 客户端 redisson，用来使用分布式锁，当然你用别的锁也是可以的，比如 Zookeeper；第三个是 ActiveMq 的依赖。

Redis 分布式锁主要用于在同一时刻，只有一个任务程序进行消息的分发操作，或者我们可以用一些开源的任务调度框架来做这件事情，比如笔者后面会讲的 Elastic-Job。

属性文件的配置如下：

```
spring.activemq.broker-url=tcp://localhost:61616
spring.activemq.user= spring.activemq.password=
spring.activemq.in-memory=true
spring.activemq.pooled=false

spring.redis.host=192.168.10.47
spring.redis.port=6379
spring.application.name=transaction-mq-task
```

```
server.port=3105
eureka.client.serviceUrl.defaultZone=http://yinjihuan:123456@master:8761/eureka/
eureka.instance.preferIpAddress=true
       eureka.instance.instance-id=${spring.application.name}:${spring.cloud.client.
ipAddress}:${server.port}
```

创建一个启动类 TransactionTaskApplication，见代码清单 18-12。

代码清单 18-12　消息发送系统启动类

```
@EnableDiscoveryClient
@EnableFeignClients(basePackages = "com.fangjia.mqclient")
@SpringBootApplication
public class TransactionTaskApplication {
    private static final Logger LOGGER =
        LoggerFactory.getLogger(TransactionTaskApplication.class);
    public static void main(String[] args) {
        SpringApplication application = new
            SpringApplication(TransactionTaskApplication.class);
ConfigurableApplicationContext content = application.run(args);
        try
        {
            ProcessMessageTask task =
                    content.getBean(ProcessMessageTask.class);
            task.start();
            new CountDownLatch(1).await();
        } catch (InterruptedException e) {
            LOGGER.error(" 项目启动异常 ", e);
        }
    }
}
```

注意，启动类中需要开启 Feign 的支持，在启动时获取一个执行的 Task，然后启动，这个 Task 就是负责发送消息的处理类。

创建一个 ProcessMessageTask 用于发送消息，用 start 方法启动任务，见代码清单 18-13。

代码清单 18-13　启动发送消息任务

```
@Service
public class ProcessMessageTask {
    private static final Logger LOGGER =
        LoggerFactory.getLogger(ProcessMessageTask.class);

    @Autowired
    private TransactionMqRemoteClient transactionMqRemoteClient;

    @Autowired
    private Producer producer;

    @Autowired
    private RedissonClient redisson;

    private ExecutorService fixedThreadPool =
                        Executors.newFixedThreadPool(10);
    private Semaphore semaphore = new Semaphore(20);
```

```
    public void start() {
        Thread th = new Thread(new Runnable() {
            public void run() {
                while(true) {
                    final RLock lock = redisson.getLock("transaction-mq-task");
                    try {
                        lock.lock();
                        System.out.println(" 开始发送消息 :" + DateFormatUtils
                            .format(new Date(), "yyyy-MM-dd HH:mm:ss"));
                        int sleepTime = process();
                        if (sleepTime > 0)
                            { Thread.sleep(10000);
                        }
                    } catch (Exception e) {
                    LOGGER.error("", e);
                    } finally {
                        lock.unlock();
                    }
                }
            }
        });
        th.start();
    }
}
```

在调用 start 方法的时候，启动一个线程，在线程中一直循环，在执行业务逻辑前通过 Redis 获取一个分布式锁，然后开始执行业务逻辑，执行完成之后如果没有要处理的消息，则休眠一段时间，最后释放分布式锁。之所以要用分布式锁是因为我们的消息发送系统为了避免单点故障肯定是有多个实例存在的，如果多个实例同时去发送同样的消息就会导致一些问题，比如消息重复发送等。

接下来我们看看 process 方法中的逻辑，见代码清单 18-14。

代码清单 18-14　发送消息

```
    private int process() throws Exception {
        int sleepTime = 10000;      // 默认执行完之后等 10 秒
        List<TransactionMessage> messageList = transactionMqRemoteClient.findBy-
WatingMessage(5000);
        if (messageList.size() == 5000) {
            sleepTime = 0;
        }
        final CountDownLatch latch = new CountDownLatch(messageList.size());

        for (final TransactionMessage message : messageList) {
            semaphore.acquire();
            fixedThreadPool.execute(new Runnable() {

                public void run() {
                    try {
                        doProcess(message);
                    } catch (Exception e) {
                        LOGGER.error("", e);
                    } finally {
                        semaphore.release();
                        latch.countDown();
```

```
                }
            }
        });
    }
    latch.await();
    return sleepTime;
}
```

从消息服务获取 5000 条没有被消费的消息，如果拿到了 5000 条就证明还有其余没有被消费的消息，那么就把休眠的时间改为 0，不进行休眠操作，然后将每条消息分发出去，通过线程的方式丢到线程池中进行处理。这里用 semaphore 来控制处理的速度，用 CountDownLatch 来保证这一批数据都处理完成之后再执行下面的逻辑。

具体进行消息发送的逻辑就在我们的 doProcess 中，见代码清单 18-15。

代码清单 18-15　具体进行消息发送的逻辑

```java
private void doProcess(TransactionMessage message) {
    // 检查此消息是否满足死亡条件
    if (message.getSendCount() > message.getDieCount()) {
        transactionMqRemoteClient.confirmDieMessage(message.getId());
        return;
    }
    // 距离上次发送时间超过一分钟才继续发送
    long currentTime = System.currentTimeMillis(); long sendTime = 0;
    if (message.getSendDate() != null) {
        sendTime = message.getSendDate().getTime();
    }

    if (currentTime - sendTime > 60000) {
        System.out.println("发送具体消息:" + message.getId());
        producer.send(message.getQueue(), JsonUtils.toJson(messageDto));
        // 修改消息发送次数以及最近发送时间
        transactionMqRemoteClient.incrSendCount(message.getId(),
            DateFormatUtils.format(new Date(), "yyyy-MM-dd HH:mm:ss"));
    }
}
```

首先进行消息的死亡判断，如果发送次数已经超出了设定的死亡次数，就把这条消息改成死亡消息，不再进行处理。然后进行发送时间的判断，没有超过 1 分钟的消息不进行重新发送，当然这个时间你定义为可配置的，如果想做得更灵活，可以把这个时间当成消息的一个字段，与死亡次数一样，让使用者来定义即可。

如果是在 1 分钟之外的消息，就在向 MQ 中发送消息的同时更新这条消息的发送时间和发送次数。

18.3.6　消费消息逻辑

当我们的可靠性消息服务和发送消息的系统准备好了之后，就可以进行测试工作了。首先，我们在 house 服务的修改方法中调用消息服务，发送修改房产名称的消息，如代码清单 18-16。

代码清单 18-16　消费消息逻辑

```java
@Transactional
public boolean update(HouseInfo info) {
    HouseInfo old = super.getById("id", info.getId());
    super.updateByContainsFields(info, "id", new String[]{ "name" });
    // 修改之后发送消息给置换服务进行名称修改操作，最终一致性
    TransactionMessage message = new TransactionMessage();
    message.setQueue("house_queue");
    message.setCreateDate(new Date());
    message.setSendSystem("house-service");
    message.setMessage(JsonUtils.toJson(
            new UpdateHouseNameDto(old.getCity(), old.getRegion(),
            old.getName(), info.getName())
    ));
    boolean result = transactionMqRemoteClient.sendMessage(message);
    if (!result) {
        throw new RuntimeException(" 回滚事务 ");
    }
    return result;
}
```

在本地修改之后进行消息发送，构建消息对象。如果消息发送失败，则回滚，保证数据一致性。

消息的内容可以自定义，笔者定义了一个 UpdateHouseNameDto，然后转换成 Json 字符串进行消息的发送，消费方可以根据消息内容进行反序列化操作。

当消息发送完成后，在消息服务的数据库中就会存在一条消息记录，这时消息发送系统就会去获取没有被消费的消息，并将其发送到 MQ 中，然后我们的消费方就可以进行消息的消费逻辑了。接下来我们在 substitution 服务中进行消息的消费逻辑。

加入 MQ 和消息服务客户端的依赖，见代码清单 18-17。

代码清单 18-17　消息服务客户端的 Maven 依赖

```xml
<dependency>
    <groupId>org.springframework.boot</groupId>
    <artifactId>spring-boot-starter-activemq</artifactId>
</dependency>

<dependency>
    <groupId>com.fangjia</groupId>
    <artifactId>transaction-mq-client</artifactId>
    <version>1.0</version>
</dependency>
```

在属性文件中加入 MQ 的配置：

```
# activemq
spring.activemq.broker-url=tcp://localhost:61616
spring.activemq.user= spring.activemq.password=
spring.activemq.in-memory=true
```

```
spring.activemq.pooled=false
# 客户端，手动消息确认机制
spring.jms.listener.acknowledge-mode=CLIENT
```

这里需要把消息队列的消息确认机制改成客户端确认的方式，而不使用默认的自动确认方式，这样做的目的是为了保证消息正常被消费之后再进行确认，如果消费过程中出现异常就不确认（此时 MQ 有重发机制）。

创建一个消息消费类 ActiveMqConsumer，见代码清单 18-18。

代码清单 18-18　消息消费类

```java
@Component
public class ActiveMqConsumer {
    @Autowired
    private TransactionMqRemoteClient transactionMqRemoteClient;
    // 小区名称修改操作
    @JmsListener(destination = "house_queue")
    public void receiveQueue(TextMessage text) {
        try {
            System.out.println(" 可靠消息服务消费消息: "+text.getText());
            MessageDto dto =
                JsonUtils.toBean(MessageDto.class, text.getText());
            UpdateHouseNameDto houseInfo =
                JsonUtils.toBean(UpdateHouseNameDto.class, dto.getMessage());
            // 执行修改操作 ....

            // service.update(houseInfo)
            // 修改成功后调用消息确认消费接口，确认该消息已被消费

            boolean result =
                transactionMqRemoteClient.confirmCustomerMessage(
                    "substitution-service", dto.getMessageId());
            // 手动确认 ACK
            if (result) {
                text.acknowledge();
            }
        } catch (Exception e) {
            // 异常时会触发重试机制，重试次数完成之后还是错误，消息会进入 DLQ 队列中
            throw new RuntimeException(e);
        }
    }
}
```

当 MQ 中有消息时，通过 Consumer 来接收消息。我们存储的消息内容是 Json 字符串的方式，接收后我们将消息反序列化成实体对象，以方便操作。然后进行需要修改的操作，操作没问题后再调用消息服务的接口，进行消息已被正常消费的确认工作，同时手动确认 MQ 的消费。当发生异常时就不会手动确认消息被消费，这时 MQ 会重发消息，直到超过了重发的次数才不会进行重发。

18.3.7 消息管理系统

消息管理系统在本书的参考源码中尚未实现，各位读者可以自己实现，消息管理系统的主要职责就是管理消息，至于功能可以根据自己的需求去实现，其实就是对我们的那张消息表进行操作。下面定几个具体的功能点：

- 查看消息列表
- 可以根据不同的状态查询消息
- 对死亡的消息进行重发操作
- 删除已被消费的消息

有这样一个消息管理系统，我们就可以知道每天消息的发送量有多少，每个系统的消费量有多少，哪个系统的死亡消息比较多，当前还有多少消息没有被消费等。

18.4 最大努力通知型事务

1. 介绍

最大努力通知型事务适用于跟外部系统之间的通信，通过定期通知的方式来达到数据的一致性。

2. 原理

根据名称我们就可以理解其原理，那就是尽自己最大的努力通知对方，但是不保证一定能通知到，可以提供查询接口给对方查询。

比如有一个系统，向客户方提供 Sass 服务，但是客户要求某一个功能的操作数据必须推送给他们，推送可能是有的，但不一定能收到，所以有一个最大的通知次数。第一次通知，如果没收到确认消息，那么过一段时间继续通知，直到达到最大的通知次数。

所有次数都达到了之后，对方如果还是没收到，我方还提供了接口，对方可以直接查询接口获取数据。

支付回调也是类似的原理，支付接口都需要有一个回调地址，在支付成功后，支付公司会将支付结果返回你的回调地址，如果没有收到支付成功的通知，支付公司会重复回调你的接口，直到通知 n 次后不再通知。

18.5 本章小结

本章我们着重学习了使用最终一致性来实现分布式事务。在实际开发过程中应该尽量避免分布式事务的发生，可以从设计层面尽量避免，不要为了技术而技术。

第 19 章
分布式任务调度

分布式任务调度和微服务架构紧密相关，普通的调度任务在微服务架构下变成了复杂的分布式任务，分布式任务需要有全局的调度功能，否则相同的任务在多节点同时执行，会导致数据错误。本章将带领大家学习一个优秀的分布式任务调度框架——Elastic-Job。

19.1 Elastic-Job

19.1.1 Elastic-Job 介绍

Elastic-Job 是一个分布式调度解决方案，由两个相互独立的子项目 Elastic-Job-Lite 和 Elastic-Job-Cloud 组成。

Elastic-Job-Lite 定位为轻量级无中心化解决方案，使用 jar 包的形式提供分布式任务的协调服务；Elastic-Job-Cloud 采用自研 Mesos Framework 的解决方案，额外提供资源治理、应用分发以及进程隔离等功能。本章主要讲解 Elastic-Job-Lite。

官网地址：http://elasticjob.io/。

GitHub：https://github.com/elasticjob/elastic-job。

19.1.2 任务调度目前存在的问题

这里以基于 Linux Crontab 的定时任务执行器为例进行介绍。其存在如下问题：
- 无法集中管理任务
- 不能水平扩展
- 无可视化界面操作

❑ 存在单点故障

除了 Linux Crontab，在 Java 这块的方案还有 Quartz，但 Quartz 缺少分布式并行调度的功能。其存在的问题也很明显：

❑ 当项目是一个单体应用时，基于 Quartz 开发一个定时任务，可以正常地运行。

❑ 当项目做了负载，扩充到三个节点时，三个节点上的任务会同时执行，导致数据混乱。要保证同时执行的数据没问题，需要引入分布式锁来调度，难度增大。

19.1.3 为什么选择 Elastic-Job

虽然我们可以自研框架，但这样的成本太高，自研出来的框架也不一定比已经开源的框架要好，不如就选择开源的吧。

- TBSchedule：阿里早期开源的分布式任务调度系统。代码略陈旧，使用 timer 而非线程池执行任务调度。众所周知，timer 在处理异常状况时是有缺陷的，而且 TBSchedule 作业类型较为单一，只能是获取/处理数据一种模式。还有就是文档缺失比较严重。
- Spring Batch：一个轻量级的，完全面向 Spring 的批处理框架，可以应用于企业级的数据处理系统。Spring Batch 以 POJO 和大家熟知的 Spring 框架为基础，使开发者更容易访问和利用企业级服务。Spring Batch 可以提供大量、可重复的数据处理功能，包括日志记录/跟踪、事务管理、作业处理统计工作重新启动、跳过，以及资源管理等重要功能。
- Elastic-Job：国内开源产品，中文文档，入门快速，使用简单，功能齐全，社区活跃，由当当网架构师张亮主导，目前在开源方面投入了比较多的时间。

当然还有其他系列的框架，此处暂且略过。

Elastic-Job 拥有以下功能，完全能满足我们目前的需求：

- 分布式调度协调
- 弹性扩容缩容
- 失效转移
- 错过执行作业重触发
- 作业分片一致性，保证同一分片在分布式环境中仅有一个执行实例
- 自诊断并修复分布式不稳定造成的问题
- 支持并行调度
- 支持作业生命周期操作
- 丰富的作业类型
- Spring 整合以及提供命名空间
- 运维平台

19.2 快速集成

首先需要创建一个 maven 项目 elastic-job-demo，在 pom.xml 中配置 Elastic-Job 的依赖，见代码清单 19-1。

代码清单 19-1 Elastic-Job Maven 依赖

```xml
<parent>
    <groupId>org.springframework.boot</groupId>
    <artifactId>spring-boot-starter-parent</artifactId>
    <version>2.0.6.RELEASE</version>
</parent>
<dependencies>
    <dependency>
        <groupId>org.springframework.boot</groupId>
        <artifactId>spring-boot-starter-web</artifactId>
    </dependency>
    <dependency>
        <groupId>com.dangdang</groupId>
        <artifactId>elastic-job-lite-core</artifactId>
        <version>2.1.5</version>
    </dependency>
    <dependency>
        <groupId>com.dangdang</groupId>
        <artifactId>elastic-job-lite-spring</artifactId>
        <version>2.1.5</version>
    </dependency>
</dependencies>
```

在 resources 下面创建一个 applicationContext.xml 文件，用来配置任务，当然也可以通过代码的方式来配置任务，笔者比较喜欢用 xml 的方式，虽然是 Spring Boot 项目，但是用 xml 方式来配置任务比代码更方便，可读性更高。

然后创建一个启动类，需要加载我们自定义的 xml 文件，见代码清单 19-2。

代码清单 19-2 Elastic-Job 启动类

```java
@SpringBootApplication
@ImportResource(locations = { "classpath:applicationContext.xml" })
public class JobApplication {
    public static void main(String[] args) {
        new SpringApplicationBuilder().sources(JobApplication.class)
                .web(false).run(args);
        try {
            new CountDownLatch(1).await();
        } catch (InterruptedException e) {
        }
    }
}
```

通过 @ImportResource 来导入我们自定义的 xml 文件，这是 Spring Boot 中为了兼容性特意留的一个功能。这里是以非 Web 的方式启动的，跟我们之前的 Spring Boot 项目有点区别，因为这是一个任务调用的系统，不需要提供 HTTP 服务，所以就不需要以 Web 的方式来启动，如果你要提供 HTTP 接口的服务，还是可以和以前一样启动，这个不影响 Elastic-Job 的使用。

19.3 任务使用

Elastic-Job 提供 Simple、Dataflow 和 Script 三种作业类型。方法参数 shardingContext 包含作业配置、片和运行时信息。可通过 getShardingTotalCount()、getShardingItem() 等方法分别获取分片总数以及运行在本作业服务器的分片序列号等。

19.3.1 简单任务

Simple 类型为简单作业，常用，未经任何封装的类型，需实现 SimpleJob 接口。该接口仅提供单一方法用于覆盖，且该方法将定时执行。与 Quartz 原生接口相似，但提供了弹性扩缩容和分片等功能。

创建一个任务，实现 SimpleJob 接口，在 execute 方法中实现自己的业务逻辑，见代码清单 19-3。

代码清单 19-3　简单任务使用

```java
public class MySimpleJob implements SimpleJob {
    public void execute(ShardingContext context) {
        String time = new SimpleDateFormat("HH:mm:ss").format(new Date());
        System.out.println(time + ": 开始执行简单任务 ");
    }
}
```

然后在我们刚刚创建的 applicationContext.xml 文件中配置任务的信息，见代码清单 19-4。

代码清单 19-4　配置简单任务

```xml
<!-- 配置作业注册中心 -->
<reg:zookeeper id="regCenter" server-lists="localhost:2181"
    namespace="dd-job" base-sleep-time-milliseconds="1000"
    max-sleep-time-milliseconds="3000" max-retries="3" />

<!-- 配置简单作业 -->
<job:simple id="mySimpleJob" class="com.fangjia.job.MySimpleJob"
    registry-center-ref="regCenter" cron="0/10 * * * * ?"
    sharding-total-count="1" sharding-item-parameters=""
    description=" 我的第一个简单作业 " />
```

由于 Elastic-Job 依赖于 Zookeeper，所以我们在这里配置了一个作业的注册中心，里面填写了 Zookeeper 的一些信息。详细的配置信息我们后面会讲，这里就不做仔细介绍了。

job:simple 配置的就是一个简单的任务，里面的配置项我们先主要关注 class、registry-center-ref 和 cron。

- class：任务实现类的所在路径，包名 + 类名。
- registry-center-ref：Zookeeper 注册中心。
- cron：任务的执行表达式，cron 表达式有不懂的可以自行查阅。

这样的话，一个最简单的定时任务就配置好了。目前配置的是每 10 秒运行一次，我们执行 JobApplication 启动类，成功后定时任务会按照你的配置去执行，可以看到控制台输出的内容如下：

```
18:56:30: 开始执行简单任务
18:56:40: 开始执行简单任务
18:56:50: 开始执行简单任务
```

19.3.2 数据流任务

Dataflow 类型用于处理数据流，需实现 DataflowJob 接口。该接口提供两个方法，分别用于抓取（fetchData）和处理（processData）数据，见代码清单 19-5。

代码清单 19-5　数据流任务

```java
public class MyDataflowJob implements DataflowJob<String> {
    public List<String> fetchData(ShardingContext context) {
        return Arrays.asList("1", "2", "3");
    }

    public void processData(ShardingContext context, List<String> data) {
        System.out.println(" 处理数据: " + data.toString());
    }
}
```

任务配置如代码清单 19-6 所示。

代码清单 19-6　配置数据流任务

```xml
<job:dataflow id="myDataflowJob" class="com.fangjia.job.MyDataflowJob"
    registry-center-ref="regCenter" sharding-total-count="1"
    cron="0 38 19 * * ?" sharding-item-parameters=""
    description=" 我的第一个数据流作业 " streaming-process="false"/>
```

启动程序，这个配置是在每天的 19 点 38 分执行程序，任务执行一次就结束了，可以通过 streaming-process="true" 来开启流式作业，对于流式处理数据，只有 fetchData 方法的返回值为 null 或集合长度为空时，作业才停止抓取，否则将一直运行下去；而非流式处理数据则只会在每次作业执行过程中执行一次 fetchData 方法和 processData 方法，随即完成本次作业。

19.3.3 脚本任务

Script 类型作业意为脚本类型作业，支持 Shell、Python、Perl 等所有类型脚本。只需通过控制台或代码配置 ScriptCommandLine 即可，无须编码。执行脚本路径可包含参数，参数传递完毕后，作业框架会自动追加最后一个参数为作业运行时信息。可以通过运行信息来做分片等处理。

我们写一个简单的 Shell 脚本来测试，输出运行的参数，内容见代码清单 19-7。

代码清单 19-7　脚本任务

```
#!/bin/bash
echo Sharding Context: $*
```

配置脚本任务的执行时间，script-command-line 是脚本的绝对路径，见代码清单 19-8。

代码清单 19-8　配置脚本任务

```
<job:script id="myScriptJob" registry-center-ref="regCenter"
    script-command-line="/Users/yinjihuan/Documents/workspace_spring
        _cloud/spring-cloud/fangjia-job/demo.sh"
    sharding-total-count="1" cron="0/10 * * * * ?"
    sharding-item-parameters="" description="我的第一个脚本任务"/>
```

如果在执行脚本的时候出现下面的异常，请检查你的脚本是否有执行权限：

```
com.dangdang.ddframe.job.exception.JobConfigurationException: Execute script failure.
```

如果在 Windows 上测试，可以用 bat 脚本，内容如下：

```
@echo Sharding Context: %*
```

19.4　配置参数讲解

配置分为两部分，一部分是 Java 代码的配置，另一部分是 Spring 命名空间的配置。Spring 命名空间的配置与 Java Code 方式配置类似，大部分属性只是将命名方式由驼峰式改为以减号间隔。使用 Spring 命名空间需在 pom.xml 文件中添加 elastic-job-lite-spring 模块的依赖。本节列出的是基于 Spring 命名空间的配置。

更多配置请参考：http://elasticjob.io/docs/elastic-job-lite/02-guide/config-manual/。本节的配置均参考了 Elastic-Job 的官方文档。

19.4.1　注册中心配置

注册中心是 reg:zookeeper 的命名空间，用来配置注册中心 Zookeeper 的信息，如表 19-1 所示。

表 19-1　Zookeeper 命名空间

属性名	类型	是否必填	缺省值	描述
id	String	是		注册中心在 Spring 容器中的主键

（续）

属性名	类型	是否必填	缺省值	描述
server-lists	String	是		连接 Zookeeper 服务器的列表，包括 IP 地址和端口号，多个地址用逗号分隔，如：host1:2181,host2:2181
namespace	String	是		Zookeeper 的命名空间
base-sleep-time-milliseconds	int	否	1000	等待重试的间隔时间的初始值（单位：毫秒）
max-sleep-time-milliseconds	int	否	3000	等待重试的间隔时间的最大值（单位：毫秒）
max-retries	int	否	3	最大重试次数
session-timeout-milliseconds	int	否	60000	会话超时时间（单位：毫秒）
connection-timeout-milliseconds	int	否	15000	连接超时时间（单位：毫秒）
digest	String	否		连接 Zookeeper 的权限令牌，缺省为不需要权限验证

19.4.2 作业配置

job:simple 命名空间，即简单任务的配置信息，如表 19-2 所示。

表 19-2 simple 任务命名空间

属性名	类型	是否必填	缺省值	描述
id	String	是		作业名称
class	String	否		作业实现类，需实现 ElasticJob 接口
job-ref	String	否		作业关联的 beanId，该配置优先级大于 class 属性配置
registry-center-ref	String	是		注册中心 Bean 的引用，需引用 reg:zookeeper 的声明
cron	String	是		cron 表达式，用于控制作业触发时间
sharding-total-count	int	是		作业分片总数
sharding-item-parameters	String	否		分片序列号和参数用等号分隔，多个键值对用逗号分隔。分片序列号从 0 开始，不可大于或等于作业分片总数。如：0=a, 1=b, 2=c
job-instance-id	String	否	default-Instance	作业实例主键，同 IP 可运行实例主键不同但名称相同的多个作业实例
job-parameter	String	否		作业自定义参数，可通过传递该参数为作业调度的业务方法传参，用于实现带参数的作业。例：每次获取的数据量、作业实例从数据库读取的主键等
monitor-execution	boolean	否	true	监控作业运行时的状态，每次作业执行时间和间隔时间都非常短的情况下，建议不监控作业运行时状态以提升效率。因为是瞬时状态，所以无须监控。请用户自行增加数据堆积监控，并且不能保证数据重复选取，应在作业中实现幂等性。每次作业执行时间和间隔时间均较长的情况下，建议监控作业运行时状态，可保证数据不会重复选取

（续）

属性名	类型	是否必填	缺省值	描述
monitor-port	int	否	-1	建议配置作业监控端口，方便开发者 dump 作业信息。使用方法：echo" dump " | nc 127.0.0.1 19888
max-time-diff-seconds	int	否	-1	最大允许的本机与注册中心的时间误差秒数，如果时间误差超过配置秒数则作业启动时将抛异常，配置为 -1 表示不校验时间误差
failover	boolean	否	false	是否开启失效转移
misfire	boolean	否	true	是否开启错过任务重新执行
job-sharding-strategy-class	String	否		作业分片策略实现类全路径，默认使用平均分配策略，详情参见：作业分片策略
description	String	否		作业描述信息
disabled	boolean	否	false	可用于部署作业时，先禁止启动，部署结束后统一启动
overwrite	boolean	否	false	本地配置是否可覆盖注册中心配置，如果可覆盖，每次启动作业都以本地配置为准
job-exception-handler	String	否		扩展异常处理类
executor-service-handler	String	否		扩展作业处理线程池类
reconcile-interval-minutes	int	否	10	修复作业服务器不一致状态服务调度间隔时间，配置为小于 1 的任意值则表示不执行修复（单位：分钟）
event-trace-rdb-data-source	String	否		作业事件追踪的数据源 Bean 引用

19.4.3　dataflow 独有配置

job:dataflow 命名空间拥有 job:simple 命名空间的全部属性，表 19-3 仅列出其特有属性。

表 19-3　dataflow 任务命名空间

属性名	类型	是否必填	缺省值	描述
streaming-process	boolean	否	false	是否需要流式处理数据？如果是流式处理数据，则 fetchData 不返回空结果将持续执行作业。如果是非流式处理数据，则处理数据完成后作业结束

19.4.4　script 独有配置

job:script 命名空间拥有 job:simple 命名空间的全部属性，表 19-4 仅列出其特有属性。

表 19-4　script 任务独有命名空间

属性名	类型	是否必填	缺省值	描述
script-command-line	String	否		脚本型作业执行命令行

19.5 多节点并行调度

19.5.1 分片概念

要实现任务的分布式执行，需要将一个任务拆分为多个独立的任务项，然后由分布式的服务器分别执行某一个或几个分片项。

举个例子，有一个遍历数据库某张表的作业，现有 2 台服务器。为了快速执行作业，那么每台服务器应执行作业的 50%。为满足此需求，可将作业分成 2 片，每台服务器执行 1 片。作业遍历数据的逻辑应为：服务器 A 遍历 ID 以奇数结尾的数据；服务器 B 遍历 ID 以偶数结尾的数据。如果分成 10 片，则作业遍历数据的逻辑应为：每片分到的分片项应为 ID 的 10%，而服务器 A 被分配到分片项 0、1、2、3、4，服务器 B 被分配到分片项 5、6、7、8、9，直接的结果就是服务器 A 遍历 ID 以 0～4 结尾的数据，服务器 B 遍历 ID 以 5～9 结尾的数据。

19.5.2 任务节点分片策略

框架提供 3 种常用分片策略，具体如下。

1. AverageAllocationJobShardingStrategy

全路径：

com.dangdang.ddframe.job.lite.api.strategy.impl.AverageAllocationJobShardingStrategy

策略说明：基于平均分配算法的分片策略，也是默认的分片策略。

如果分片不能整除，则不能整除的多余分片将依次追加到序号小的服务器。如：

- 如果有 3 台服务器，分成 9 片，则每台服务器分到的分片是：1=[0,1,2]，2=[3,4,5]，3=[6,7,8]
- 如果有 3 台服务器，分成 8 片，则每台服务器分到的分片是：1=[0,1,6]，2=[2,3,7]，3=[4,5]
- 如果有 3 台服务器，分成 10 片，则每台服务器分到的分片是：1=[0,1,2,9]，2=[3,4,5]，3=[6,7,8]

2. OdevitySortByNameJobShardingStrategy

全路径：

com.dangdang.ddframe.job.lite.api.strategy.impl.OdevitySortByNameJobShardingStrategy

策略说明：根据作业名的 Hash 值奇偶数决定 IP 升降序算法的分片策略。

- 作业名的 Hash 值为奇数则 IP 升序
- 作业名的 Hash 值为偶数则 IP 降序

用于不同的作业平均分配负载至不同的服务器。

AverageAllocationJobShardingStrategy 的缺点是，一旦分片数小于作业服务器数，作业

将永远分配至 IP 地址靠前的服务器，导致 IP 地址靠后的服务器空闲。而 OdevitySortByNameJobShardingStrategy 则可以根据作业名称重新分配服务器负载。如：

❑ 如果有 3 台服务器，分成 2 片，作业名称的 Hash 值为奇数，则每台服务器分到的分片是：1=[0]，2=[1]，3=[]

❑ 如果有 3 台服务器，分成 2 片，作业名称的 Hash 值为偶数，则每台服务器分到的分片是：3=[0]，2=[1]，1=[]

3. RotateServerByNameJobShardingStrategy

全路径：

com.dangdang.ddframe.job.lite.api.strategy.impl.RotateServerByNameJobShardingStrategy

策略说明：根据作业名的 Hash 值对服务器列表进行轮转的分片策略。

19.5.3 业务数据分片处理

下面我们基于之前的 Simple 任务来进行改造，假如我们需要对一批数据进行处理，这批数据有 100 万条，一台机器就算开多线程也需要 24 小时才能完成，目前的需求是将时间压缩一半，也就是 12 小时就要处理完，这个时候就可以用分片规则在多个节点上并行处理。

首先改造我们的 Simple Job 代码，见代码清单 19-9。

代码清单 19-9 分片处理

```
public class MySimpleJob implements SimpleJob {
    public void execute(ShardingContext context) {
        String shardParamter = context.getShardingParameter();
        System.out.println(" 分片参数:"+shardParamter);
        int value = Integer.parseInt(shardParamter);
        for (int i = 0; i < 1000000; i++) {
            if (i % 2 == value) {
                String time = new SimpleDateFormat("HH:mm:ss")
                    .format(new Date());
                System.out.println(time + ": 开始执行简单任务 " + i);
            }
        }
    }
}
```

这段代码模拟了需要处理的 100 万条数据，通过 context.getShardingParameter() 获取当前节点的分片参数，通过取模的方式跟分片的参数对比，对上了就处理这条数据。

接下来修改任务的配置，需要配置分片的信息，见代码清单 19-10。

代码清单 19-10 配置分片处理作业

```
<!-- 配置简单作业 -->
<job:simple id="mySimpleJob" class="com.fangjia.job.MySimpleJob"
    registry-center-ref="regCenter" cron="0 19 21 * * ?"
```

```
sharding-total-count="2" sharding-item-parameters="0=0,1=1"
description=" 我的第一个简单作业 " overwrite="true"/>
```

这次修改了执行时间，通过制定时间点来执行，测试比较方便，只执行一次就可以了，这里也添加了一个 overwrite="true"，这个是需要覆盖注册中心的配置信息。如果不加这个，那么配置信息会用注册中心的，也就相当于你本地的修改不起作用了。

最关键的就是 sharding-total-count="2"，也就是分片数量，改成了 2，也就是说会有 2 个节点同时处理数据。

sharding-item-parameters 是分片的具体参数，配置格式为 key=value，多个用逗号分隔。key 的规则是，分片的索引信息从 0 开始，这里定义了 2 个分片，那么就是从 0 开始到 1 结束，value 是我们定义的分片的值，也就是你希望程序以什么方式来获取它所需要处理的数据，你就配置什么值。

然后我们启动程序，注意需要启动 2 个程序，因为我们分了 2 个片，目的是希望能够同时处理那一批数据，也就是一个程序需要处理 50 万，那么如何防止程序不进行重复处理呢？我们通过分片的参数来指定，0 片的参数是 0，我们通过对数据中的 id 进行取模运算，如果等于 0，那么 0 片的那个程序就只执行取模为 0 的数据，1 片的程序也只执行取模不等于 0 的数据，这样 2 个程序就平分了 100 万数据。

我们来看下执行效果：

❑ 程序 0 片控制台输出：

```
21:18:12：开始执行简单任务 677461
21:18:12：开始执行简单任务 677463
21:18:12：开始执行简单任务 677465
21:18:12：开始执行简单任务 677467
21:18:12：开始执行简单任务 677469
```

❑ 程序 1 片控制台输出：

```
21:19:17：开始执行简单任务 999990
21:19:17：开始执行简单任务 999992
21:19:17：开始执行简单任务 999994
21:19:17：开始执行简单任务 999996
21:19:17：开始执行简单任务 999998
```

我们通过奇数和偶数就能判断出来，两个程序执行的数据是不同的，可能有的读者会有疑问，如果我的数据 id 不是纯数字的，那该怎么处理呢？这个问题留给你自己去思考，Elastic-Job 不会为你去分发你需要处理的数据，它只提供了分配配置，你需要自己定义不同的片该怎么去区分它所需要处理的数据。

我们可以再举一个例子，假设你还是需要处理 100 万条数据，但不想根据 id 来分片，假设这批数据中有一个城市的字段，你也可以利用这个城市来分片，0 片处理上海的数据，1 片处理北京的数据，2 片处理深圳的数据。这样也是可以的，所以说 Elastic-Job 的灵活度是非常高的，怎么分配你的数据由你自己决定。

如果是按照城市来配置你的任务，代码见代码清单 19-11。

代码清单 19-11　按城市分片任务配置

```xml
<job:simple id="mySimpleJob" class="com.fangjia.job.MySimpleJob"
    registry-center-ref="regCenter" cron="0 19 21 * * ?"
    sharding-total-count="2" sharding-item-parameters="0=上海,1=北京"
    description="我的第一个简单作业" overwrite="true"/>
```

然后根据分配的参数，也就是根据城市去获取对应的数据进行处理就可以了，见代码清单 19-12。

代码清单 19-12　按城市分片任务处理逻辑

```java
public class MySimpleJob implements SimpleJob {
    public void execute(ShardingContext context) {
        String shardParamter = context.getShardingParameter();
        System.out.println("分片参数: "+shardParamter);
        /*int value = Integer.parseInt(shardParamter);
            for (int i = 0; i < 1000000; i++) { if (i % 2 == value) {
                String time = new SimpleDateFormat("HH:mm:ss")
                    .format(new Date());
                System.out.println(time + ": 开始执行简单任务 " + i);
            }
        }*/
        String sql = "select * from table where city=shardParamter";
        List<Data> list = dao.list(sql);
        for (Data data : list) {
            // ....
        }
    }
}
```

上面讲解的案例都是基于 2 个 sharding-total-count 的，这个 sharding-total-count 配置几个并不意味着要启动几个处理数据的程序，如果我们配置为 2，但只启动一个程序，那么 2 片都会分配在这一个程序上，这个分片的逻辑也就是我们 17.5.2 节中讲过的任务节点的分片策略。

如果刚开始我们启动了 2 个程序来处理数据，当其中一个程序挂掉后，我们可以开启失效转移，让未执行完的任务在另一节点上补偿执行，同时多个节点也能避免单点问题。

19.6　事件追踪

Elastic-Job 提供了事件追踪功能，可通过事件订阅的方式处理调度过程的重要事件，用于查询、统计和监控。Elastic-Job 目前提供了基于关系型数据库两种事件订阅方式记录事件。

首先我们需要在 applicationContext.xml 中配置事件追踪的数据源，用来存储事件的数据，数据库是 MySQL，见代码清单 19-13。

代码清单 19-13　事件追踪数据源配置

```xml
<bean id="elasticJobLog" class="org.apache.commons.dbcp.BasicDataSource"
        destroy-method="close">
    <property name="driverClassName" value="com.mysql.jdbc.Driver"/>
    <property name="url"
        value="jdbc:mysql://localhost:3306/batch_log"/>
    <property name="username" value="root"/>
    <property name="password" value=""/>
</bean>
```

这里用的是 Dbcp 的连接池，你也可以替换成别的，我们在 pom.xml 中加入数据库驱动和连接池的依赖，见代码清单 19-14。

代码清单 19-14　mysql Maven 依赖

```xml
<dependency>
    <groupId>mysql</groupId>
    <artifactId>mysql-connector-java</artifactId>
</dependency>
<dependency>
    <groupId>commons-dbcp</groupId>
    <artifactId>commons-dbcp</artifactId>
</dependency>
```

使用也很简单，在需要跟踪的任务中添加 event-trace-rdb-data-source="elasticJobLog"，elasticJobLog 就是你数据库连接池的 ID，见代码清单 19-15。

代码清单 19-15　事件追踪任务配置

```xml
<job:simple id="mySimpleJob" class="com.fangjia.job.MySimpleJob"
    registry-center-ref="regCenter" cron="0 19 21 * * ?"
    sharding-total-count="2" sharding-item-parameters="0=上海,1=北京"
    description="我的第一个简单作业" overwrite="true"
    event-trace-rdb-data-source="elasticJobLog"/>
```

我们启动程序，会报下面的错误，找不到我们配置的数据库，需要事先将数据库创建好。

```
Cannot create PoolableConnectionFactory (Unknown database 'batch_log')
```

数据库建好后我们再次重启程序，就不会报错了，我们去数据库中查看，框架已经为我们默认创建了 2 张表，分别是 JOB_EXECUTION_LOG 和 JOB_STATUS_TRACE_LOG。

当配置了跟踪事件的任务执行后，表中就会有对应的跟踪数据，后面我们可以通过运维后台来进行查看，当然也可以直接在数据库中查看。表中字段的解释这里就不做过多介绍了，可以参考官网文档的介绍：http://elasticjob.io/docs/elastic-job-lite/02-guide/event-trace/。

大家会不会好奇，我们只创建了一个数据库，为什么就默认出现了 2 张表呢？这是因为 Elastic-Job 会判断数据库中是否存在对应的表，不存在则会用代码创建好，对应的源码在 com.dangdang.ddframe.job.event.rdb.JobEventRdbStorage 类中。

19.7 扩展功能

19.7.1 自定义监听器

为每个任务配置一个统一的监听器，来监听任务的执行。结束时进行通知，可以是短信、邮件或者其他方式，这里用的是钉钉的机器人来发消息通知到钉钉。

自定义监听器需要实现 ElasticJobListener 接口，见代码清单 19-16。

代码清单 19-16　自定义监听器

```java
public class MessageElasticJobListener implements ElasticJobListener {
    @Override
    public void beforeJobExecuted(ShardingContexts shardingContexts) {
        String date = new SimpleDateFormat(
                "yyyy-MM-dd HH:mm:ss").format(new Date());
        String msg = date + "【猿天地 -" + shardingContexts.getJobName() +"】任务开始执行 ====" + JsonUtils.toJson(shardingContexts);
        DingDingMessageUtil.sendTextMessage(msg);
    }
    @Override
    public void afterJobExecuted(ShardingContexts shardingContexts) {
        String date = new SimpleDateFormat(
                "yyyy-MM-dd HH:mm:ss").format(new Date());
        String msg = date + "【猿天地 -" + shardingContexts.getJobName() + "】任务执行结束 ====" + JsonUtils.toJson(shardingContexts);
        DingDingMessageUtil.sendTextMessage(msg);
    }
}
```

为需要监控的任务配置监听器，通过 job:listener 配置，见代码清单 19-17。

代码清单 19-17　使用自定义监听器

```xml
<job:script id="myScriptJob" registry-center-ref="regCenter"
    script-command-line="/Users/yinjihuan/Documents/workspace_spring
        _cloud/spring-cloud/fangjia-job/demo.sh"
    sharding-total-count="1" cron="0/10 * * * * ?"
    sharding-item-parameters="" description=" 我的第一个脚本任务 " overwrite="true">
    <job:listener class="com.fangjia.job.MessageElasticJobListener">
    </job:listener>
</job:script>
```

19.7.2 定义异常处理

当任务出现异常时，可以在任务中对异常进行处理，除了记录日志，也可以用统一封装好的消息工具类发送钉钉消息来进行通知，实时了解任务是否有异常。还有一种是没捕获的异常，怎么进行实时通知操作呢？可以通过配置 job-exception-handler="自定义异常处理类"来实现。

首先自定义一个异常处理类，见代码清单 19-18。

代码清单 19-18　自定义异常处理类

```java
public class CustomJobExceptionHandler implements JobExceptionHandler {
    private Logger logger =
        LoggerFactory.getLogger(CustomJobExceptionHandler. class);
    @Override
    public void handleException(String jobName, Throwable cause) {
        logger.error (String.format("Job '%s' exception occur in job
            processing", jobName), cause);
        DingDingMessageUtil.sendTextMessage ("【"+jobName+"】任务异常。" +
            cause.getMessage());
    }
}
```

配置如代码清单 19-19 所示。

代码清单 19-19　使用自定义异常配置

```xml
<job:simple id="mySimpleJob" class="com.fangjia.job.MySimpleJob"
    registry-center-ref="regCenter" cron="0 19 21 * * ?"
    sharding-total-count="2" sharding-item-parameters="0=上海,1=北京"
    description="我的第一个简单作业" overwrite="true"
    event-trace-rdb-data-source="elasticJobLog"
    job-exception-handler="com.fangjia.job.CustomJobExceptionHandler
"/>
```

19.8　运维平台

运维平台是一个 Web 管理端，可以让我们统一对任务进行管理操作，运维平台和 Elastic-Job-Lite 并无直接关系，它是通过读取作业注册中心数据来展现作业状态，或更新注册中心数据修改全局配置。

控制台只能控制作业本身是否运行，但不能控制作业进程的启动，因为控制台和作业本身服务器是完全分离的，控制台并不能控制作业服务器。

19.8.1　功能列表

运维平台具有以下功能：

- 登录安全控制：需要用户登录才能对任务进行管理操作，保证安全性。
- 注册中心、事件追踪数据源管理：可以动态添加注册中心，可以对事件追踪的数据进行查看。
- 快捷修改作业设置：修改作业的配置信息。
- 作业和服务器维度状态查看：作业的状态查看，可以知道作业是正常的还是失败状态。
- 操作作业禁用\启用、停止和删除等生命周期：可以执行禁用作业、删除作业、停止作业等操作。

19.8.2 部署运维平台

运维平台可以通过源码自行编译，然后部署即可，笔者有一个编译好的平台可供参考，可以直接下载运行：https://pan.baidu.com/s/1nvl89HB。

下载之后解压到磁盘上，通过 bin 目录下的 start.sh 启动即可，Windows 上可以用 start.bat 启动。

打开浏览器输入 http://localhost:8899/ 即可访问控制台。8899 为默认端口号，可通过启动脚本输入 -p 自定义端口号。

账号配置在 conf 的 auth.properties 中，默认的管理员账号和密码是 root。图 19-1 是访问之后的初始化页面。

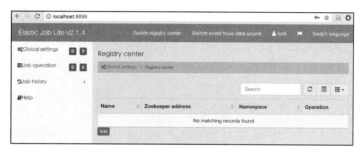

图 19-1　控制台首页

19.8.3 运维平台使用

首先在首页点击 Add 按钮添加我们的注册中心，如图 19-2 所示。

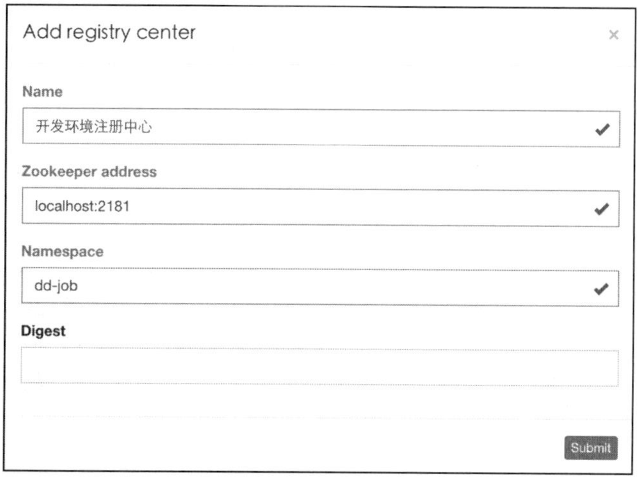

图 19-2　添加注册中心

填写信息之后点击 Submit 按钮就可以看到添加的信息了，如图 19-3 所示。

图 19-3　注册中心列表

点击 Operation 中的 Connect 按钮进行连接操作,连接成功可以看到提示,注册中心可以添加多个,连接只能连接一个,如果你想看另外的注册中心上的任务信息,就得切换到另一个上去,不支持同时查看多个注册中心,如图 19-4 所示。

图 19-4　连接上注册中心列表

左侧 Job dimension 菜单对应的是我们的任务信息列表,可以对任务的配置信息进行修改,如图 19-5 所示。

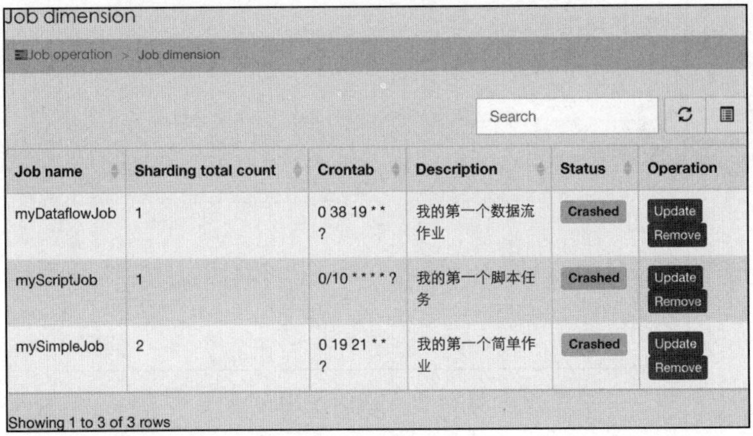

图 19-5　任务列表

Server dimension 菜单对应的是任务程序的服务器信息列表，如图 19-6 所示。

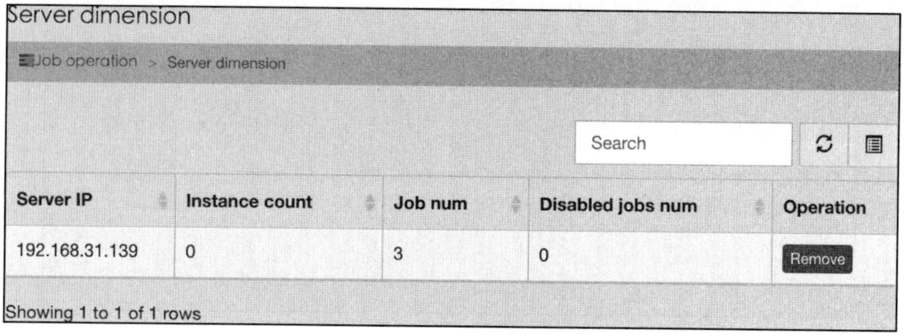

图 19-6　任务的服务器列表

接下来我们在 Event trace data source 菜单对应的页面中添加我们事件追踪的数据源，然后就可以通过 Web 页面来查看之前事件追踪的数据，如图 19-7 所示。

图 19-7　创建事件追踪数据源

添加完成后可以点击 Test Connect 按钮测试是否能够连接成功，然后点击 Submit 就可以看到添加的信息了，如图 19-8 所示。

这里的操作步骤跟注册中心是一样的，也需要执行 Connect 来决定使用哪个数据源。

连接之后我们就可以通过 Job trace 和 History status 这两个菜单来查询跟踪的数据了，如图 19-9 和图 19-10 所示。

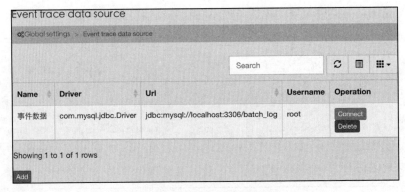

图 19-8 事件追踪数据源列表

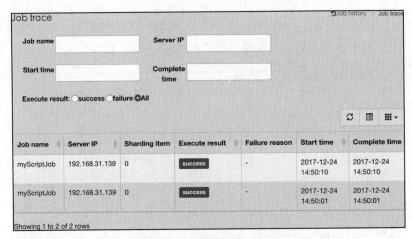

图 19-9 事件追踪数据列表

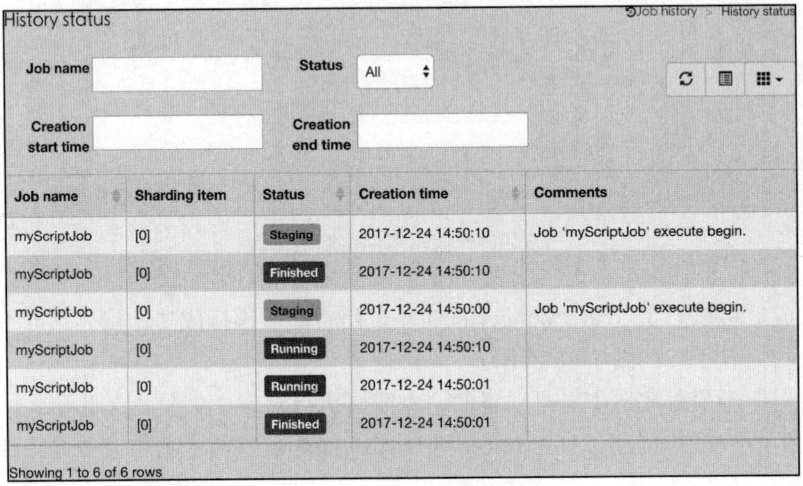

图 19-10 事件追踪数据列表

19.9 使用经验分享

19.9.1 任务的划分和监控

建议按产品来划分任务，一个产品对应一个任务的项目，一个任务项目是一个独立的 Java 项目。当团队比较大的时候可能由一个小组负责一个产品，这样就不会跟别的产品混在一起了。

当任务按产品划分比较细的时候，有利于任务的维护。当任务发生变化需要重新部署任务程序的时候，只需要发布各自产品对应的任务程序，受影响的点也比较少。

对于监控，主要需要注意两部分，一个是执行的监听器，另一个是异常的捕获处理，这样你才知道你的任务到底有没有执行，有没有报错。可以在每个任务类上定义一个注解，用来标识这个任务是谁开发的，然后对应的钉钉消息就会发送给谁。笔者建议还是建一个群，然后大家都在里面，方便交流。笔者在这里是统一发的，没有定义注解。

19.9.2 任务的扩展性和节点数量

任务的编写尽量考虑到水平扩展性，如果任务时间短、处理的数据少，可以不用分片的方式去执行。如果能够预计到未来有大量数据需要处理，而且时间很长的话最好配置下分片的规则，并且将代码写成按分片来处理，这样到了后面直接修改配置，增加下节点就行了。

任务一定要避免单点故障问题，保证任务的高可用性，无论你的任务处理逻辑中是否有用到分片加并行处理数据，在部署的时候至少需要启动 2 个节点，这样就算挂掉其中一个，还有另一个是可以运行的，这样就能避免任务的单点故障。Elastic-Job 中只需要配置 sharding-total-count="2" 就可以开启多节点任务，在不同节点启动任务程序即可实现高可用。

19.9.3 任务的重复执行

任务一定要支持幂等性，也就是说一个任务可以重复执行多次，对数据没有影响。万一任务执行的时候出异常了，开发人员修复程序之后需要重跑一遍，那之前已经存了的数据怎么办，这些都是在写任务的时候需要考虑进去的。Elastic-Job 目前有一个问题，如果你需要重新发布你的任务程序，替换程序重启之后，有的任务会重复执行。

具体现象是这样的，笔者最近在重新发布任务代码时出现了一个很诡异的问题，就是在重启任务程序后，大概 1 分钟左右，之前执行过的任务又重新执行了一遍，默认配置任务都是凌晨跑的，但当中午重启程序时，居然全部又执行了一遍。

虽然这个不影响使用，因为作业都支持幂等操作，但是好奇心驱使笔者想去解决这个问题。

首先说说排查问题的思路：

（1）这肯定不是定时时间的问题，时间配置的都是凌晨，而且平时也都正常，所以这点可以排除。

（2）在配置中只有一个部分值得怀疑，那就是失效转移 failover="true"。如果在任务执行过程中有一个执行实例挂了，那么之前被分配到这个实例的任务（或者分片）会在下次任务执行之前被重新分配到其他正常节点实例上执行。

（3）顺着这个思路，我把失效转移关闭后重启了程序，果然一切正常了。

（4）但是失效转移是一个很有用的特性，如果去掉的话，万一任务执行过程中发生异常就不能容错了，所以还是需要开启的，但是要从另外的方向去思考为什么会触发失效转移这个逻辑。

（5）由于笔者直接将程序停止，然后马上启动，中间没有间隔时间，于是笔者等 Zookeeper 中 instances 下的实例信息失效之后再重启程序，果然正常了。

笔者大概的猜测是当 instances 下的实例还没失效，然后我们又启动了一个，这个时候 instances 下就有 2 个实例了，当之前停止的一个实例节点失效的时候，我们重启的那个程序会监听 Zookeeper 的 instance 节点删除事件，然后触发失效转移。

至于真正的原因还是得看源码，上面只是猜测，有机会调试后会在下一版本中跟大家分享。当然这个问题我也有咨询过 Elastic-Job 的作者张亮，他说这算是一个 bug，但不一定好处理。也许在后面新的版本中这个问题会被解决掉，到时候大家可以试试看，目前是存在这个问题的。

19.9.4　overwrite 覆盖问题

在正常情况下使用 overwrite="true" 可以将本地配置覆盖注册中心的配置，如果一开始 shardingTotalCount 配置为 0 的时候，启动会报下面的异常：

```
Caused by: java.lang.IllegalArgumentException: shardingTotalCount should larger than zero.
```

异常信息说的是 shardingTotalCount 不能为 0，把 shardingTotalCount 改成 1，配置加上 overwrite="true"，用本地配置覆盖注册中心配置，重启程序发现注册中心的配置没有被覆盖，这个问题应该是在注册中心的配置是错误的情况下，就不能用 overwrite 去覆盖了，只能通过手动删除 Zookeeper 中的配置信息，这个其实也不算什么大问题，只要先执行配置的覆盖操作，然后再检查配置的正确性就可以解决了，目前是先检查再覆盖，如果注册中心存在错误的配置，那么就不会执行覆盖操作。当然笔者也向官方提了一个 issues：https://github.com/elasticjob/elastic-job-lite/issues/469。

19.9.5　流水式任务

在特定的业务需求下，A 任务执行后，需要执行 B 任务，以此类推，这种具有依赖性的流水式的任务可以解决特定场景下的业务问题。

但在目前 Elastic-Job 是不支持的,可以采取其他的解决方案,比如将这些任务合在一起,通过代码调用的方式来达到效果。

但我希望能增加这样一个功能,比如加一个配置,job-after="com.xxx.job.XXXJob",在执行完这个任务后,自动调用另一个任务 BB,BB 任务只需要配置任务信息,把 cron 去掉就可以,因为 BB 是依靠别的任务触发执行的。

当然这些任务必须在同一个 Zookeeper 的命名空间下,如果能支持跨命名空间就更好了,这样就能达到流水式的任务操作了,并且每个任务可以用不同的分片 key。

上面描述的是笔者在实际使用过程中发掘出来的需求,这种需求也比较常见,当然目前是不支持的,我们可以通过变通的方式,比如在业务逻辑中用代码调用去实现,当然笔者是希望官方能够支持这个功能,为此也提了一个 issues:https://github.com/elasticjob/elastic-job-lite/issues/432,Elastic-Job 作者也已经给出回答,会在 3.X 版本中重新设计 API。

19.10 本章小结

本章我们对 Elastic-Job 进行了全面讲解,从简单的任务使用,到多节点分片任务的使用,再到对任务执行的监控,使用钉钉发送消息等,到最后运维平台的部署及使用,可以说 Elastic-Job 基本上满足了目前大部分公司对于定时任务这部分的需求,也由衷地佩服作者张亮,尤其是其对待开源项目认真负责的态度。

第 20 章 分库分表解决方案

随着时间和业务的发展,数据库中的表会越来越多,表中的数据也会越来越多,带来的问题就是对于数据的操作会越来越慢。由于不是分布式部署,单台服务器的资源有限,最终数据库的数量和数据处理能力会遇到瓶颈,这时采用分库分表就能解决上述的问题。

20.1 Sharding-JDBC

20.1.1 介绍

Sharding-JDBC 是一个开源的适用于微服务的分布式数据访问基础类库,它始终以云原生的基础开发套件为目标。

Sharding-JDBC 定位为轻量级 Java 框架,使用客户端直连数据库,以 jar 包形式提供服务,未使用中间层,无须额外部署,无其他依赖,DBA 也无须改变原有的运维方式,可理解为增强版的 JDBC 驱动,旧代码迁移成本几乎为零。

Sharding-JDBC 完整地实现了分库分表,读写分离和分布式主键功能,并初步实现了柔性事务。从 2016 年开源至今,在经历了整体架构的数次精炼以及稳定性打磨后,如今它已积累了足够的底蕴,相信可以成为开发者选择技术组件时的一个参考。

Sharding-JDBC 目前已成功入驻 Apache,除了 Sharding-JDBC 之外,还有 Sharding-Proxy 和 Sharding-Sidecar(规划中)。这 3 款相互独立的产品新的名称为 Apache Sharding-Sphere(Incubator)。

官网地址:http://shardingsphere.apache.org/。

GitHub:https://github.com/apache/incubator-shardingsphere。

20.1.2 功能列表

1. 分库分表

- SQL 解析功能完善，支持聚合、分组、排序、LIMIT、TOP 等查询，并且支持级联表以及笛卡儿积的表查询。
- 支持内、外连接查询。
- 分片策略灵活，可支持等号、BETWEEN、IN 等多维度分片，也可支持多分片键共用，以及自定义分片策略。
- 基于 Hint 的强制分库分表路由。

2. 读写分离

- 一主多从的读写分离配置，可配合分库分表使用。
- 基于 Hint 的强制主库路由。

3. 柔性事务

- 最大努力送达型事务
- TCC 型事务 (TBD)

4. 分布式主键

- 统一的分布式基于时间序列的 ID 生成器

5. 兼容性

- 可适用于任何基于 Java 的 ORM 框架，如：JPA、Hibernate、Mybatis、Spring JDBC-Template，或者直接使用 JDBC。
- 可基于任何第三方的数据库连接池，如：DBCP、C3P0、BoneCP、Druid 等。
- 理论上可支持任意实现 JDBC 规范的数据库。目前支持 MySQL、Oracle、SQLServer 和 PostgreSQL。

6. 灵活多样的配置

- Java
- Spring 命名空间
- YAML
- Inline 表达式

20.1.3 相关概念

1. LogicTable

数据分片的逻辑表，对于水平拆分的数据库（表），同一类表的总称。例：订单数据根据主键尾数拆分为 10 张表，分别是 t_order_0 到 t_order_9，它们的逻辑表名为 t_order。

2. ActualTable

在分片的数据库中真实存在的物理表。即上个概念中的 t_order_0 到 t_order_9。

3. DataNode

数据分片的最小单元。由数据源名称和数据表组成,例:ds_1.t_order_0。配置时默认各个分片数据库的表结构均相同,直接配置逻辑表和真实表对应关系即可。如果各数据库的表结果不同,可使用 ds.actual_table 配置。

4. DynamicTable

逻辑表和真实表不一定需要在配置规则中静态配置。比如按照日期分片的场景,真实表的名称随着时间的推移会产生变化。此类需求 Sharding-JDBC 是支持的,不过目前配置并不友好,会在新版本中提升。

5. BindingTable

指在任何场景下分片规则均一致的主表和子表。例:订单表和订单项表,均按照订单 ID 分片,则此两张表互为 BindingTable 关系。BindingTable 关系的多表关联查询不会出现笛卡儿积关联,关联查询效率将大大提升。

6. ShardingColumn

分片字段。用于将数据库(表)水平拆分的关键字段。例:订单表订单 ID 分片尾数取模分片,则订单 ID 为分片字段。SQL 中如果无分片字段,将执行全路由,性能较差。Sharding-JDBC 支持多分片字段。

7.ShardingAlgorithm

分片算法。Sharding-JDBC 通过分片算法将数据分片,支持通过等号、BETWEEN 和 IN 分片。分片算法目前需要业务方开发者自行实现,可实现的灵活度非常高。未来 Sharding-JDBC 也将会实现常用分片算法,如 range、hash 和 tag 等。

8.SQLHint

对于分片字段非 SQL 决定,而由其他外置条件决定的场景,可使用 SQLHint 灵活注入分片字段。例:内部系统,按照员工登录 ID 分库,而数据库中并无此字段。SQLHint 支持通过 ThreadLocal 和 SQL 注释(待实现)两种方式使用。

20.2 快速集成

为了讲解方便,我们单独建一个新的项目来做演示,首先还是创建一个 maven 项目,然后添加依赖,见代码清单 20-1。

代码清单 20-1　Sharding Jdbc Maven 依赖

```xml
<parent>
    <groupId>org.springframework.boot</groupId>
    <artifactId>spring-boot-starter-parent</artifactId>
    <version>2.0.6.RELEASE</version>
    <relativePath />
</parent>
<dependencies>
    <dependency>
        <groupId>org.springframework.boot</groupId>
        <artifactId>spring-boot-starter-web</artifactId>
    </dependency>
    <dependency>
        <groupId>org.springframework.boot</groupId>
        <artifactId>spring-boot-starter-jdbc</artifactId>
    </dependency>
    <dependency>
        <groupId>com.github.yinjihuan</groupId>
        <artifactId>smjdbctemplate</artifactId>
        <version>1.1</version>
    </dependency>
    <dependency>
        <groupId>mysql</groupId>
        <artifactId>mysql-connector-java</artifactId>
    </dependency>
    <dependency>
        <groupId>com.alibaba</groupId>
        <artifactId>druid-spring-boot-starter</artifactId>
        <version>1.1.10</version>
    </dependency>
    <dependency>
        <groupId>com.dangdang</groupId>
        <artifactId>sharding-jdbc-config-spring</artifactId>
        <version>1.5.4.1</version>
    </dependency>
</dependencies>
```

Spring Boot 是必需的，这里没加上 Spring Cloud，读者可以自己加上去，操作数据库还是用我们之前讲的 JdbcTemplate + 自己扩展的 JdbcTemplate，数据库连接池用的是 Druid，当然各位读者也可以用别的。最后的主角就是我们的 Sharding-JDBC。这里的配置都是基于 xml 的方式，所以引入的是 Spring 这个模块，当然 Sharding-JDBC 也可以通过代码方式配置，本书介绍的是 1.x 版本里面最新的，目前已经到了 3.x 版本，3.x 版本中已经提供了 Spring Boot 的 starter，大家可以自行使用。

针对这种比较复杂的配置，笔者还是喜欢用 XML 的方式，看起来比较方便。总之一句话，具体看个人喜好。

在 resources 下面创建一个 sharding.xml 来配置数据库相关信息，暂时先不配置。然后创建一个启动类，加载 xml 即可，见代码清单 20-2。

代码清单 20-2　Sharding Jdbc 启动类

```
@SpringBootApplication
@ImportResource(locations = { "classpath:sharding.xml" })
public class ShardingJdbcApplicaiton {

    public static void main(String[] args) {
        SpringApplication.run(ShardingJdbc Applicaiton.class, args);
    }

}
```

20.3　读写分离实战

随着网站业务的不断扩展，数据不断增加，用户越来越多，数据库的压力也就越来越大，有的业务读取量比写入大，有的业务写入量比读取大。这时候就需要采用读写分离的方式来减轻数据库的压力，就是一个 Master 数据库，多个 Slave 数据库。Master 库负责数据更新和实时数据查询，Slave 库负责非实时数据查询。

完整源码参考：ch-20/fangjia-sjdbc-read-write。

20.3.1　准备数据

首先我们准备好需要的数据——2 个数据库，分别是 ds_0 和 ds_1，由于这里只是演示，所以是在一个 MySQL 上面进行操作的，实际使用中是分开的，并且需要配置主从数据同步等。

```
CREATE DATABASE `ds_0` CHARACTER SET 'utf8' COLLATE 'utf8_general_ci';
CREATE DATABASE `ds_1` CHARACTER SET 'utf8' COLLATE 'utf8_general_ci';
```

接下来在每个数据库中都创建一个用户表：

```
CREATE TABLE `user`(
    id bigint(64) not null,
    city varchar(20) not null,
    name varchar(20) not null,
    PRIMARY KEY (`id`)
) ENGINE=InnoDB DEFAULT CHARSET=utf8;
```

最后在 ds_0 库中的 user 表插入一条数据：

```
insert into user values(1001,'上海','尹吉欢');
```

在 ds_1 库中的 user 表插入一条数据：

```
insert into user values(1002,'北京','张三');
```

20.3.2 配置读写分离

配置全部放在 sharding.xml 中,主库和从库的数据源是单独配置的,最后通过 rdb:master-slave-data-source 来组装成一个读写分离的数据源,见代码清单 20-3。

代码清单 20-3　读写分离配置

```xml
<!-- 主数据 -->
<bean id="ds_0" class="com.alibaba.druid.pool.DruidDataSource"
        destroy-method=" close" primary="true">
    <property name="driverClassName" value="com.mysql.jdbc.Driver" />
    <property name="url" value="jdbc:mysql://localhost:3306/ds_0" />
    <property name="username" value="root" />
    <property name="password" value="" />
</bean>

<!-- 从数据 -->
<bean id="ds_1" class="com.alibaba.druid.pool.DruidDataSource" destroy-method=" close">
    <property name="driverClassName" value="com.mysql.jdbc.Driver" />
    <property name="url" value="jdbc:mysql://localhost:3306/ds_1" />
    <property name="username" value="root" />
    <property name="password" value="" />
</bean>

<!-- 读写分离数据源 -->
<rdb:master-slave-data-source id="dataSource"
    master-data-source-ref="ds_0" slave-data-sources-ref="ds_1"/>

<!-- 增强版 JdbcTemplate -->
<bean id="cxytiandiJdbcTemplate"
        class="com.cxytiandi.jdbc.CxytiandiJdbcTemplate">
    <property name="dataSource" ref="dataSource"/>
    <constructor-arg>
        <value>com.fangjia.sjdbc.po</value>
    </constructor-arg>
</bean>
```

20.3.3 验证读从库

如何验证读的操作是从库呢?我们在刚开始的时候就分别往两个库中各插入了一条数据,从我们的配置来看,ds_1 是从库,我们只需要写一个查询,查出来的数据是 ds_1 中的数据,那就证明读的操作都是走的从库。

创建表对应的 PO 类,见代码清单 20-4。

代码清单 20-4　PO 类

```java
@TableName(value = "user", author = "yinjihuan", desc = " 用户表 ")
public class User implements Serializable {
    private static final long serialVersionUID = -1205226416664488559L;

    @AutoId
```

```
    @Field(value="id", desc="ID")
    private Long id;

    @Field(value="city", desc=" 城市 ")
    private String city = "";

    @Field(value="name", desc=" 姓名 ")
    private String name = "";

    public Long getId() {
        return id;
    }

    public void setId(Long id) {
        this.id = id;
    }

    public String getCity() {
        return city;
    }

    public void setCity(String city) {
        this.city = city;
    }

    public String getName() {
        return name;
    }

    public void setName(String name) {
        this.name = name;
    }
}
```

编写一个 Service 接口以及实现类，见代码清单 20-5。

代码清单 20-5　Service 类

```
public interface UserService {
    List<User> list();
}
```

实现 UserService 接口并且继承 Entiry Service，见代码清单 20-6。

代码清单 20-6　Service 实现类

```
@Service
public class UserServiceImpl extends EntityService<User>
        implements UserService {
    public List<User> list() {
        return super.list();
    }
}
```

编写 Controller 来展示数据，见代码清单 20-7。

代码清单 20-7　控制器

```
@RestController
public class UserController {

    @Autowired
    private UserService userService;

    @GetMapping("/users") public Object list() {
        return userService.list();
    }

}
```

启动程序，我们访问 http://localhost:8084/users 可以看到返回的数据是 ds_1 的数据：

```
[
    {
        "id":1002,
        "city":" 北京 ",
        "name":" 张三 "
    }
]
```

20.3.4　验证写主库

如何验证写的数据是写在主库里面呢？我们的主库是 ds_0，可以写一个 save 的方法，然后保存一条数据，如果这条数据保存到 ds_0 中，那就证明写的是主库。

改造 Service，增加一个 add 方法，见代码清单 20-8。

代码清单 20-8　增加 add 方法

```
public interface UserService {

    List<User> list();

    Long add(User user);

}
```

实现 add 方法的逻辑用于添加数据，见代码清单 20-9。

代码清单 20-9　Service 实现类增加 add 方法实现

```
@Service
public class UserServiceImpl extends EntityService<User>
                    implements UserService {
    public List<User> list() {
        return super.list();
    }

    public Long add(User user) {
```

```
        return (Long) super.save(user);
    }
}
```

改造 Controller，见代码清单 20-10。

代码清单 20-10　Controller 增加 add 方法

```
@RestController
public class UserController {

    @Autowired
    private UserService userService;

    @GetMapping("/users")
    public Object list() {
        return userService.list();
    }

    GetMapping("/add") public Object add() {
        User user = new User();
        user.setCity(" 深圳 ");
        user.setName(" 李四 ");
        return userService.add(user);
    }

}
```

然后我们访问 http://localhost:8084/add，可以看到返回的结果是一个数字 1517968175566668416，这个是自动生成的 ID。然后我们去 ds_0 中查看数据，发现"李四"这条确实在里面。

20.3.5　Hint 强制路由主库

在读写分离的模式下，最常见的问题就是刚写完一条数据，然后马上去查却没有查到数据。这是因为写的是主库，查的是从库，而数据库的主从同步也需要时间，快则几十毫秒，慢则几秒，写完后立即去查，此时数据可能还没被同步过去。这是一个典型的读写分离产生的问题。

Sharding-JDBC 提供了基于 Hint 强制路由主库的功能，通过一行代码就能让我们当前的查询操作强制转发到主库上面，这样就能解决刚刚说的数据刚刚插入就马上查询所带来的问题。

我们可以改造之前的 list 方法，默认是查询从库的，通过 Hint 的设置，它会去主库查询数据，见代码清单 20-11。

代码清单 20-11　强制路由主库

```
public List<User> list() {
    // 强制路由主库
```

```
        HintManager.getInstance().setMasterRouteOnly();
        return super.list();
    }
```

之前我们访问 http://localhost:8084/users 只会返回"张三"的那条数据，现在我们改成强制查主库了，也就意味着出现的是"尹吉欢"和我们刚刚插入的"李四"这两条数据。

```
[
    {
        "id":1001,
        "city":" 上海 ",
        "name":" 尹吉欢 "
    },
    {
        "id":1517968175566668416,
        "city":" 深圳 ",
        "name":" 李四 "
    }
]
```

20.4 分库分表实战

当数据量和请求量越来越大的时候，读写分离也扛不住，只能做分库分表了，这一般有一个进化的过程。刚开始都是单库，压力大了些，搞个读写分离。压力又大了就拆分吧，最开始可能都是垂直拆分，垂直拆分就跟微服务一样，用户表放在一个 server 上，订单表放到另一个 server 上。还有一种就是水平拆分，水平拆分就是 server1 上面有用户表 1、订单表 1，server2 上有用户表 2、订单表 2。垂直拆分能够解决表和表之间的资源竞争问题，但不能解决单表数据增加过快的问题，单表几千万的时候，查询肯定慢。水平拆分通过将一个表拆分成多个表，分布在不同的 server 上，可以解决这个问题。

20.4.1 常用分片算法

分库分表的核心就是将数据分开存储，分开存储必然要有一定的规则，这样才能让你在下次查询的时候准确定位到你查询的数据是存在哪个 server 上，这就涉及分片的算法，根据算法来决定数据的落地处。

- 范围分片：范围分片就是按照一定的范围将数据分布到不同的表中去，比如 1 ～ 10000 分布到 table_0，10001 ～ 20000 分布到 table_1，以此类推。
- 取模分片：取模分片需要根据你规划的表的数量来实现，假如我需要分成 4 个表，那么我可以用 id%4 来进行分配，当 id 位数比较长时，我们可以只用 id 的后 4 位来进行取模。

- Hash 分片：Hash 我们可以通过某个字段进行 Hash，还有一致性 Hash 可以解决数据扩容问题。
- 时间分片：时间分片我们可以按照年、月来分，数据量大的时候甚至可以一天分成一个表。

20.4.2　使用分片算法

在 Sharding-JDBC 中使用分片算法，需要实现一些接口，默认提供了单分片键算法与多分片键算法。这两种算法从名字上就可以知道前者是针对只有一个分片键的算法，后者是针对有多个分片键的算法。单分片键算法是多分片键算法的一种简便形式，所以完全可以使用多分片算法替代单分片键算法。

根据数据源策略与表策略，单分片与多分片这两种组合，一共产生了 4 种可供实现的分片算法的接口：

- 单分片键数据源分片算法 SingleKeyDatabaseShardingAlgorithm
- 单分片表分片算法 SingleKeyTableShardingAlgorithm
- 多分片键数据源分片算法 MultipleKeyDatabaseShardingAlgorithm
- 多分片表分片算法 MultipleKeyTableShardingAlgorithm

接口中的方法如代码清单 20-12 所示。

代码清单 20-12　分片算法接口

```
public String doEqualSharding(final Collection<String>
availableTargetNames, final ShardingValue<Integer> shardingValue);

public Collection<String> doInSharding(final Collection<String>
availableTargetNames, final ShardingValue<Integer> shardingValue);

public Collection<String> doBetweenSharding(final Collection<String>
availableTargetNames, final ShardingValue<Integer> shardingValue);
```

这三种算法作用如下：

- doEqualSharding：在 WHERE 使用 = 作为条件分片键。算法中使用 shardingValue.getValue() 获取 = 后的值。
- doInSharding：在 WHERE 使用 IN 作为条件分片键。算法中使用 shardingValue.getValues() 获取 IN 后的值。
- doBetweenSharding：在 WHERE 使用 BETWEEN 作为条件分片键。算法中使用 shardingValue.getValueRange() 获取 BETWEEN 后的值。

20.4.3　不分库只分表实战

为了讲解方便，我们重新建一个库，在这个新库中来模拟分表的实战。创建数据库语句：

```
CREATE DATABASE `ds_2` CHARACTER SET 'utf8' COLLATE 'utf8_general_ci';
```

在库中创建 4 个表，我们模拟的就是将 1 个表拆分成 4 个表，当然实际使用中可以拆分得更多，创建表的语句见代码清单 20-13。

代码清单 20-13　创建 4 个表

```sql
CREATE TABLE `user_0`(
    id bigint(64) not null,
    city varchar(20) not null,
    name varchar(20) not null,
    PRIMARY KEY (`id`)
) ENGINE=InnoDB DEFAULT CHARSET=utf8;

CREATE TABLE `user_1`(
    id bigint(64) not null,
    city varchar(20) not null,
    name varchar(20) not null,
    PRIMARY KEY (`id`)
) ENGINE=InnoDB DEFAULT CHARSET=utf8;

CREATE TABLE `user_2`(
    id bigint(64) not null,
    city varchar(20) not null,
    name varchar(20) not null,
    PRIMARY KEY (`id`)
) ENGINE=InnoDB DEFAULT CHARSET=utf8;

CREATE TABLE `user_3`(
    id bigint(64) not null,
    city varchar(20) not null,
    name varchar(20) not null,
    PRIMARY KEY (`id`)
) ENGINE=InnoDB DEFAULT CHARSET=utf8;
```

这样一个用户表就被拆分成了 4 个表，可以解决单表数据量过大的问题，这个案例我们就用 id 来取模分片，通过取模的算法将数据分配到不同的表中。

然后我们还是修改 sharding.xml 文件，在里面增加一个数据源即可，见代码清单 20-14。

代码清单 20-14　单库分表数据源配置

```xml
<!-- inline 表达式报错 -->
<context:property-placeholder ignore-unresolvable="true"/>
<!-- 主数据 -->
<bean id="ds_2" class="com.alibaba.druid.pool.DruidDataSource"
destroy-method=" close" primary="true">
    <property name="driverClassName" value="com.mysql.jdbc.Driver" />
    <property name="url" value="
        jdbc:mysql://localhost:3306/ds_2?character Encoding=utf-8" />
    <property name="username" value="root" />
    <property name="password" value="" />
</bean>
```

在 Spring 的配置文件中，由于 inline 表达式使用了 Groovy 语法，Groovy 语法的变量符与 Spring 默认占位符同为 ${}，因此需要在配置文件中增加：<context:property-placeholder ignore-unresolvable="true"/> 来解决 inline 表达式解析报错的问题。

然后配置我们的分表规则，见代码清单 20-15。

代码清单 20-15　分表规则配置

```xml
<rdb:strategy id="userTableStrategy" sharding-columns="id"
    algorithm-expression="user_${id.longValue() % 4}"/>
<rdb:data-source id="dataSource">
    <rdb:sharding-rule data-sources="ds_2">
        <rdb:table-rules>
            <rdb:table-rule logic-table="user" actual-tables="user_${0..3}"
                    table-strategy="userTableStrategy"/>
        </rdb:table-rules>
        <rdb:default-database-strategy sharding-columns="none"
 algorithm-class="com.dangdang.ddframe.rdb.sharding.api.strategy.database.NoneDatabaseShardingAlgorithm"/>
    </rdb:sharding-rule>
</rdb:data-source>
```

通过 rdb:strategy 定义一个分表的算法，用 id 来分片，然后通过 inline 表达式来指定分片的规则，表名为 user_ 加上 id 取模的值。

然后配置一个分表的数据源，rdb:table-rule 来配置分表的规则，指定了逻辑表 logic-table 以及正式存在的物理表 actual-tables，物理表也是表达式配置的，其实相当于 user_0、user_1、user_2、user_3。

由于我们不需要分库操作，所以用的是默认的不分库算法 NoneDatabaseShardingAlgorithm。然后我们改造下之前的 add 方法，模拟 100 条数据的插入，id 从 0 到 99，正常的话数据将分布到 4 个表中，见代码清单 20-16。

代码清单 20-16　测试代码

```java
@GetMapping("/add")
public Object add() {
    for (long i = 0; i < 100; i++) {
        User user = new User();
        user.setId(i);
        user.setCity(" 深圳 ");
        user.setName(" 李四 ");
        userService.add(user);
    }
    return "success";
}
```

访问 http://localhost:8084/add 后，就能从库中的 4 个表查看我们插入的数据，每个表中 25 条，数据均匀分布到 4 个表中。

rdb:strategy 目前是用 inline 表达式来配置的，还有个属性是 algorithm-class，可以指定自定义的分片算法，接下来我们用自定义的分片算法来实现取模分片，见代码清单 20-17。

代码清单 20-17　自定义取模分片算法

```java
public class UserSingleKeyTableShardingAlgorithm implements
                SingleKeyTableShardingAlgorithm<Long> {
    public String doEqualSharding(Collection<String> availableTargetNames,
            ShardingValue<Long> shardingValue) {
        for (String each : availableTargetNames) {
            if (each.endsWith(shardingValue.getValue() % 4 + "")) {
                return each;
            }
        }
        throw new IllegalArgumentException();
    }

    public Collection<String> doInSharding(Collection<String>
        availableTargetNames, ShardingValue<Long> shardingValue) {
        Collection<String> result = new
                LinkedHashSet<>(availableTargetNames.size());
        for (Long value : shardingValue.getValues()) {
            for (String tableName : availableTargetNames) {
                if (tableName.endsWith(value % 4 + "")) {
                    result.add (tableName);
                }
            }
        }
        return result;
    }

    public Collection<String> doBetweenSharding(Collection<String>
        availableTargetNames, ShardingValue<Long> shardingValue) {
         Collection<String> result = new
                LinkedHashSet<>(availableTargetNames.size());
        Range<Long> range = (Range<Long>) shardingValue.getValueRange();
        for (Long i = range.lowerEndpoint(); i <= range.upperEndpoint(); i++)
{
            for (String each : availableTargetNames) {
                if (each.endsWith(i % 4 + ""))
                    result.add(each); {
                }
            }
        }
        return result;
    }
}
```

修改下配置即可，见代码清单 20-18。

代码清单 20-18　使用自定义取模分片算法

```xml
<rdb:strategy id="userTableStrategy" sharding-columns="id"
algorithm-class="com.fangjia.sharding.UserSingleKeyTableShardingAlgorithm" />
```

通过 inline 表达式来做确认简单了很多，如果你有一些比较复杂的分片逻辑，那么还是用自定义算法的方式来实现比较好。

分表源码：fangjia-sjdbc-sharding-table。

20.4.4 既分库又分表实战

上节中我们只做分表的处理,数据库还是一个,这节将学习数据库和表同时拆分的用法。

为了讲解方便我们同样需创建 2 个新的数据库来操作分库,实际使用中你可以根据数据量的大小来规划需要拆分的数据库的数量,笔者这里拆分成 2 个库,分别是 cxytiandi_0 和 cxytiandi_1,建库语句如下:

```sql
CREATE DATABASE `cxytiandi_0` CHARACTER SET 'utf8' COLLATE 'utf8_general_ci';

CREATE DATABASE `cxytiandi_1` CHARACTER SET 'utf8' COLLATE 'utf8_general_ci';
```

分别进入到 cxytiandi_0 和 cxytiandi_1 执行下面的建表语句,创建 2 个用户表,同样你也可以根据实际的数量来规划表的数量。

```sql
CREATE TABLE `user_0`(
    id bigint(64) not null,
    city varchar(20) not null,
    name varchar(20) not null,
    PRIMARY KEY (`id`)
) ENGINE=InnoDB DEFAULT CHARSET=utf8;

CREATE TABLE `user_1`(
    id bigint(64) not null,
    city varchar(20) not null,
    name varchar(20) not null,
    PRIMARY KEY (`id`)
) ENGINE=InnoDB DEFAULT CHARSET=utf8;
```

在之前的讲解中我们只做了分表的操作,这次增加了分库,也就是说分库也要有一定的规则。分库的规则我们按 city 字段——也就是城市来分库,相同城市的数据存在同一个库中。分表的规则还是按之前的取模方式,当然你也可以使用别的方式,见代码清单 20-19。

代码清单 20-19 分库分表数据源配置

```xml
<bean id="ds_0" class="com.alibaba.druid.pool.DruidDataSource"
        destroy-method="close" primary="true">
    <property name="driverClassName" value="com.mysql.jdbc.Driver" />
    <property name="url" value="jdbc:mysql://localhost:3306/
        cxytiandi_0?characterEncoding=utf-8" />
    <property name="username" value="root" />
    <property name="password" value="" />
</bean>

<bean id="ds_1" class="com.alibaba.druid.pool.DruidDataSource"
        destroy-method="close">
    <property name="driverClassName" value="com.mysql.jdbc.Driver" />
    <property name="url" value="jdbc:mysql://localhost:3306/
        cxytiandi_1?characterEncoding=utf-8" />
```

```xml
        <property name="username" value="root" />
        <property name="password" value="" />
</bean>
```

配置分库规则，根据 city 字段来分库，分库算法实现逻辑在 SingleKeyDbSharding-Algorithm 中，见代码清单 20-20。

代码清单 20-20　配置分库规则

```xml
<rdb:strategy id="databaseShardingStrategyHouseLouDong"
        sharding-columns="city"
        algorithm-class="
        com.fangjia.sjdbc.SingleKeyDbShardingAlgorithm"/>
```

配置分表规则，根据 id 字段来分表，分表算法实现逻辑在 UserSingleKeyTable-Sharding-Algorithm 中，见代码清单 20-21。

代码清单 20-21　配置分表规则

```xml
<rdb:strategy id="tableShardingStrategyHouseLouDong"
        sharding-columns="id"
        algorithm-class="
        com.fangjia.sjdbc.UserSingleKeyTableShardingAlgorithm"/>
```

配置分库分片数据源，指定分片库的数据源以及分表的数量，见代码清单 20-22。

代码清单 20-22　配置分库分片数据源

```xml
<rdb:data-source id="dataSource">
    <rdb:sharding-rule data-sources="ds_0, ds_1">
        <rdb:table-rules>
            <rdb:table-rule logic-table="user" actual-tables="user_${0..1}"
                database-strategy="databaseShardingStrategyHouseLouDong"
                table-strategy="tableShardingStrategyHouseLouDong">
            </rdb:table-rule>
        </rdb:table-rules>
    </rdb:sharding-rule>
</rdb:data-source>
```

自定义分库算法的实现逻辑，根据城市选择对应的数据源，见代码清单 20-23。

代码清单 20-23　自定义分库的算法

```java
public class SingleKeyDbShardingAlgorithm implements
                SingleKeyDatabaseShardingAlgorithm<String> {
    private static Map<String, List<String>> shardingMap =
                    new ConcurrentHashMap<>();
    static {
        shardingMap.put("ds_0", Arrays.asList(" 上海 "));
        shardingMap.put("ds_1", Arrays.asList(" 杭州 "));
    }

    @Override
    public String doEqualSharding(final Collection<String>
        availableTargetNames, final ShardingValue<String> shardingValue) {
        for (String each : availableTargetNames) {
```

```
            if(shardingMap.get(each).contains(shardingValue.getValue())) {
                return each;
            }
        }
        return "ds_0";
    }

    @Override
    public Collection<String> doInSharding(final Collection<String>
        availableTargetNames, final ShardingValue<String> shardingValue) {
        Collection<String> result = new
                LinkedHashSet<>(availableTargetNames.size());
        for (String each : availableTargetNames) {
            if(shardingMap.get(each).contains(shardingValue.getValue()))
                { result.add(each);
            } else {
                result.add("ds_0");
            }
        }
        return result;
    }

    @Override
    public Collection<String> doBetweenSharding(final Collection<String>
        availableTargetNames, final ShardingValue<String> shardingValue) {
        Collection<String> result = new
                LinkedHashSet<>(availableTargetNames.size());
        for (String each : availableTargetNames) {
            if (shardingMap.get(each).contains(shardingValue.getValue())) {
                result.add(each);
            } else {
                result.add("ds_0");
            }
        }
        return result;
    }
}
```

配置完后写一个模拟数据插入的方法，插入 100 条数据，城市为上海和杭州，城市采用随机获取，插入完我们可以去数据库中检查插入的数据是否按照我们的规则分布到库中和表中，见代码清单 20-24。

代码清单 20-24　分库分表测试代码

```
@GetMapping("/add") public Object add() {
    for (long i = 0; i < 100; i++) {
        User user = new User();
        user.setId(i);
        int random = new Random().nextInt(100);
        if (random % 2 == 0) {
            user.setCity(" 上海 ");
        } else {
            user.setCity(" 杭州 ");
        }
        user.setName(" 李四 "+i);
```

```
            userService.add(user);
    }
    return "success";
}
```

保存数据之后可以看到 city 为上海的数据保存到了 cxytiandi_0 库中,杭州的数据保存到了 cxytiandi_1 库中,每个库中 2 个表分别有对应的数据。

分库分表源码是:

ch-20/fangjia-sjdbc-sharding-db-table。

20.5 分布式主键

传统数据库软件开发中,主键自动生成技术是基本需求。而各大数据库对于该需求也提供了相应的支持,比如 MySQL 的自增键。对于 MySQL 而言,分库分表之后,不同表生成全局唯一的 id 是非常棘手的问题。因为同一个逻辑表内的不同实际表之间的自增键是无法互相感知的,这样会造成重复 id 的生成。我们当然可以通过约束表生成键的规则来达到数据的不重复,但这需要引入额外的运维力量来解决重复性问题,并使框架缺乏扩展性。

目前有许多第三方解决方案可以完美解决这个问题,比如 UUID 等依靠特定算法自生成不重复键,或者通过引入 id 生成服务等。但也正因为这种多样性导致了 Sharding-JDBC 如果强依赖于任何一种方案就会限制其自身的发展。

基于以上原因,最终采用了以 JDBC 接口来实现对于生成 id 的访问,而将底层具体的 id 生成实现分离出来。

像前文讲过的,笔者自己封装的 JdbcTemplate 中的自动 id 也是基于 Sharding-JDBC 提供的算法实现的,当然读者也可以单独把代码拉出来使用。

默认的生成器代码在 io.shardingjdbc.core.keygen.DefaultKeyGenerator 中,该算法采用的是 snowflake 算法实现,生成的数据为 64bit 的 long 型数据。在数据库中应该使用大于等于 64bit 的数字类型的字段来保存该值,比如在 MySQL 中应该使用 BIGINT。

下面介绍几种常用的 id 生成方式。

1. DefaultKeyGenerator

DefaultKeyGenerator,默认的主键生成器。该生成器采用 Twitter Snowflake 算法实现,生成 64 Bits 的 Long 型编号。

2. HostNameKeyGenerator

根据机器名最后的数字编号获取工作进程 id。如果线上机器命名有统一规范,建议使用此种方式。

例如机器的 HostName 为 :dangdang-db-sharding-dev-01(公司名 – 部门名 – 服务名 –

环境名 – 编号），会截取 HostName 最后的编号 01 作为 WorkerId。

3. IPKeyGenerator

根据机器 IP 获取工作进程 id，如果线上机器的 IP 二进制表示的最后 10 位不重复，建议使用此种方式，例如机器的 IP 为 192.168.1.108，二进制表示：11000000 10101000 00000001 01101100，截取最后 10 位 0101101100，转为十进制 364，设置 workerId 为 364。

4. IPSectionKeyGenerator

IPKeyGenerator 的优化版本，IPKeyGenerator workerId 生成的规则后，感觉对服务器 IP 后 10 位（特别是 IPV6）数值比较约束。

有以下优化思路：

因为 WorkerId 最大限制是 2^{10}，我们生成的 WorkerId 只要满足小于最大 WorkerId 即可。

（1）针对 IPV4：

....IP 最大 255.255.255.255。而（255+255+255+255）< 1024。

.... 因此采用 IP 段数值相加即可生成唯一的 WorkerId，不受 IP 位限制。

（2）针对 IPV6：

....IP 最大 ffff:ffff:ffff:ffff:ffff:ffff:ffff:ffff。

.... 为了保证相加生成的 WorkerId < 1024，思路是将每个 bit 位的后 6 位相加。这样在一定程度上也可以满足 WorkerId 不重复的问题。

使用这种 IP 生成 WorkerId 的方法，必须保证 IP 段相加不能重复。

后三种方式被提取到 Sharding-Jdbc-Plugin 包中，大家可以自己去看源码，生成方式都是基于 DefaultKeyGenerator，只是 WorkerId 的生成方式不一样，WorkerId 决定了在分布式高并发环境下，生成的 id 是否会重复。

后三种方式都是基于一系列的规则来获取 wordid，如果大家使用默认的 DefaultKeyGenerator 来生成 id 的话，记得在系统环境变量中设置 sharding-jdbc.default.key.generator.worker.id 的值。当你的程序分布在 A、B、C 三台服务器上时，那么你需要分别为 A、B、C 三台机器设置不同的 sharding-jdbc.default.key.generator.worker.id。这样才能保证并发下生成的 id 不重复。

在笔者推荐的 JdbcTemplate 扩展框架中已经集成了 Sharding-Jdbc 的 id 算法，在实体类上加一个注解即可实现 id 的生成，使用方式如代码清单 20-25 所示：

代码清单 20-25　自增 id 使用

```
@AutoId
@Field(value="id", desc=" 主键 ID")
private String id;
```

如果你使用其他 ORM 框架，也可以通过配置 table-rule 中的 generate-key-column 规则来使用，使用方式如代码清单 20-26 所示：

代码清单 20-26　table-rule 配置自增 ID

```
<rdb:table-rule logic-table="user" actual-tables="user_${0..1}"
        database-strategy="databaseShardingStrategyHouseLouDong"
        table-strategy="tableShardingStrategyHouseLouDong">
    <rdb:generate-key-column column-name="id"/>
</rdb:table-rule>
```

20.6　本章小结

对于一个大型互联网产品，每天的请求量高达上亿次，数据库的压力越来越大，通过读写分离策略，可以提高数据的读取和并发量，通过水平拆分可以降低单台机器的负载。本章学习的 Sharding-JDBC 就是为了处理这种问题而生的，Sharding-JDBC 是 Client 方式的中间件，还有一个比较好的框架是 Server 端的，通过 Proxy 方式提供服务，它就是 Mycat，有兴趣的读者可以自行了解。在最新的 ShardingSphere 中目前也有支持 Proxy 方式的 Sharding-Proxy。

第 21 章

最佳生产实践经验

21.1 开发环境和测试环境共用 Eureka

在开发过程中会遇到这样一种情况，那就是只需要修改一个服务，但是这个服务依赖了其他的 3 个服务，导致开发人员本地也要启动其他 3 个服务，还要启动一个 Eureka 注册中心。问题显而易见，在依赖过多的情况下，本地需要启动很多无须修改的服务。

在 Eureka 中有 Region Zone 的概念：

- Region：可以简单理解为地理上的分区，比如北京、上海等，没有具体大小的限制。根据项目具体情况，可以自行合理划分 Region。
- Zone：可以简单理解为 region 内的具体机房，比如说 Region 划分为北京，然后北京有两个机房，就可以在此 Region 之下划分出 Zone1、Zone2 两个 Zone。

在调用过程中会优先选择相同的 Zone 发起调用，当找不到相同名称的 Zone 时会选择其他的 Zone 进行调用，我们可以利用这个特性来解决本地需要启动多个服务的问题。

测试环境有所有的服务部署，需要将测试环境服务的 Zone 改成同一个，这个可以在 Apollo 中指定。

```
eureka.instance.metadata-map.zone=test222
```

本地开发的时候，将 Apollo 的环境改成本地开发模式：

```
env=Local
```

然后再修改本地缓存的配置文件，将你需要修改的那个服务的 Zone 改成你自己特有的，只要不跟测试环境一样就行。

```
eureka.instance.metadata-map.zone=localyjh
```

如果你要修改 2 个服务，那就改 2 个，这样当你访问你修改的服务 A 的时候，这个服务依赖了 B、C、D 三个服务，B 和 C 本地没有启动，D 服务也需要修改，在本地启动了。D 服务有相同的 Zone 就会优先调用本地的 D 服务，B 和 C 找不到相同的 Zone 就会选择其他的 Zone 进行调用，也就是会调用到测试环境部署的 B 和 C 服务，这样一来就解决了本地部署多个服务的问题。

测试环境的调用会优先选择测试的 Zone 进行调用，所以不会影响测试环境，但前提是测试环境的服务都要启动着，不然会调用到开发人员的注册的服务上，Zone 特性如图 21-1 所示。

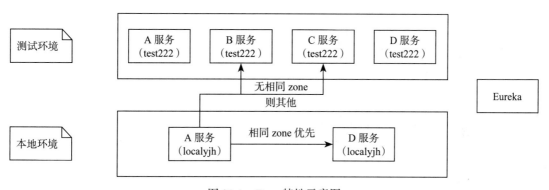

图 21-1　Zone 特性示意图

多分支并行开发进行测试的时候也可以利用 Zone 来实现分支间的隔离，可以以分支名作为 Zone。

21.2　Swagger 和 Actuator 访问进行权限控制

Swagger 文档和 Actuator 暴露的端点信息都通过 Security 做了权限控制，虽然服务都部署在内网，但还是加上了权限控制，确保安全性更高。

加上 Security 的 Maven 依赖，如代码清单 21-1 所示。

代码清单 21-1　Security Maven 依赖

```xml
<dependency>
    <groupId>org.springframework.boot</groupId>
    <artifactId>spring-boot-starter-security</artifactId>
</dependency>
```

增加 Security 的配置类，配置权限控制规则，如代码清单 21-2 所示。

代码清单 21-2　Security 配置类

```
@Configuration
public class SecurityConfig extends WebSecurityConfigurerAdapter {

    @Override
    protected void configure(HttpSecurity http) throws Exception {
    http.authorizeRequests().antMatchers("/actuator/hystrix.stream").permitAll()
        .antMatchers("/actuator/**", "/swagger-ui.html/**").authenticated()
        .anyRequest().permitAll()
        .and().formLogin().and()
        .httpBasic().and().csrf().disable();
    }

}
```

/actuator/hystrix.stream 不进行权限认证，否则在 Hystrix Dashboard 中无法显示监控数据，其他 actuator 开头的 URI 和 swagger-ui.html 都做了权限认证。当我们访问这些被保护的 URI 时会先让我们输入账号密码，认证通过之后就可以访问了。

账号密码通过配置指定：

```
spring.security.user.name=yinjihuan
spring.security.user.password=123456
```

21.3　Spring Boot Admin 监控被保护的服务

Actuator 暴露的端点信息被 Security 保护后，在 Spring Boot Admin 中将无法获取端点信息进行展示，原因是没有认证，获取不到端点数据。

Spring Boot Admin 中提供了基于认证的获取方式，只要配置了认证信息后 Spring Boot Admin 就可以正常地获取被保护的端点数据。这个配置不是放在 Spring Boot Admin 中，而是各个服务自己配置的，因为每个服务保护的账号信息只有自己知道，需要把账号信息存储在 Eureka 的 metadata 中，Spring Boot Admin 会根据 metadata 配置的信息去认证。

```
eureka.instance.metadata-map.user.name=yinjihuan
eureka.instance.metadata-map.user.password=123456
```

21.4　Apollo 配置中心简化版搭建分享

Apollo 配置中心简化版架构如图 21-2 所示。

笔者这里用了 4 台机器来进行 Apollo 的部署工作。

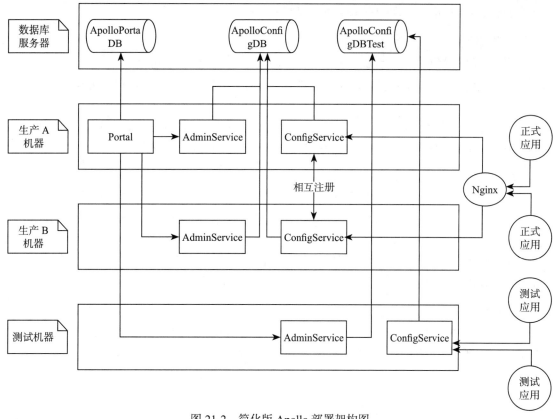

图 21-2　简化版 Apollo 部署架构图

1. 数据库服务器

用于部署 MySQL 数据库，在一个 MySQL 实例上创建三个数据库，分别是 ApolloPortalDB、ApolloConfigDB（正式环境库）、ApolloConfigDBTest（测试环境库）。

2. 生产 A 机器

部署 Portal，Portal 在这里没做高可用，一个 Web 后台，一个实例就够了。Portal 连接的是 ApolloPortalDB。部署了一个 AdminService 和一个 ConfigService，连接的是 ApolloConfigDB（正式环境库）。

3. 生产 B 机器

跟 A 机器的部署一样，就只少了一个 Portal 的部署，如果你觉得 Portal 也要多个实例，那么可以在这台机器上也部署一个 Portal，然后通过 Nginx 做负载。

4. 测试机器

测试机器同样也是部署一个 AdminService 和一个 ConfigService，不同的是数据库连接的是 ApolloConfigDBTest（测试环境库）。

我们可以根据部署的架构图来梳理下流程：

1. 测试环境

测试应用的 Meta Server 地址指向的是测试机器部署的 ConfigService，ConfigService 连接的是 ApolloConfigDBTest（测试环境库），所以测试应用的配置都是测试环境下的配置信息。

当我们通过 Portal 来修改测试环境的配置，Portal 会调用测试机器上的 AdminService 进行数据的修改，修改的是 ApolloConfigDBTest（测试环境库）的数据。

2. 正式环境

正式应用的 Meta Server 地址指向的是一个域名，通过 Nginx 代理，代理的服务是 A 机器和 B 机器上的 ConfigService，ConfigService 连接的是 ApolloConfigDB（正式环境库），所以正式应用的配置都是正式环境下的配置信息。

当我们通过 Portal 来修改正式环境的配置时，Portal 会调用生产机器 A 或者 B 上的 AdminService 进行数据的修改，修改的是 ApolloConfigDB（正式环境库）的数据。

3. 开发环境

开发环境只需要 env 设置成 Local，这样 Apollo 只会从本地文件读取配置信息，不会从 Apollo 服务器读取配置。开发者就可以直接修改本地的配置文件。

21.5　Apollo 使用小经验

21.5.1　公共配置

公共配置需要提取出来，达到多个项目复用的目的。我们是将 Apollo 的命名空间整理出来，定义在一个类里面，主要是一些公共配置的命名空间，比如 Eureka、Redis、MQ 这些，需要在多个服务中使用。通过 @EnableApolloConfig 来指定项目需要用到的配置空间，如代码清单 21-3 所示。

代码清单 21-3　Apollo 命名空间定义

```
public interface FangJiaConfigConsts {

    /**
     * 默认命名空间
     */
    String DEFAULT_NAMESPACE = "application";

    /**
     * 公共 Redis 命名空间
     */
    String COMMON_REDIS_NAMESPACE = "1001.common-redis";

    /**
```

```
 * 公共 Web 命名空间
 */
String COMMON_WEB_NAMESPACE = "1001.common-web";
}
```

使用方需要使用哪些配置就指定哪些空间，如代码清单 21-4 所示。

代码清单 21-4　Apollo 命名空间使用

```
@Data
@Configuration
@EnableApolloConfig({FangJiaConfigConsts.DEFAULT_NAMESPACE,FangJiaConfigConsts.COMMON_WEB_NAMESPACE })
public class ApplicationConfig {

}
```

21.5.2　账号权限

配置的账号一定要创建多个，不同的账号拥有不同的权限，比如给开发人员使用的就只开放测试环境的权限，如果要查看生产环境也可以开放，但是只能查看，修改发布的权限要去掉。

首先给需要查看项目信息的账号分配管理权限，如图 21-3 和图 21-4 所示。

图 21-3　编辑权限入口

图 21-4　项目管理权限分配

还可以给具体的用户分配配置修改和配置发布的权限，力度细，灵活度高，如图 21-5、21-6、21-7 所示。

图 21-5　授权入口

图 21-6　修改权限分配

图 21-7　发布权限分配

21.5.3　环境配置和项目配置

项目中会有一个属性文件，里面会配置 Apollo 的基本信息，其余的配置都在配置中心里存放：

```
spring.application.name=district-service
app.id=${spring.application.name}
apollo.bootstrap.enabled=true
```

环境配置没有跟着项目走，是放在本地的磁盘中，也就是 /opt/settings/server.properties 中：

```
env=Local
apollo.meta=http://xxx.com
```

21.6　Apollo 动态调整日志级别

生产环境出问题后，往往需要更详细的日志来辅助我们排查问题。这个时候会将日志级别调低一点，比如 debug 级别，这样就能输出更详细的日志信息。目前都是通过修改配置，然后重启服务来让日志的修改生效。

通过整合 Apollo 我们可以做到在配置中心动态调整日志级别的配置，服务不用重启即可刷新日志级别，非常方便。

最常见的就是我们用 Feign 来调用接口，正常情况下是不开启 Feign 的日志输出，当需要排查问题的时候，就可以调整下日志级别，查看 Feign 的请求信息以及返回的数据。

在项目中增加一个日志监听修改刷新的类，当有 loggin.level 相关配置发生修改的时候，就向 Spring 发送 EnvironmentChangeEvent 事件，如代码清单 21-5 所示。

代码清单 21-5　日志级别动态调整

```java
@Service
public class LoggerLevelRefresher implements ApplicationContextAware {
    private ApplicationContext applicationContext;

    @ApolloConfig
    private Config config;

    @PostConstruct
    private void initialize() {
        refreshLoggingLevels(config.getPropertyNames());
    }

    @ApolloConfigChangeListener
    private void onChange(ConfigChangeEvent changeEvent) {
        refreshLoggingLevels(changeEvent.changedKeys());
    }

    private void refreshLoggingLevels(Set<String> changedKeys) {
        boolean loggingLevelChanged = false;
        for (String changedKey : changedKeys) {
            if (changedKey.startsWith("logging.level.")) {
                loggingLevelChanged = true;
                break;
            }
        }

        if (loggingLevelChanged) {
            System.out.println("Refreshing logging levels");
            this.applicationContext.publishEvent(new EnvironmentChangeEvent(changedKeys));
            System.out.println("Logging levels refreshed");
        }
    }

    @Override
    public void setApplicationContext(ApplicationContext applicationContext) throws BeansException {
        this.applicationContext = applicationContext;
    }
}
```

　　Apollo 之前基本上都是重启服务，后面用了 Spring Boot Admin，也可以解决这个需求，在 Spring Boot Admin 中有个 Logger 的菜单，可以动态调整日志级别。如图 21-8 所示。

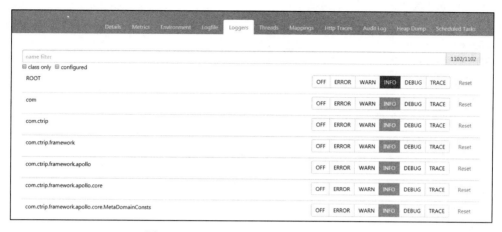

图 21-8　Spring Boot Admin 调整日志级别

21.7　Apollo 存储加密

一些比较重要的配置信息，比如密码之类的敏感配置，我们希望将配置加密存储，以保证安全性。Apollo 框架本身没有提供数据加密的功能，如果想要实现数据加密的功能有两种方式，第一种是改 Apollo 的源码，增加加解密的逻辑；第二种比较简单，是基于第三方的框架来对数据进行解密。

jasypt-spring-boot 是一个基于 Spring Boot 开发的框架，可以将 properties 中加密的内容自动解密，在 Apollo 中也可以借助 jasypt-spring-boot 这个框架来实现数据的加、解密操作。

jasypt-spring-boot GitHub 地址：https://github.com/ulisesbocchio/jasypt-spring-boot。

将我们需要加密的配置通过 jasypt-spring-boot 提供的方法进行加密，然后将加密的内容配置在 Apollo 中，当项目启动的时候，jasypt-spring-boot 会将 Apollo 加密的配置进行解密，从而让使用者获取到解密之后的内容。

创建一个新的 Maven 项目，加入 Apollo 和 jasypt 的依赖，如代码清单 21-6 所示。

代码清单 21-6　Apollo 和 jasypt Maven 依赖

```xml
<dependency>
    <groupId>com.ctrip.framework.apollo</groupId>
    <artifactId>apollo-client</artifactId>
    <version>1.1.0</version>
</dependency>
<!--jasypt 加密 -->
<dependency>
    <groupId>com.github.ulisesbocchio</groupId>
    <artifactId>jasypt-spring-boot-starter</artifactId>
    <version>1.16</version>
</dependency>
```

加入下面的依赖信息：

```
server.port=8081
app.id=SampleApp
apollo.meta=http://localhost:8080
apollo.bootstrap.enabled=true
apollo.bootstrap.namespaces=application
jasypt.encryptor.password=yinjihaunkey
```

❑ jasypt.encryptor.password：配置加密的 Key。

创建一个加密的工具类，用于加密配置，如代码清单 21-7 所示。

代码清单 21-7   jasypt 加密类

```java
public class EncryptUtil {

    /**
     * 制表符、空格、换行符 PATTERN
     */
    private static Pattern BLANK_PATTERN = Pattern.compile("\\s*|\t|\r|\n");

    /**
     * 加密 Key
     */
    private static String PASSWORD = "yinjihaunkey";

    /**
     * 加密算法
     */
    private static String ALGORITHM = "PBEWithMD5AndDES";

    public static Map<String, String> getEncryptedParams(String input) {
        // 输出流
        ByteArrayOutputStream byteArrayOutputStream = new ByteArrayOutputStream(1024);
        PrintStream cacheStream = new PrintStream(byteArrayOutputStream);

        // 更换数据输出位置
        System.setOut(cacheStream);

        // 加密参数组装
        String[] args = {"input=" + input, "password=" + PASSWORD, "algorithm=" + ALGORITHM};
        JasyptPBEStringEncryptionCLI.main(args);

        // 执行加密后的输出
        String message = byteArrayOutputStream.toString();
        String str = replaceBlank(message);
        int index = str.lastIndexOf("-");

        // 返回加密后的数据
        Map<String, String> result = new HashMap<String, String>();
        result.put("input", str.substring(index + 1));
        result.put("password", PASSWORD);
        return result;
```

```
    }
    /**
     * 替换制表符、空格、换行符
     *
     * @param str
     * @return
     */
    private static String replaceBlank(String str) {
        String dest = "";
        if (!StringUtils.isEmpty(str)) {
            Matcher matcher = BLANK_PATTERN.matcher(str);
            dest = matcher.replaceAll("");
        }
        return dest;
    }

    public static void main(String[] args) {
        System.out.println(getEncryptedParams("hello"));
    }
}
```

执行 main 方法，可以得到如下输出：

```
{input=OJK4mrGjPUxkB4XuqEv2YQ==, password=yinjihaunkey}
```

input 就是 hello 加密之后的内容，将 input 的值复制存储到 Apollo 中，存储的格式需要按照一定的规则才行：

```
test.input = ENC(OJK4mrGjPUxkB4XuqEv2YQ==)
```

需要将加密的内容用 ENC 包起来，这样 jasypt 才会去解密这个值。

使用时可以直接根据名称注入配置，如代码清单 21-8 所示。

代码清单 21-8　注入加密的配置

```
@Value("${test.input}")
private String input;
```

input 的值就是解密后的值，使用者不需要关心解密逻辑，jasypt 框架已经在内部处理好了。

jasypt 整合 Apollo 也有一些不足的地方，目前笔者发现了下面两个问题：

- 在配置中心修改值后，项目中的值不会刷新。
- 注入 Config 对象获取的值无法解密。

Config 对象注入，如代码清单 21-9 所示。

代码清单 21-9　Config 对象注入

```
@ApolloConfig
private Config config;

@GetMapping("/config/getUserName3")
```

```
public String getUserName3() {
    return config.getProperty("test.input", "yinjihuan");
}
```

上面列举的两个问题，跟 jasypt 的实现方式是有关系的，这意味着这种加密的方式可能只适合数据库密码之类的情况，启动时是可以解密的，而且只是用一次，如果是某些比较核心的业务配置需要加密的话，jasypt 是支持不了的，无法做到实时更新。下节会讲解如何通过修改 Apollo 的源码来解决这两个问题。

21.8 扩展 Apollo 支持存储加解密

前面章节中给大家介绍了如何使用 jasypt 为 Apollo 中的配置进行加解密操作，基本的需求是能够实现的，但还是有一些不足的地方。

jasypt 只是在启动的时候将 Spring 中带有 ENC（××）这种格式的配置进行解密，当配置发生修改时无法更新。由于 Apollo 框架本身没有这种对配置加解密的功能，如果我们想实现加解密，并且能够动态更新，就需要对 Apollo 的源码做一些修改来满足需求。

对源码修改还需要重新打包，笔者在这里介绍一个比较简单的实现方式，就是创建一个跟 Apollo 框架中一模一样的类名进行覆盖，这样也不用替换已经在使用的客户端。

如果配置中心存储的内容是加密的，意味着 Apollo 客户端从配置中心拉取下来的配置也是加密之后的，我们需要在配置拉取下来之后就对配置进行解密，然后再走后面的流程，比如绑定到 Spring 中。在这个业务点进行切入后，配置中心加密的内容就可以自动变成解密后的明文，对使用者透明。

通过分析 Apollo 的源码，笔者找到了一个最合适的切入点来做这件事情，这个类就是 com.ctrip.framework.apollo.internals.DefaultConfig，DefaultConfig 是 Coonfig 接口的实现类，配置的初始化和获取都会经过 DefaultConfig 的处理。

在 DefaultConfig 内部有一个更新配置的方法 updateConfig，可以在这个方法中对加密的数据进行解密处理，如代码清单 21-10 所示。

代码清单 21-10　扩展 Apollo 源码加解密

```
private void updateConfig(Properties newConfigProperties, ConfigSourceType sourceType) {
    Set<Object> keys = newConfigProperties.keySet();
    for (Object k : keys) {
        String key = k.toString();
        String value = newConfigProperties.getProperty(key);
        // 加密 Value
        if (value.startsWith("ENC(") && value.endsWith(")")) {
            logger.debug("加密 Value {}", value);
            // 解密然后重新赋值
            try {
                String decryptValue = AesEncryptUtils.aesDecrypt(value.
```

```
substring(3, value.length()-1), DECRYPT_KEY);
                    newConfigProperties.setProperty(key, decryptValue);
                } catch (Exception e) {
                    logger.error(" 加密配置解密失败 ", e);
                }
            }
        }
        m_configProperties.set(newConfigProperties);
        m_sourceType = sourceType;
    }
```

这里使用了 AES 来解密，也就是说配置中心的加密内容也需要用相同的加密算法进行加密，至于格式，还是用 ENC(xx) 来标识这就是一个加密的配置内容。解密之后将解密的明文内容重新赋值到 Properties 中，其他流程不变。

创建一个加密测试类，加密配置内容，复制存储到 Apollo 中，如代码清单 21-11 所示。

代码清单 21-11　加密测试类

```
public class Test {
    public static void main(String[] args) {
        String msg = "hello yinjihaun";
        try {
            String encryptMsg = AesEncryptUtils.aesEncrypt(msg, "1111222233334444");
            System.out.println(encryptMsg);
        } catch (Exception e) {
            e.printStackTrace();
        }
    }
}
```

输出内容如下：

`Ke4LIPGOp3jCwbIHtmhmBA==`

存储到 Apollo 中需要用 ENC 将加密内容包起来，如下：

`test.input = ENC(Ke4LIPGOp3jCwbIHtmhmBA==)`

还是用之前的代码进行测试，用 Config 获取和 Spring 注入的方式可以成功地获取到解密的数据，并且在配置中心修改后也能实时推送到客户端成功解密。

21.9　Apollo 结合 Zuul 实现动态路由

网关作为流量的入口，尽量不要频繁地重启，而是选择用默认的路由规则来访问接口，这样每当有新的服务上线时无须修改路由规则。也可以通过动态刷新路由的方式来避免网关重启。

Zuul 中刷新路由只需要发布一个 RoutesRefreshedEvent 事件即可，我们可以监听

Apollo 的修改,当路由发生变化的时候就发送 RoutesRefreshedEvent 事件来进行刷新,如代码清单 21-12 所示。

代码清单 21-12　Zuul 路由动态刷新

```java
@Component
public class ZuulPropertiesRefresher implements ApplicationContextAware {

    private static final Logger logger = LoggerFactory.getLogger(ZuulPropertiesRefresher.class);

    private ApplicationContext applicationContext;

    @Autowired
    private RouteLocator routeLocator;

    @ApolloConfigChangeListener
    public void onChange(ConfigChangeEvent changeEvent) {
        boolean zuulPropertiesChanged = false;
        for (String changedKey : changeEvent.changedKeys()) {
            if (changedKey.startsWith("zuul.")) {
                zuulPropertiesChanged = true;
                break;
            }
        }

        if (zuulPropertiesChanged) {
            refreshZuulProperties(changeEvent);
        }
    }

    private void refreshZuulProperties(ConfigChangeEvent changeEvent) {
        logger.info("Refreshing zuul properties!");
        this.applicationContext.publishEvent(new EnvironmentChangeEvent(changeEvent.changedKeys()));
        this.applicationContext.publishEvent(new RoutesRefreshedEvent(routeLocator));
        logger.info("Zuul properties refreshed!");
    }

    @Override
    public void setApplicationContext(ApplicationContext applicationContext) throws BeansException {
        this.applicationContext = applicationContext;
    }
}
```

在 Apollo 配置中心添加下面的路由规则:

```
zuul.routes.cxytiandi.path = /**
zuul.routes.cxytiandi.url = http://github.com
```

访问服务地址,可以显示 GitHub 的内容,然后修改 uri 的值为 http://cxytiandi.com,重新访问服务地址可以看到路由生效了。

21.10　Apollo 整合 Archaius

Netflix 的配置管理使用的是自己公司研发的 [Archaius](https://github.com/Netflix/archaius)，遗憾的是 Netflix 没有开源 Archaius 的服务端，我们现在可以使用 Apollo 作为 Archaius 的服务端。对于 Archaius 来说，只要有一个返回配置的 API 对接即可。

Apollo 提供了获取每个 APPid 的 REST API，比如我们要获取 SampleApp 的默认集群下，默认命名空间的配置，那么地址格式为：ConfigServiceUrl +"configfiles"+ APPID + 集群 + 命名空间，通过这个地址可以获取到 properties 格式的数据，示例如下：

请求地址：

```
http://localhost:8080/configfiles/SampleApp/default/application
```

返回格式：

```
zuul.routes.cxytiandi.url=http\://cxytiandi.com
zuul.routes.cxytiandi.path=/**
```

为了演示方便，我们直接在启动类中设置 Archaius 配置获取地址，如代码清单 21-13 所示。

代码清单 21-13　整合 Archaius

```java
public static void main(String[] args) {
    // 指定环境（开发演示用，不能用于生产环境））
    System.setProperty("env", "DEV");
    // 指定 archaius 获取配置的 URL
    String apolloConfigServiceUrl = "http://localhost:8080";
    String appId = "SampleApp";
    System.setProperty("archaius.configurationSource.additionalUrls",
            apolloConfigServiceUrl + "/configfiles/" + appId + "/default/application");
    SpringApplication.run(App.class, args);
}
```

在前面的章节中有讲过 Zuul 的调试功能，内置了一个 DebugFilter，里面的参数都是通过 Archaius 的客户端来获取的，所以我们在 DebugFilter 设置一个断点用来调试 Archaius 能否成功获取 Apollo 中的配置，如代码清单 21-14 和图 21-9 所示。

代码清单 21-14　Zuul Debug 参数获取

```java
private static final DynamicStringProperty DEBUG_PARAMETER = DynamicPropertyFactory
        .getInstance().getStringProperty(ZuulConstants.ZUUL_DEBUG_PARAMETER, "debug");
```

第一次请求进去，可以看到 zuul.debug.paramter 这个配置的值是 debug，如图 21-10 所示。
然后我们在 Apollo 配置中心增加一个配置：

zuul.debug.parameter=mydebug

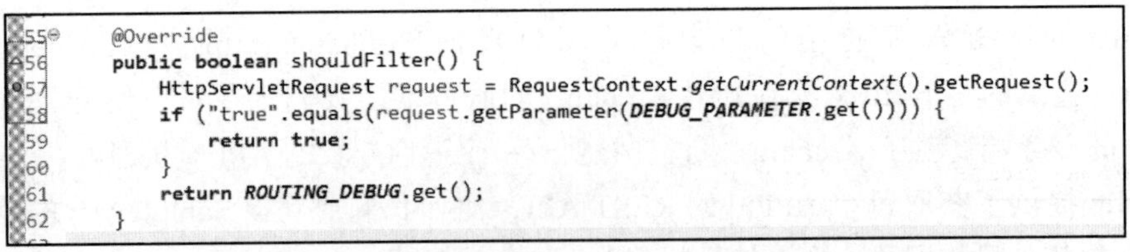

```
@Override
public boolean shouldFilter() {
    HttpServletRequest request = RequestContext.getCurrentContext().getRequest();
    if ("true".equals(request.getParameter(DEBUG_PARAMETER.get()))) {
        return true;
    }
    return ROUTING_DEBUG.get();
}
```

图 21-9　断点调试 Archaius 获取配置

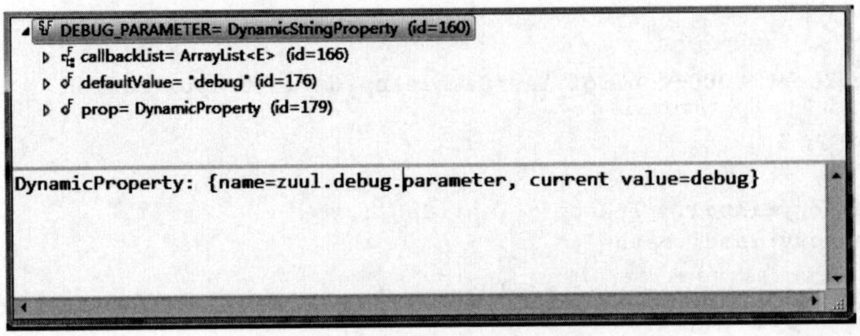

图 21-10　Archaius 配置值查看（1）

发布配置，需要等待 30 秒（Archaius 默认 30 秒从服务端更新一次配置信息），30 秒后再次请求可以看到值变成了我们自己设置的 mydebug，如图 21-11 所示。

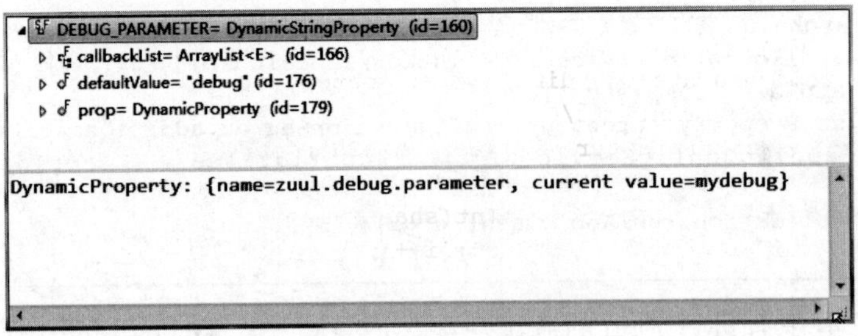

图 21-11　Archaius 配置值查看（2）

21.11　Elastic-Job 的 Spring-Boot-Starter 封装

在 19 章中我们学习了 Elastic-Job，示列也都是基于 XML 的配置方式，私下有很多朋友问有没有 Spring Boot 的配置方式。由于官方没有提供 Elastic-Job 的 Spring-Boot-Starter 包，笔者这边自己封装了一个，大家可以参考下。

GitHub：https://github.com/yinjihuan/elastic-job-spring-boot-starter

第一步添加仓库地址，如代码清单 21-15 所示。

代码清单 21-15　Jitpack 仓库地址

```xml
<repositories>
    <repository>
        <id>jitpack.io</id>
        <url>https://jitpack.io</url>
    </repository>
</repositories>
```

第二步添加依赖，如代码清单 21-16 所示。

代码清单 21-16　ElasticJob Spring Boot Maven 配置

```xml
<dependency>
    <groupId>com.github.yinjihuan</groupId>
    <artifactId>elastic-job-spring-boot-starter</artifactId>
    <version>1.0.4</version>
</dependency>
```

第三步添加 Zookeeper 配置文件：

```
elastic.job.zk.serverLists=localhost:2181
elastic.job.zk.namespace=cxytiandi_job2
```

第四步创建任务，如代码清单 21-17 所示。

代码清单 21-17　注解发布任务

```java
@ElasticJobConf(name = "MySimpleJob", cron = "0/10 * * * * ?",
    shardingItemParameters = "0=0,1=1", description = "简单任务")
public class MySimpleJob implements SimpleJob {

    public void execute(ShardingContext context) {
        System.out.println(2/0);
        String shardParamter = context.getShardingParameter();
        System.out.println("分片参数: "+shardParamter);
        int value = Integer.parseInt(shardParamter);
        for (int i = 0; i < 1000000; i++) {
            if (i % 2 == value) {
                String time = new SimpleDateFormat("HH:mm:ss").format(new Date());
                System.out.println(time + ":开始执行简单任务" + i);
            }
        }
    }
}
```

在任务类上增加 @ElasticJobConf 即可发布任务。

使用注解虽然比较方便，但很多时候我们需要不同的环境使用不同的配置，测试环境跟生产环境的配置肯定是不一样的，当然你也可以在发布之前将注解中的配置调整好然后发布。

为了能够让任务的配置区分环境，还可以在属性文件中配置任务的信息，当属性文件中配置了任务的信息，优先级就比注解中的高。

首先还是在任务类上加 @ElasticJobConf(name = "MySimpleJob") 注解，只需要增加一个 name 即可，任务名是唯一的。

剩下的配置都可以在属性文件中进行配置，格式为 elasticJob.任务名.配置属性 = 属性值，如下：

```
elastic.job.MySimpleJob.cron=0/10 * * * * ?
elastic.job.MySimpleJob.overwrite=true
elastic.job.MySimpleJob.shardingTotalCount=1
elastic.job.MySimpleJob.shardingItemParameters=0=0,1=1
elastic.job.MySimpleJob.jobParameter=test
elastic.job.MySimpleJob.failover=true
elastic.job.MySimpleJob.misfire=true
elastic.job.MySimpleJob.description=simple job
elastic.job.MySimpleJob.monitorExecution=false
elastic.job.MySimpleJob.listener=com.cxytiandi.job.core.MessageElastic-
JobListener
elastic.job.MySimpleJob.jobExceptionHandler=com.cxytiandi.job.core.CustomJob-
ExceptionHandler
elastic.job.MySimpleJob.disabled=true
```

21.12　Spring Boot 中 Mongodb 多数据源封装

在日常工作中，我们通过 Spring Data Mongodb 来操作 Mongodb 数据库，在 Spring Boot 中只需要引入 spring-boot-starter-data-mongodb 即可。

然后配置连接信息如下：

```
spring.data.mongodb.uri=mongodb://localhost:27017/test
```

或

```
spring.data.mongodb.authentication-database= # Authentication database name.
spring.data.mongodb.database=test # Database name.
spring.data.mongodb.host=localhost # Mongo server host.
spring.data.mongodb.password= # Login password of the mongo server.
spring.data.mongodb.port=27017 # Mongo server port.
spring.data.mongodb.username= # Login user of the mongo server.
```

spring-boot-starter-data-mongodb 提供了两种配置方式，分别是 uri 和 host 方式。uri 可以配置多个地址，也就是集群的配置方式。host 只能连接一个节点。

当在一个项目中需要连接多个数据库的时候，spring-boot-starter-data-mongodb 的自动配置无法满足需求，所以我这边封装了一个多数据源的 Mongodb spring-boot-starter。

```
Github:https://github.com/yinjihuan/spring-boot-starter-mongodb-pool
```

配置仓库地址，如代码清单 21-18 所示。

代码清单 21-18　Jitpack 仓库地址

```xml
<repositories>
    <repository>
        <id>jitpack.io</id>
        <url>https://www.jitpack.io</url>
    </repository>
</repositories>
```

配置最新版本，只支持 Spring Boot 2.0，如代码清单 21-19 所示。

代码清单 21-19　Mongodb Pool Maven 依赖

```xml
<dependency>
    <groupId>com.github.yinjihuan</groupId>
    <artifactId>spring-boot-starter-mongodb-pool</artifactId>
    <version>2.0.2</version>
</dependency>
```

这里的配置方式也是 uri 和 host 两种，uri 的话是只配置 mongo 节点信息，跟默认的 uri 格式不一样，不包含用户信息和连接参数。

1. URI 配置集群

代码如下所示：

```
spring.data.mongodb.testMongoTemplate.uri=localhost:27017,localhost:27018
spring.data.mongodb.testMongoTemplate.username=yinjihuan
spring.data.mongodb.testMongoTemplate.password=123456
spring.data.mongodb.testMongoTemplate.database=test
spring.data.mongodb.testMongoTemplate.authenticationDatabase=admin
```

2. HOST 方式配置

代码如下所示：

```
spring.data.mongodb.testMongoTemplate.host=localhost
spring.data.mongodb.testMongoTemplate.port=27017
spring.data.mongodb.testMongoTemplate.database=test
spring.data.mongodb.testMongoTemplate.username=yinjihuan
spring.data.mongodb.testMongoTemplate.password=123456
```

testMongoTemplate 就是我们用来操作 test 数据库的 MongoTemplate 对象，框架会自动为你创建好，只需要注入使用就可以了，如代码清单 21-20 所示。

代码清单 21-20　MongoTemplate 注入

```java
@Autowired
@Qualifier("testMongoTemplate")
private MongoTemplate testMongoTemplate;
```

多数据源就配置多个 MongoTemplate 就行了，比如：

```
spring.data.mongodb.testMongoTemplate.host=localhost
spring.data.mongodb.testMongoTemplate.port=27017
```

```
spring.data.mongodb.testMongoTemplate.database=test
spring.data.mongodb.testMongoTemplate.username=yinjihuan
spring.data.mongodb.testMongoTemplate.password=123456

spring.data.mongodb.test2MongoTemplate.host=localhost
spring.data.mongodb.test2MongoTemplate.port=27017
spring.data.mongodb.test2MongoTemplate.database=test2
spring.data.mongodb.test2MongoTemplate.username=yinjihuan
spring.data.mongodb.test2MongoTemplate.password=123456
```

操作哪个数据库就注入哪个对象，如代码清单 21-21 所示。

代码清单 21-21　Qualifier 注入多数据源对象

```
@Autowired
@Qualifier("testMongoTemplate")
private MongoTemplate testMongoTemplate;

@Autowired
@Qualifier("test2MongoTemplate")
private MongoTemplate test2MongoTemplate;
```

21.13　Zuul 中对 API 进行加解密

在某些安全性比较高的场景下，需要对接口的数据进行加解密操作，如果我们是单体应用的话，直接在这个应用内实现加解密即可；在微服务下，前端的请求通过网关转发，在网关中进行统一处理是最常见的方式。

为了让加解密对开发人员透明，我封装了一个框架来实现加解密的逻辑。monkey-api-encrypt 是对基于 Servlet 的 Web 框架 API 请求进行统一加解密操作的框架。

GitHub:https://github.com/yinjihuan/monkey-api-encrypt

❏ 支持所有基于 Servlet 的 Web 框架（Spring Boot, Spring Cloud Zuul 等框架）。
❏ 内置 AES 加密算法。
❏ 支持用户自定义加密算法。
❏ 使用简单，有操作示例。

第一步：pom.xml 中增加仓库地址，如代码清单 21-22 所示。

代码清单 21-22　Jitpack 仓库配置

```
<repositories>
    <repository>
        <id>jitpack.io</id>
        <url>https://jitpack.io</url>
    </repository>
</repositories>
```

第二步：增加项目依赖，如代码清单 21-23 所示。

代码清单 21-23　monkey api encrypt Maven 依赖

```xml
<dependency>
    <groupId>com.github.yinjihuan</groupId>
    <artifactId>monkey-api-encrypt</artifactId>
    <version>1.1.4</version>
</dependency>
```

第三步：启动类增加 @EnableEncrypt 开启加解密，如代码清单 21-24 所示。

代码清单 21-24　启用加解密

```java
@EnableEncrypt
@EnableZuulProxy
@SpringBootApplication
public class App {
    public static void main(String[] args) {
        SpringApplication.run(App.class, args);
    }
}
```

默认对所有请求进行加解密，也可以通过配置的方式指定哪些 URI 需要加解密。

```
spring.encrypt.responseEncryptUriList[0]=/zuul-encrypt-service/user/hello
spring.encrypt.requestDecyptUriList[0]=/zuul-encrypt-service/user
```

❏ responseEncryptUriList: 响应加密

❏ requestDecyptUriList: 请求解密

服务对应的接口，如代码清单 21-25 所示。

代码清单 21-25　加解密接口

```java
@RestController
public class UserController {

    @GetMapping("/user/hello")
    public String hello() {
        return "hello";
    }

    @PostMapping("/user")
    public String save(@RequestBody User user) {
        return user.getName();
    }
}
```

通过 zuul 访问 /user/hello 接口返回的内容是加密的：

```
7Gk1+KhYlxogBuuNzAbY/w==
```

测试请求解密可以先用内置的加密类将数据加密，如代码清单 21-26 所示。

代码清单21-26 数据加密示例

```
public class Test {
    public static void main(String[] args) {
        try {
            System.err.println(AesEncryptUtils.aesEncrypt("{\"name\":\"yinjihuan\"}", "d7b85f6e214abcda"));
        } catch (Exception e) {
            e.printStackTrace();
        }
    }
}
```

得到加密后的数据：

UW0mlJ3lbScOOgiUgKXlA9Capdte8sTE57QcZTbOEQQ=

然后用postMan进行接口调用，可以看到相应的内容就是已经解密了之后的yinjihuan。如图21-12所示。

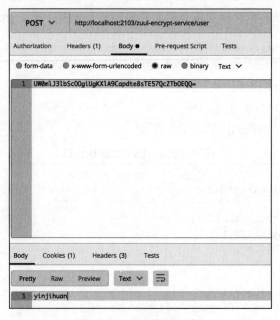

图21-12 配置解密示例

21.14 本章小结

本章的内容都是笔者在实际工作中遇到的问题，通过自己修改框架源码或者用社区中已有的解决方案来解决实际的问题。到此为止，本书所有的内容都已完结，希望我的经验能给你带来帮助。技术之路很漫长，我们一起前行吧！